国家出版基金资助项目
"十三五"国家重点图书
材料研究与应用著作

塑性成形有限元方法

FINITE ELEMENT METHODS ON PLASTIC FORMING PROCESS

王忠金　著

哈尔滨工业大学出版社
HARBIN INSTITUTE OF TECHNOLOGY PRESS

内 容 简 介

有限单元法作为解决复杂实际工程问题应运而生的数值计算方法,自问世以来,在塑性成形计算中扮演着越来越重要的角色。本书以作者多年来的学术研究成果为基础,从刚黏塑性有限元方法、弹塑性动力分析有限元方法的基础理论推导和建立过程出发,系统地阐述了塑性成形过程有限元法的基本原理、技术发展和工程应用。其内容涵盖了金属塑性成形中非线性问题的求解、材料参数的影响、接触问题的处理、几何形状的描述和网格划分与重新划分等,并给出了相应的有限元程序流程,提供了具体的应用案例,有助于有志于深入研究的读者的进一步研究探索。

本书可供材料加工工程、机械、力学、土木、航空等专业的科技工作者及研究生、高年级本科生参考,也可供从事相关专业的工程技术人员参考。

图书在版编目(CIP)数据

塑性成形有限元方法/王忠金著. —哈尔滨:哈尔滨
工业大学出版社,2017.6
ISBN 978 - 7 - 5603 - 6190 - 1

Ⅰ.①塑… Ⅱ.①王… Ⅲ.①塑性变形－数值分析－
分析方法 Ⅳ.①TB301.1

中国版本图书馆 CIP 数据核字(2016)第 217437 号

材料科学与工程
图书工作室

策划编辑 许雅莹 张秀华
责任编辑 刘 瑶 张 瑞
封面设计 卞秉利
出版发行 哈尔滨工业大学出版社
社 址 哈尔滨市南岗区复华四道街 10 号 邮编 150006
传 真 0451 - 86414749
网 址 http://hitpress.hit.edu.cn
印 刷 哈尔滨市石桥印务有限公司
开 本 660mm×980mm 1/16 印张 18.75 字数 330 千字
版 次 2017 年 6 月第 1 版 2017 年 6 月第 1 次印刷
书 号 ISBN 978 - 7 - 5603 - 6190 - 1
定 价 98.00 元

《材料研究与应用著作》

编 写 委 员 会

（按姓氏音序排列）

前　言

　　书稿终于付梓,一个个符号、一行行公式、一幅幅图形,显得那么亲切。回首数年的耕耘,不禁让人追忆起往昔那些"欣于所遇,暂得于己"的韶华时光,推导公式、构思流程、调试程序,常常被一个"Bug"搞得数日寝食难安,一旦"Debug"又欣喜若狂,这可能就是有限元的魅力所在,对它既保持高度热情、默默付出,而又不乏因收获的喜悦而带来的浓厚兴趣。付出与收获、启迪和思考,一直伴随着笔者的学习和研究的过程。正所谓春华秋实,随着学习和探索的深入,笔者的认识也得到了进一步的提高,并有幸在国家自然科学基金和 863 等项目的资助下,开展了与塑性成形工程应用相关课题的研究,对塑性成形有限元方法进行了探索和实践。

　　塑性成形的目的是为了获得满足一定形状和预期性能的构件,由于塑性成形过程会在形状改变的同时使材料性能也发生变化,因而对塑性成形有限元分析必须充分考虑材料性能的变化对变形的影响,因此本书第 1、2 章提出了考虑材料参数 n, m 值影响的刚黏塑性有限元方法来探究这一问题。塑性成形的目的性使得界面处理问题在塑性成形有限元分析中显得尤为重要,受到高次代数解析法的启发,将其引入模具形状的表达,并在此基础上结合间接四边形网格划分方法应用于盘形件等成形过程,这在确保形状表示精度有效提高的同时,也极大地方便了变形体与模具的接触处理(第 3、4、5 章)。网格划分方法的方案优化与当前构形息息相关,对于塑性成形而言,构形的改变与网格的变化存在"有据可依"的内在联系,将构形表示与网格划分这两个有限元分析的基础问题加以统一考虑,有助于界面接触处理和网格划分策略的选择,由此提出了基于构形的 B 样条曲面表示方法和 Medial 中轴剖分的六面体网格 B 样条曲面拟合插值划分方法,并对法兰件等成形过程做了分析(第 6、7、8 章)。由衷地祝愿读者阅读本书时能够有所共鸣,从中汲取到所需的知识和方法。

　　这些思考和工作倾注着作者及其不同时期指导的研究生的心血结晶,他们是吕军博士(协助指导)、程利冬博士、张娟娟硕士、杨静硕士等。每念及此,不免顿感记忆犹新,师生间直抒胸臆的研讨、甚至因争执而略显紧张的情景仿佛被岁月的相册定格在昨天。但愿这种由思想碰撞迸发出的火花,激发出的灵感和热情与求知务真的精神,能够不断传承下去。

掩卷沉思,饮水思源,在此需要特别提到的是作者在不同学习、工作阶段得到了吉林工业大学(现吉林大学)冯肇华教授、傅沛福教授、李运兴教授、哈尔滨工业大学王仲仁教授的热心指导和大力支持,使作者能在科研的道路上砥砺前行,并有所收获。

本书能够付诸出版,作者谨向在本书的前期筹备过程中提供过帮助的各位学生致谢,他们是博士研究生戴春俊、蔡舒鹏和硕士研究生冯业坤、方骁等;并要特别感谢哈尔滨工业大学王仲仁教授、吉林大学冯肇华教授的殷切鼓励。

由于塑性成形有限元方法涉及塑性力学、计算几何、传热学、计算方法等跨学科的知识,尽管作者一直对此保持密切的关注和研究的热情,但所了解的仍是"沧海一粟"。如果说塑性成形有限元法是潮平岸阔的名川大河,那么其所容纳的这些内容分支就像涓涓细流,虽默淌缓流,但这些都是作者撰写本书的知识和灵感取之不竭的源泉。"不积小流,无以成江海",除了要求作者能持之以恒之外,同时还要具备较强的学术功底与整合能力,作者对此深刻感受到了"吾生也有涯,而知也无涯"的意涵。

由于时间仓促和作者本人知识水平所限,书中难免存在疏漏和不妥之处,在此热忱期望广大读者不吝指正。

王忠金

2016 年 12 月于哈尔滨

目　　录

第1章 考虑材料参数 n,m 影响的三维刚黏塑性有限元方法

1.1 概　述

刚塑性有限元方法的基础是马尔可夫的刚塑性变分原理。Kobayashi S 和 Lee C[1] 把材料体积不可压缩条件用 Lagrange(拉格朗日)乘子法引入泛函,首次提出了基于不完全广义变分原理的刚塑性有限元法。之后,Zienkiewicz[2] 采用罚函数法处理材料体积不可压缩条件,Osakada[3] 给出了可压缩性材料的刚塑性有限元法。刚塑性有限元法虽然本构关系还是小变形理论,但计算时每次加载增量步长可以取得大些,因此适合于金属塑性成形分析。1982 年,Osakada[4] 指出,当加载增量步较大时,对于应变硬化材料应该在泛函中考虑应变硬化的影响,否则在某些情况下,会因每一加载步内材料的形状和性能的变化而使解出现错误,并会随加载步长的加大和加载次数的增多而积累。1985 年,Kim 和 Yang[5] 给出了考虑应变硬化影响的能量泛函,实际上是对马尔可夫变分原理的能量泛函做了修正。大多数韧性材料都具有应变硬化(n)和应变速率敏感性(m),其在塑性变形中的表现因材料和变形条件的不同而存在差异。n 和 m 值分别反映了材料的这两种特性。就通常情况而言,在室温下变形,以应变硬化影响为主;高温或超塑性材料在超塑性变形温度下,应变速率敏感性影响较大,而对于某些应变速率敏感性材料在常温下就表现出这种现象,同时材料的 m 值还是应变速率的函数。因此,应变速率敏感性在材料变形过程中起重要作用。目前,在刚塑性有限元列式求解的能量泛函极值变分过程中,一般假定流动应力与应变速率无关,这对于应变速率敏感性材料在加载增量步较大的情况下就不尽合理,可能会使解出现错误。本章对文献 [5]刚塑性有限元方法做了进一步发展,建立同时考虑材料应变硬化和应变速率敏感性影响的一般三维刚黏塑性有限元方法,使每一加载步内材料变形的有限元分析更符合实际,解更稳定。这对于复杂、计算量大的三维复杂形状锻件成形过程数值模拟就更显重要,并可以分析材料参数 n,m 对成形规律和初速度场生成方法的影响。

1.2　刚黏塑性流动理论的基本假设和方程

在金属塑性成形过程中,材料的弹性变形远远小于其塑性变形,忽略弹性变形,而采用刚塑性材料假设是合理的。本章所建立的刚黏塑性有限元求解列式基于下列假设。

①忽略弹性变形,不考虑质量和惯性力。

②材料均质,且各向同性。

③材料服从米塞斯(Mises)屈服准则,且等向强化。

④体积不可压缩。

⑤材料存在应变强化和应变速率敏感性。

⑥塑性区与刚性区界面随加载变形流动而变化。

对刚塑性变形体 V,一部分表面 S_V 上给定速度 $\bar{\dot{u}}_i$,另一部分表面 S_F 上给定外力 $\bar{F}$,不考虑速度间断面。塑性变形区内应满足如下方程和边界条件。

(1) 平衡方程

$$\sigma_{ij,j} = 0 \tag{1.2.1}$$

(2) 本构关系(Levy-Mises 关系)

$$\dot{\varepsilon}_{ij} = \lambda \sigma'_{ij} \tag{1.2.2}$$

(3) 几何方程(变形协调条件)

$$\dot{\varepsilon}_{ij} = \frac{1}{2}(\dot{u}_{i,j} + \dot{u}_{j,i}) \tag{1.2.3}$$

(4) 屈服条件

$$\frac{1}{2}\sigma'_{ij}\sigma'_{ij} = k^2 \tag{1.2.4}$$

式中　k—— 剪切屈服极限。

(5) 体积不可压缩条件

$$\dot{\varepsilon}_{ij}\delta_{ij} = 0 \tag{1.2.5}$$

(6) 边界条件

$$\sigma_{ij}n_i = \bar{F}_i \quad (\text{在 } S_F \text{ 上}) \tag{1.2.6}$$

$$\dot{u}_i = \bar{\dot{u}}_i \quad (\text{在 } S_V \text{ 上}) \tag{1.2.7}$$

1.3 考虑材料参数 n,m 影响的三维刚黏塑性有限元列式

1.3.1 能量泛函

本章采用 Euler(欧拉)描述法,求解刚塑性准静态塑性流动问题。设变形体在当前时刻 t 的构形为 V,表面积 S 由 S_F 和 S_V 组成。假定在 t 时刻,Cauchy(柯西)应力 σ_{ij}、已知 Cauchy 应变 ε_{ij} 和 S_F 上表面力 $\bar{F}_i$,且满足平衡条件。在 $t+\Delta t$ 时刻速度为 $\bar{u}_i$,S_F 上表面力为 $\bar{F}_i + \Delta t \dot{\bar{F}}_i$。

在 Δt 时间间隔内,Cauchy 应变率 $\dot{\varepsilon}_{ij}$ 满足协调方程

$$\dot{\varepsilon}_{ij} = \frac{1}{2}(\dot{u}_{i,j} + \dot{u}_{j,i}) \tag{1.3.1}$$

等效 Cauchy 应变速率为

$$\dot{\bar{\varepsilon}}^2 = \frac{2}{3}\dot{\varepsilon}_{ij}\dot{\varepsilon}_{ij} \tag{1.3.2}$$

令 $\bar{\varepsilon},\bar{\sigma}$ 和 H' 分别表示 t 时刻的等效 Cauchy 应变、应力和应变硬化率,即

$$H' = \frac{\dot{\bar{\sigma}}}{\dot{\bar{\varepsilon}}} \tag{1.3.3}$$

于是,$t+\Delta t$ 时刻的 Cauchy 应力 $\hat{\sigma}_{ij}$ 和等效 Cauchy 应力 $\hat{\bar{\sigma}}$ 分别为

$$\hat{\sigma}_{ij} = \sigma_{ij} + \Delta\sigma_{ij} \tag{1.3.4}$$

$$\hat{\bar{\sigma}} = \bar{\sigma} + \Delta t \dot{\bar{\varepsilon}} H' \tag{1.3.5}$$

考虑材料的应变硬化和应变速率敏感性,给出一般形式的材料本构关系为

$$\bar{\sigma} = \sigma_0 (a_1 + a_2 \bar{\varepsilon})^n (a_3 + a_4 \dot{\bar{\varepsilon}}^m) \tag{1.3.6}$$

式中 σ_0,a_1,a_2,a_3,a_4—— 材料常数。

当 $a_3 = 1,a_4 = 0$ 时,式(1.3.6)简化为 $\bar{\sigma} = f(\bar{\varepsilon})$ 的形式;当 $a_1 = 1,a_2 = 0$ 时,式(1.3.6)简化为 $\bar{\sigma} = f(\dot{\bar{\varepsilon}})$;当 $a_2 \neq 0,a_4 \neq 0$ 时,式(1.3.6)简化为 $\bar{\sigma} = f(\bar{\varepsilon},\dot{\bar{\varepsilon}})$ 的形式。

由虚功互等定理

$$\hat{\sigma}_{ij}\delta\dot{\varepsilon} = \hat{\bar{\sigma}}\delta\dot{\bar{\varepsilon}} \tag{1.3.7}$$

知 $t+\Delta t$ 时刻的虚功率方程为

$$\int_V (\bar{\sigma} + \Delta t\dot{\bar{\varepsilon}}H')\delta\dot{\bar{\varepsilon}} = \int_{S_F} (\bar{F}_i + \Delta t\dot{\bar{F}})\delta\dot{u}_i \mathrm{d}S \tag{1.3.8}$$

因此,若定义如下泛函

$$\Pi_1 = \int_V (\bar{\sigma}\dot{\bar{\varepsilon}} + \frac{1}{2}\Delta t\dot{\bar{\varepsilon}}^2 H')\mathrm{d}V - \int_{S_F} (\bar{F}_i + \Delta t\dot{\bar{F}}_i)\dot{u}\mathrm{d}S \tag{1.3.9}$$

则对于任何满足边界条件的速度 $\dot{u}_i$,真实速度场应使 Π_1 取得极小值,即

$$\delta\Pi_1 = 0 \tag{1.3.10}$$

对于塑性成形体积不可压缩条件:$\dot{\varepsilon}_V = \dot{\varepsilon}_{ii} = \dot{u}_{i,i} = 0$,可以采用 Lagrange 乘子法和罚函数法将约束条件引入式(1.3.9)中,使其成为无约束泛函。

Lagrange 乘子法是假定满足边界条件,但不一定满足体积不可压缩条件的任意速度场 $\dot{u}_i$,用乘子 λ 将体积不可压缩条件引入泛函,其修正的泛函为

$$\Pi_2 = \Pi_1 + \int_V \lambda\dot{\varepsilon}_V \mathrm{d}V \tag{1.3.11}$$

使 $\dot{\varepsilon} = 0$ 成为变分后的自然条件。当式(1.3.11)取驻值时,乘子 λ 具有明确的物理意义,它等于静水压力 σ_m,即

$$\lambda = \sigma_m \tag{1.3.12}$$

该方法的特点是引入了附加的乘子 λ,λ 作为独立的未知量,每个单元上都有各自独立的 λ_i,增加了计算量。但是,它迭代计算的收敛性和稳定性好,易于初始速度场的选择,并可求得单元的静水压力。

罚函数法是将罚数 ξ 引入泛函中,其修正的泛函为

$$\Pi_2 = \Pi_1 + \frac{\xi}{2}\int_V \dot{\varepsilon}_V^2 \mathrm{d}V \tag{1.3.13}$$

式(1.3.13)中的 ξ 是一个很大的正数,要使泛函 Π_2 取极值,只有 $\dot{\varepsilon}_V$ 很小才有可能,这样使 $\dot{\varepsilon}_V = 0$ 近似得到满足。对于罚函数的约束项 $\int_V \dot{\varepsilon}_V^2 \mathrm{d}V$ 的被积函数是二次式 $\dot{\varepsilon}_V^2$,要求在单元上每点处 $\dot{\varepsilon}_V$ 都等于零,这个条件很难满足,而且会使系统具有过刚的性质。解决的方法是采用降阶积分法[6,7] 和平均值法。降阶积分法是通过减少 $\int_V \dot{\varepsilon}_V^2 \mathrm{d}V$ 在数值积分时的积分点,从而放松过分的约束条件。平均值法就是修正罚函数(也称为修正的罚函数

法),假定平均应变速率 $\dot{\bar{\varepsilon}}_V^{\Psi}$ 为

$$\dot{\bar{\varepsilon}}_V^{\Psi} = \frac{1}{V}\int_V \dot{\varepsilon}_V \mathrm{d}V \qquad (1.3.14)$$

修正的罚函数法泛函为

$$\Pi_2' = \Pi_1 + \frac{\xi}{2V}\left[\int_V \dot{\varepsilon}_V \mathrm{d}V\right]^2 \qquad (1.3.15)$$

即要求单元内体积应变的平均值很小。平方在积分 $\int_V \dot{\varepsilon}_V \mathrm{d}V$ 之外,从而使公式解除过分约束。同时,当允许速度场 $\dot{u}_i$ 接近其真实解时,平均应力为

$$\sigma_{\mathrm{m}} = \lambda = \frac{\xi}{V}\int_V \dot{\varepsilon}_V \mathrm{d}V \qquad (1.3.16)$$

这与 Lagrange 乘子法的假定是相同的,罚数 ξ 的物理意义为 $\dfrac{\sigma_{\mathrm{m}}}{\dot{\bar{\varepsilon}}_V^{\Psi}}$。

1.3.2 塑性区与刚性区域界面的处理

金属在塑性成形过程中,变形体一般不会同时进入塑性状态,尤其是加载具有局部性或存在自由表面,一部分区域处于刚性状态或接近于刚性状态的较小弹性变形,两种情况做刚性区处理,其等效 Cauchy 应变率趋近于零。此时,由塑性流动理论可知,应力偏量 σ_{ij}' 无法确定,塑性本构关系不能成立。为此,引入一个小参数 $e(e \ll l)$ 作为塑性区和刚性区等效 Cauchy 应变率的临界值,当单元的等效 Cauchy 应变率 $\dot{\bar{\varepsilon}} > e$ 时,做塑性区处理,当单元的等效 Cauchy 应变率 $\dot{\bar{\varepsilon}} > e$ 时,认为单元处于刚性状态。对于刚性区,令 $t+\Delta t$ 时刻的等效 Cauchy 应力近似地表示为

$$\bar{\sigma} + \Delta t \dot{\bar{\sigma}} \cong \frac{\bar{\sigma}\dot{\bar{\varepsilon}}}{(\bar{\varepsilon}^2 + e^2)^{1/2}} + \Delta t\dot{\bar{\sigma}} \qquad (1.3.17)$$

于是式(1.3.9)的泛函可以表示为

$$\Pi = \int_V \frac{1}{2}(\bar{\sigma} + \Delta t\dot{\bar{\sigma}})(\bar{\varepsilon}^2 + e^2)^{1/2} - \int_{S_F}(\bar{F} + \Delta t\dot{\bar{F}}_i)\dot{u}_i \mathrm{d}S \qquad (1.3.18)$$

式中,因子 $1/2$ 是由于在刚性区 σ_{ij} 和 $\dot{\varepsilon}_{ij}$ 呈线性关系。对于模锻问题,取 $e = 10^{-3}$。

1.3.3 有限元列式

对式(1.3.13)泛函假定每个时间步长充分小,在 Δt 时间间隔内采用 Euler(欧拉)显示积分,则

$$\int_0^{\Delta t}\Pi_2 \mathrm{d}t = \int_V \left\{\int_0^{\Delta t}\left[\bar{\sigma}\frac{\mathrm{d}\bar{\varepsilon}}{\mathrm{d}t} + \frac{\Delta t}{2}\left(\frac{\mathrm{d}\bar{\varepsilon}}{\mathrm{d}t}\right)^2 H'\right]\mathrm{d}t\right\}\mathrm{d}V +$$

$$\frac{\xi}{2}\int_V\left[\int_0^{\Delta t}\Delta t\left(\frac{\mathrm{d}\varepsilon_V}{\mathrm{d}t}\right)^2\mathrm{d}t\right]\mathrm{d}V-$$

$$\int_{S_F}\left[\int_0^{\Delta t}(\bar{F}_i+\Delta t\cdot\dot{\bar{F}}_i)\frac{\mathrm{d}u_i}{\mathrm{d}t}\cdot\mathrm{d}t\right]\mathrm{d}S \qquad (1.3.19)$$

考虑到 $\mathrm{d}t\cong\Delta t,\mathrm{d}\bar{\sigma}=H'\mathrm{d}\bar{\varepsilon}$，由 Δt 间隔内的积分中值定理，可以得到如下增量形式的能量泛函

$$\widetilde{\Pi}=\int_V\left(\bar{\sigma}\Delta\bar{\varepsilon}+\frac{1}{2}\Delta\bar{\sigma}\Delta\bar{\varepsilon}\right)\mathrm{d}V+\frac{\xi}{2}\int_V(\Delta\varepsilon_V)^2\mathrm{d}V-\int_{S_F}(\bar{F}_i+\Delta\bar{F}_i)\Delta u_i\mathrm{d}S \qquad (1.3.20)$$

将 V 离散成 n_e 个单元，首先考察在一个单元 e 的情况，然后集合成整体。

在等参单元体 v 上位移增量为 Δu（以矩阵形式表示，$\Delta u^{\mathrm{T}}=[\Delta u_1,\Delta u_2,\Delta u_3]$），令

$$\Delta u=N\Delta d \qquad (1.3.21)$$
$$N=[N_1I,N_2I,\cdots,N_nI]$$
$$I=\begin{bmatrix}1&0&0\\0&1&0\\0&0&1\end{bmatrix}$$

式中　　N——形函数矩阵；

Δd——节点位移增量，$\Delta d^{\mathrm{T}}=[\Delta d_{1x},\Delta d_{1y},\Delta d_{1z},\cdots,\Delta d_{nz}]$。

由式(1.2.3)，Cauchy 应变增量 $\Delta\boldsymbol{\varepsilon}$ 可表示为

$$\Delta\boldsymbol{\varepsilon}=B\Delta d \qquad (1.3.22)$$

式中　　$\Delta\boldsymbol{\varepsilon}^{\mathrm{T}}=[\Delta\varepsilon_x,\Delta\varepsilon_y,\Delta\varepsilon_z,2\Delta\varepsilon_{xy},2\Delta\varepsilon_{yz},2\Delta\varepsilon_{zr}]$

B——当前时刻的应变矩阵。

$$B=\begin{bmatrix}\dfrac{\partial}{\partial x_1}&0&0\\[6pt]0&\dfrac{\partial}{\partial x_2}&0\\[6pt]0&0&\dfrac{\partial}{\partial x_3}\\[6pt]\dfrac{\partial}{\partial x_2}&\dfrac{\partial}{\partial x_1}&0\\[6pt]0&\dfrac{\partial}{\partial x_3}&\dfrac{\partial}{\partial x_2}\\[6pt]\dfrac{\partial}{\partial x_3}&0&\dfrac{\partial}{\partial x_1}\end{bmatrix} \qquad (1.3.23)$$

体积应变增量可表示为

$$\Delta\varepsilon_v = \Delta\varepsilon_{11} + \Delta\varepsilon_{22} + \Delta\varepsilon_{33} = \sum(B_{1i} + B_{2i} + B_{3i})\Delta d_i = \boldsymbol{CB}\Delta\boldsymbol{d}$$

$$(1.3.24)$$

式中 $\boldsymbol{C} = [1,1,1,0,0,0]$。

考虑到等效 Cauchy 应力 $\bar{\sigma}$ 在加载增量步内与 Cauchy 应变率有关,式 (1.3.20) 泛函中只含未知数 $\Delta\boldsymbol{d}$,对其变分并求驻值

$$\delta\widetilde{\Pi}^e = 0 \qquad (1.3.25)$$

可等价写成

$$\frac{\partial\widetilde{\Pi}^e}{\partial\Delta\boldsymbol{d}} = \int_v\left[\frac{\partial\bar{\sigma}}{\partial\Delta\boldsymbol{d}}\Delta\bar{\varepsilon} + \bar{\sigma}\frac{\partial\Delta\bar{\varepsilon}}{\partial\Delta\boldsymbol{d}}\right]dV + \frac{1}{2}\int_v\left[\frac{\partial\Delta\bar{\sigma}}{\partial\Delta\boldsymbol{d}}\Delta\bar{\varepsilon} + \Delta\bar{\sigma}\frac{\partial\Delta\bar{\varepsilon}}{\partial\Delta\boldsymbol{d}}\right]dV +$$

$$\xi\int_v\Delta\varepsilon_v\frac{\partial\Delta\varepsilon_v}{\partial\Delta\boldsymbol{d}}dV - \int_{s_f}\boldsymbol{N}^{\mathrm{T}}(\bar{\boldsymbol{F}} + \Delta\bar{\boldsymbol{F}})ds \qquad (1.3.26)$$

若令

$$\boldsymbol{Q} = \left(\frac{\partial\Delta\bar{\varepsilon}}{\partial\Delta\boldsymbol{\varepsilon}}\right)^{\mathrm{T}} = \left(\frac{\partial\Delta\bar{\varepsilon}}{\partial\Delta\varepsilon_{11}}, \frac{\partial\Delta\bar{\varepsilon}}{\partial\Delta\varepsilon_{22}}, \cdots, \frac{\partial\Delta\bar{\varepsilon}}{2\partial\Delta\varepsilon_{12}}\right) \overset{\text{记}}{=} (Q_1, Q_2, \cdots, Q_6)^{\mathrm{T}} \quad (1.3.27)$$

则有

$$\frac{\partial\Delta\bar{\varepsilon}}{\partial\Delta\boldsymbol{d}} = \left[\frac{\partial\Delta\bar{\varepsilon}}{\partial\Delta\boldsymbol{\varepsilon}}\frac{\partial\Delta\bar{\varepsilon}}{\partial\Delta\boldsymbol{d}}\right]^{\mathrm{T}} = \boldsymbol{B}^{\mathrm{T}}\boldsymbol{Q} = \boldsymbol{b} \qquad (1.3.28)$$

$$\boldsymbol{Q} = \frac{1}{\Delta\bar{\varepsilon}}\boldsymbol{DB}\Delta\boldsymbol{d} \qquad (1.3.29)$$

$$\boldsymbol{D} = \frac{1}{2}\begin{bmatrix} 2 & & & & & \\ & 2 & & & & \\ & & 2 & & & \\ & & & 1 & & \\ & & & & 1 & \\ & & & & & 1 \end{bmatrix} \qquad (1.3.30)$$

注意到

$$\frac{\partial\bar{\sigma}}{\partial\Delta\boldsymbol{d}} = m\sigma_0(a_1 + a_2\bar{\varepsilon})^n[a_4(\Delta\bar{\varepsilon})^{m-1}] \qquad (1.3.31)$$

$$\Delta\bar{\sigma} \cong \frac{\partial\bar{\sigma}}{\partial\bar{\varepsilon}}\Delta\bar{\varepsilon} \qquad (1.3.32)$$

$$\frac{\partial\Delta\bar{\sigma}}{\partial\Delta\boldsymbol{d}} = n\sigma_0(a_1 + a_2\bar{\varepsilon})^{n-1}[a_3 + a_4(\Delta\bar{\varepsilon})^m]b \qquad (1.3.33)$$

由式(1.3.24)得

7

$$\Delta\varepsilon_V\left(\frac{\partial\Delta\varepsilon_V}{\partial\Delta\boldsymbol{d}}\right)=(\boldsymbol{CB})^{\mathrm{T}}(\boldsymbol{CB})\Delta\boldsymbol{d} \qquad (1.3.34)$$

令

$$\boldsymbol{E}=\boldsymbol{CB} \qquad (1.3.35)$$

式(1.3.26)可以写成

$$\frac{\partial\widetilde{\Pi}^e}{\partial\Delta\boldsymbol{d}}=\int_v\gamma\boldsymbol{b}\mathrm{d}v+\xi\int_v\boldsymbol{E}^{\mathrm{T}}\boldsymbol{E}\Delta\boldsymbol{d}\mathrm{d}v-\int_{s_f}\boldsymbol{N}^{\mathrm{T}}(\overline{\boldsymbol{F}}+\Delta\overline{\boldsymbol{F}})\mathrm{d}s=0 \qquad (1.3.36)$$

式中

$$\gamma=\sigma_0(a_1+a_2\bar{\varepsilon})^n\{a_3+a_4(m+1)(\Delta\bar{\varepsilon})^m+$$

$$\frac{a_2 n}{2(a_1+a_2\bar{\varepsilon})}\left[2a_3\Delta\bar{\varepsilon}+a_4(m+2)(\Delta\bar{\varepsilon})^{m+1}\right]\} \qquad (1.3.37)$$

式(1.3.36)为非线性方程组,将其 Taylor 展开,并线性化(忽略高阶项),则有

$$\frac{\partial\widetilde{\Pi}^e}{\partial\Delta\boldsymbol{d}}+\frac{\partial}{\partial\Delta\boldsymbol{d}}\Big(\frac{\partial\widetilde{\Pi}^e}{\partial\Delta\boldsymbol{d}}\Big)\mathrm{d}(\Delta\boldsymbol{d})=0 \qquad (1.3.38)$$

将式(1.3.34)代入式(1.3.38),再对 $\Delta\boldsymbol{d}$ 求偏导,并设

$$\Big(\frac{\partial\widetilde{\Pi}^e}{\partial\Delta\boldsymbol{d}}\Big)^{\mathrm{T}}=\int_v\gamma\boldsymbol{b}^{\mathrm{T}}\mathrm{d}v+\int_v\Delta\boldsymbol{d}^{\mathrm{T}}\boldsymbol{E}^{\mathrm{T}}\boldsymbol{E}\mathrm{d}v-\int_{s_f}(\overline{\boldsymbol{F}}+\Delta\overline{\boldsymbol{F}})^{\mathrm{T}}\boldsymbol{N}\mathrm{d}s \qquad (1.3.39)$$

则

$$\boldsymbol{K}^e=\frac{\partial}{\partial\Delta\boldsymbol{d}}\Big(\frac{\partial\widetilde{\Pi}}{\partial\Delta\boldsymbol{d}}\Big)^{\mathrm{T}} \qquad (1.3.40)$$

式中 $\boldsymbol{K}^e$ —— 单元 e 刚度阵。

考虑到

$$\boldsymbol{b}^{\mathrm{T}}=(\boldsymbol{B}^{\mathrm{T}}\boldsymbol{Q}), \qquad \frac{\partial\boldsymbol{b}^{\mathrm{T}}}{\partial\Delta\boldsymbol{d}}=\frac{\partial\boldsymbol{Q}^{\mathrm{T}}}{\partial\Delta\boldsymbol{d}}\boldsymbol{B} \qquad (1.3.41)$$

而

$$\frac{\partial\boldsymbol{Q}^{\mathrm{T}}}{\partial\Delta\boldsymbol{d}}=\frac{\partial}{\partial\Delta\boldsymbol{d}}(Q_1,Q_2,\cdots,Q_6)=\begin{bmatrix}\dfrac{\partial Q_1}{\partial\Delta d_{1x}}&\dfrac{\partial Q_2}{\partial\Delta d_{1x}}&\cdots&\dfrac{\partial Q_6}{\partial\Delta d_{1x}}\\[2mm]\dfrac{\partial Q_1}{\partial\Delta d_{1y}}&\dfrac{\partial Q_2}{\partial\Delta d_{1y}}&\cdots&\dfrac{\partial Q_6}{\partial\Delta d_{1y}}\\[2mm]\dfrac{\partial Q_1}{\partial\Delta d_{1z}}&\dfrac{\partial Q_2}{\partial\Delta d_{1z}}&\cdots&\dfrac{\partial Q_6}{\partial\Delta d_{1z}}\\[2mm]\vdots&\vdots&&\vdots\\[2mm]\dfrac{\partial Q_1}{\partial\Delta d_{nz}}&\dfrac{\partial Q_2}{\partial\Delta d_{nz}}&\cdots&\dfrac{\partial Q_6}{\partial\Delta d_{nz}}\end{bmatrix} \qquad (1.3.42)$$

利用链锁规则

$$\frac{\partial A_i}{\partial \Delta d_j} = \frac{\partial A_i}{\partial \varepsilon_k} \cdot \frac{\partial \Delta \varepsilon_k}{\partial d_j} \quad (k=1,2,\cdots,6) \qquad (1.3.43)$$

则

$$\frac{\partial \boldsymbol{A}^{\mathrm{T}}}{\partial \Delta \boldsymbol{d}} = \begin{bmatrix} \dfrac{\partial \varepsilon_{11}}{\partial \Delta d_{1x}} & \dfrac{\partial \varepsilon_{22}}{\partial \Delta d_{1x}} & \cdots & \dfrac{\partial \varepsilon_{12}}{\partial \Delta d_{1x}} \\[2mm] \dfrac{\partial \varepsilon_{11}}{\partial \Delta d_{1y}} & \dfrac{\partial \varepsilon_{22}}{\partial \Delta d_{1y}} & \cdots & \dfrac{\partial \varepsilon_{12}}{\partial \Delta d_{1y}} \\[2mm] \dfrac{\partial \varepsilon_{11}}{\partial \Delta d_{1z}} & \dfrac{\partial \varepsilon_{22}}{\partial \Delta d_{1z}} & \cdots & \dfrac{\partial \varepsilon_{12}}{\partial \Delta d_{1z}} \\[2mm] \vdots & \vdots & & \vdots \\[2mm] \dfrac{\partial \varepsilon_{11}}{\partial \Delta d_{nz}} & \dfrac{\partial \varepsilon_{22}}{\partial \Delta d_{nz}} & \cdots & \dfrac{\partial \varepsilon_{12}}{\partial \Delta d_{nz}} \end{bmatrix} \begin{bmatrix} \dfrac{\partial Q_1}{\partial \Delta \varepsilon_{11}} & \dfrac{\partial Q_2}{\partial \Delta \varepsilon_{11}} & \cdots & \dfrac{\partial Q_6}{\partial \Delta \varepsilon_{11}} \\[2mm] \dfrac{\partial Q_1}{\partial \Delta \varepsilon_{22}} & \dfrac{\partial Q_2}{\partial \Delta \varepsilon_{22}} & \cdots & \dfrac{\partial Q_6}{\partial \Delta \varepsilon_{22}} \\[2mm] \vdots & \vdots & & \vdots \\[2mm] \dfrac{\partial Q_1}{2\partial \Delta \varepsilon_{12}} & \dfrac{\partial Q_2}{2\partial \Delta \varepsilon_{12}} & \cdots & \dfrac{\partial Q_6}{2\partial \Delta \varepsilon_{12}} \end{bmatrix} = \boldsymbol{B}^{\mathrm{T}} \boldsymbol{G}$$

$$(1.3.44)$$

即可定义 $\boldsymbol{G}$ 矩阵。

经过推导整理,且令 $\Delta \boldsymbol{D}^e = \boldsymbol{d}(\Delta \boldsymbol{d})$,可得到同时考虑材料参数 n,m 影响的一般三维刚黏塑性有限元方程

$$\boldsymbol{K}^e \Delta \boldsymbol{D}^e = \boldsymbol{R}^e \qquad (1.3.45)$$

式中

$$\boldsymbol{K}^e = \int_v (a\boldsymbol{b}\boldsymbol{b}^{\mathrm{T}} + \gamma \boldsymbol{B}^{\mathrm{T}} \boldsymbol{G} \boldsymbol{B}) \mathrm{d}v + \xi \int_v \boldsymbol{E}^{\mathrm{T}} \boldsymbol{E} \mathrm{d}v \qquad (1.3.46)$$

$$\boldsymbol{R}^e = \int_{s_f} \boldsymbol{N}^{\mathrm{T}} (\bar{\boldsymbol{F}} + \Delta \bar{\boldsymbol{F}}) \mathrm{d}s - \int_v \gamma \boldsymbol{b} \mathrm{d}v - \xi \int_v \boldsymbol{E}^{\mathrm{T}} \boldsymbol{E} \Delta \boldsymbol{d} \mathrm{d}v \qquad (1.3.47)$$

$$\Delta \boldsymbol{D}^{e\mathrm{T}} = [\Delta(\Delta d_{1x}), \Delta(\Delta d_{1y}), \Delta(\Delta d_{1z}), \cdots, \Delta(\Delta d_{nz})] \qquad (1.3.48)$$

其中系数

$$\alpha = \sigma_0(a_1 + a_2\bar{\varepsilon})\{a_4 m(m+1)\Delta\bar{\varepsilon}^{m-1} + \frac{a_2 n}{2(a_1 + a_2\bar{\varepsilon})} \cdot$$

$$[2a_3 + a_4(m+2)(m+1)\Delta\bar{\varepsilon}^m]\} \qquad (1.3.49)$$

单元刚度阵 $\boldsymbol{K}^e$ 和载荷 $\boldsymbol{R}^e$ 中包含了材料参数 n,m,因而可以考虑 n,m 对材料三维刚黏塑性变形过程的影响。

对于式(1.3.36)实际求解采用 Newton-Raphson(牛顿-拉弗逊)迭代法。在 $(n-1)$ 步 Taylor 展开,求解当前 n 步,即式(1.3.38)为

$$\left.\frac{\partial \widetilde{\Pi}^e}{\partial \Delta \boldsymbol{d}}\right|_{(n)} = \left.\frac{\partial \widetilde{\Pi}^e}{\partial \Delta \boldsymbol{d}}\right|_{(n-1)} + \left.\frac{\partial^2 \widetilde{\Pi}^e}{\partial \Delta \boldsymbol{d}^2}\right|_{(n-1)} \boldsymbol{d}(\Delta \boldsymbol{d}) = 0 \qquad (1.3.50)$$

方程(1.3.45)可表示成下述迭代格式

$$K^e(\Delta d^{(n-1)})d(\Delta d^{(n)}) = R^e(\Delta d^{(n-1)}) \tag{1.3.51}$$

通常

$$\Delta d^{(n)} = \Delta d^{(n-1)} + d(\Delta d^{(n)}) \tag{1.3.52}$$

由此可以看出,单元刚度矩阵 K^e 与 $t+\Delta t$ 时刻位移增量 Δd 有关,每次迭代要修正刚度阵。

1.3.4　三维等参单元列式

金属三维塑性成形问题有限元分析通常选择 8 节点六面体等参单元,其单元如图 1.3.1 所示(分别在自然坐标系 (ξ,η,ζ) 和笛卡尔坐标系 (x,y,z) 下)。单元形函数表示为

$$N_i(\xi,\eta,\zeta) = \frac{1}{8}(1+\xi_i\xi)(1+\eta_i\eta)(1+\zeta_i\zeta) \quad (i=1,2,\cdots,8) \tag{1.3.53}$$

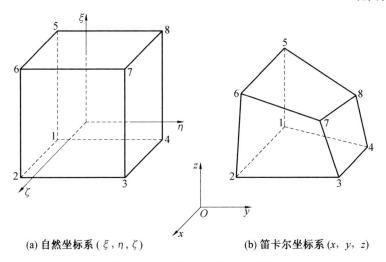

(a) 自然坐标系 (ξ,η,ζ)　　　　　　(b) 笛卡尔坐标系 (x,y,z)

图 1.3.1　8 节点六面体等参单元

由等参单元性质可知,单元内每点坐标和位移增量可插值成

$$\begin{cases} x = \displaystyle\sum_{i=1}^{8} N_i(\xi,\eta,\zeta)x_i \\[2mm] y = \displaystyle\sum_{i=1}^{8} N_i(\xi,\eta,\zeta)y_i \\[2mm] z = \displaystyle\sum_{i=1}^{8} N_i(\xi,\eta,\zeta)z_i \end{cases} \tag{1.3.54}$$

$$\Delta \boldsymbol{u} = \begin{Bmatrix} \Delta u_1 \\ \Delta u_2 \\ \Delta u_3 \end{Bmatrix} = \begin{bmatrix} \displaystyle\sum_{i=1}^{8} N_i(\xi, \eta, \zeta) \Delta u_{1i} \\ \displaystyle\sum_{i=1}^{8} N_i(\xi, \eta, \zeta) \Delta u_{2i} \\ \displaystyle\sum_{i=1}^{8} N_i(\xi, \eta, \zeta) \Delta u_{3i} \end{bmatrix} = \boldsymbol{N} \Delta \boldsymbol{d} \qquad (1.3.55)$$

单元应变增量为

$$\Delta \boldsymbol{\varepsilon} = \boldsymbol{B} \Delta \boldsymbol{d} = \begin{bmatrix} \boldsymbol{B}_1 & \boldsymbol{B}_2 & \boldsymbol{B}_3 & \boldsymbol{B}_4 & \boldsymbol{B}_5 & \boldsymbol{B}_6 & \boldsymbol{B}_7 & \boldsymbol{B}_8 \end{bmatrix} \Delta \boldsymbol{d} \qquad (1.3.56)$$

式中

$$\begin{bmatrix} \boldsymbol{B}_i \end{bmatrix} = \begin{bmatrix} \dfrac{\partial N_i}{\partial x} & 0 & 0 \\[2mm] 0 & \dfrac{\partial N_i}{\partial y} & 0 \\[2mm] 0 & 0 & \dfrac{\partial N_i}{\partial z} \\[2mm] \dfrac{\partial N_i}{\partial y} & \dfrac{\partial N_i}{\partial x} & 0 \\[2mm] 0 & \dfrac{\partial N_i}{\partial z} & \dfrac{\partial N_i}{\partial y} \\[2mm] \dfrac{\partial N_i}{\partial z} & 0 & \dfrac{\partial N_i}{\partial x} \end{bmatrix} \qquad (i = 1, 2, \cdots, 8) \qquad (1.3.57)$$

其中

$$\begin{bmatrix} \dfrac{\partial N_i}{\partial x} \\[2mm] \dfrac{\partial N_i}{\partial y} \\[2mm] \dfrac{\partial N_i}{\partial z} \end{bmatrix} = |\boldsymbol{J}|^{-1} \begin{bmatrix} \dfrac{\partial N_i}{\partial \xi} \\[2mm] \dfrac{\partial N_i}{\partial \eta} \\[2mm] \dfrac{\partial N_i}{\partial \zeta} \end{bmatrix} \qquad (1.3.58)$$

$\boldsymbol{J}$ 为雅可比(Jacobian)矩阵,即

$$\boldsymbol{J} = \begin{bmatrix} \dfrac{\partial x}{\partial \xi} & \dfrac{\partial y}{\partial \xi} & \dfrac{\partial z}{\partial \xi} \\[2mm] \dfrac{\partial x}{\partial \eta} & \dfrac{\partial y}{\partial \eta} & \dfrac{\partial z}{\partial \eta} \\[2mm] \dfrac{\partial x}{\partial \zeta} & \dfrac{\partial y}{\partial \zeta} & \dfrac{\partial z}{\partial \zeta} \end{bmatrix} \qquad (1.3.59)$$

1.4　考虑材料参数 n, m 影响的三维刚黏塑性有限元初始速度场自动生成方法

对于式(1.3.51)采用 Newton－Raphson 迭代法求解,首先在满足速度边界条件下给一初始速度场,求出迭代增量 $d(\Delta d)$,按式(1.3.52)求出其近似值。以此近似值作为下一步迭代的初始增量位移场,直至该加载步迭代求解完成。这样对第一加载步运算,要人为地给出初始速度场。由 Newton－Raphson 方法可知,选择迭代的初始值直接影响到解的收敛性、收敛速度和正确性。因此,正确地选择初始速度场是极为重要的。同时,初始速度场的选择方法最好能同有限元分析方法一致,实现自动启动。常用的方法有经验法、上限法、细化单元法、近似泛函法等[8],这些方法对于复杂形状锻件模拟,从方法实现和编程上显得不足。一些研究工作相继提出线黏性材料假设法[9]、线性流动法[10],使得自动生成复杂边界形状和条件的初始速度场成为可能。

采用文献[9]的线黏性材料假设方法,假设材料服从线黏性屈服准则,引进下述本构方程:

$$\sigma_{ij} = 2\mu \, \dot{\boldsymbol{\varepsilon}}_{ij} \tag{1.4.1}$$

式中　　μ——材料黏度,即

$$\mu = \mu(\dot{\bar{\varepsilon}}) = \frac{1}{3} \frac{\bar{\sigma}}{\dot{\bar{\varepsilon}}} \tag{1.4.2}$$

由式(1.3.36)可知,对于本构方程(1.4.1),$\dfrac{\partial \widetilde{\Pi}^e}{\partial \Delta \boldsymbol{d}} = 0$ 的方程组是相对于位移增量 $\Delta \boldsymbol{d}$ 的线性方程组,可直接求解 $\Delta \boldsymbol{d}$。整理式(1.3.36),有

$$\int_V \gamma_1 \boldsymbol{b} \mathrm{d}V + \xi \int_V \boldsymbol{E}^\mathrm{T} \boldsymbol{E} \Delta \boldsymbol{d} \mathrm{d}V - \int_{s_f} \boldsymbol{N}^\mathrm{T} (\bar{\boldsymbol{F}} + \Delta \bar{\boldsymbol{F}}) \mathrm{d}s = 0 \tag{1.4.3}$$

式中

$$\gamma_1 = 3\mu \Delta \bar{\varepsilon} + \frac{3\mu a_2 n \Delta \bar{\varepsilon}^2}{a_1 + a_2 \bar{\varepsilon}} + a_4 \sigma_0 m \, (a_1 + a_2 \bar{\varepsilon})^n \, (\Delta \bar{\varepsilon})^m +$$
$$\frac{1}{2} a_2 mn\sigma_0 (\Delta \bar{\varepsilon})^{m+1} (a_1 + a_2 \bar{\varepsilon})^{m-1} \tag{1.4.4}$$

根据式(1.3.28),可从式(1.4.3)得到有限元方程为

$$\boldsymbol{K}^{te} \Delta \boldsymbol{d} = \boldsymbol{R}^{te} \tag{1.4.5}$$

式中　　$\boldsymbol{K}^{te}$——单元刚度阵。

$$\boldsymbol{K}^{te} = \int_v \frac{\gamma_1}{\Delta \bar{\varepsilon}} \boldsymbol{B}^{\mathrm{T}} \boldsymbol{D} \boldsymbol{B} \mathrm{d}v + \xi \int_v \boldsymbol{E}^{\mathrm{T}} \boldsymbol{E} \mathrm{d}v \qquad (1.4.6)$$

$$\boldsymbol{R}^{te} = \int_{s_f} \boldsymbol{N}^{\mathrm{T}} (\bar{\boldsymbol{F}} + \Delta \bar{\boldsymbol{F}}) \mathrm{d}s \qquad (1.4.7)$$

根据式(1.4.5)求解 $\Delta \boldsymbol{d}$ 后,并由式(1.4.2)修正线黏度 μ,迭代直到满足

$$\frac{\parallel \Delta \mu \parallel}{\mu} \leqslant \delta_\mu \qquad (1.4.8)$$

式中　　δ_μ——收敛精度,通常取 10^{-3};

　　　　$\mu, \Delta \mu$——单元线黏度和其改变量;

　　　　$\parallel \parallel$——Euclid(欧几里德)范数。

γ_1 受到材料参数 n, m 的影响(见式(1.4.4))。当不考虑材料参数 n, m 时,式(1.4.4)简化为

$$\gamma_1 = 3\mu \Delta \bar{\varepsilon} \qquad (1.4.9)$$

即文献[11]的形式。

对于应变硬化材料 $\bar{\sigma} = f(\bar{\varepsilon})$),式(1.4.4)为

$$\gamma_1 = 3\mu \Delta \bar{\varepsilon} + \frac{3\mu a_2 n (\Delta \bar{\varepsilon})^2}{a_1 + a_2 \bar{\varepsilon}} \qquad (1.4.10)$$

对于应变速率敏感性材料 $\bar{\sigma} = f(\dot{\bar{\varepsilon}})$),式(1.4.4)为

$$\gamma_1 = 3\mu \Delta \bar{\varepsilon} + \sigma_0 m a_4 (\Delta \bar{\varepsilon})^m \qquad (1.4.11)$$

γ_1 受 n, m 的影响与材料是否具有应变硬化或应变速率敏感性有关。式(1.4.5)和式(1.3.45)是对于同一个单元求解的有限元方程,因此初始速度增量场选择和变形分析是在同一有限元模型下给出初始位移增量场,运算就可以自动启动。对于式(1.4.5)第一步迭代 $\Delta \boldsymbol{d}$ 的选取,由于式(1.4.5)的线性方程要求不严,这样就给具有复杂边界形状塑性成形问题刚塑性有限元分析初始位移增量场的选择带来方便,使之可以自动生成。

1.5　有限元求解过程技术问题的处理

1.5.1　减缩因子 β 的确定

对式(1.3.51)采用 Newton – Raphson 方法求解,由于方法本身限制[12],如果初始位移增量场选择的不是"足够靠近"真实解,在迭代的初始阶段其增量 $\boldsymbol{d}(\Delta \boldsymbol{d})$ 会很大,由式(1.3.52)叠加修正后的位移增量场,不但

不能使泛函值减小,反而会增大。其解决方法是采用低松弛法,即在增量 $d(\triangle d)$ 前乘上一个小于 1 的系数 β,即

$$\triangle d^n = \triangle d^{(n-1)} + \beta d(\triangle d^{(n)}) \tag{1.5.1}$$

以控制其迭代过程收敛性,称 β 因子法。

对于 β 因子的选择,由于迭代初期,位移增量场偏离真实解较大,β 取较小值,迭代后期,位移增量场接近真实解,β 取较大值。对于实际有限元计算中,β 应以自动选择为好,否则由人机对话方式调整给出,不便于运算。

如果令 β 为第 n 步迭代时的相对误差,则在运算中对 β 的选取如下。第一步迭代取 $\beta_1 = 0.2$。

$\delta_n > \delta_{n-1}$ 时,$\beta_n = \dfrac{\delta_{n-1}}{\delta_n}\beta_{n-1}$,转至以后的有限元计算。

$\delta_n < \delta_{n-1}$ 时,$\beta_n = \dfrac{\delta_{n-1}}{\delta_{n-1}-\delta_n}\beta_{n-1}$,若 $\beta_n > 1$,取 $\beta_n = 0.95 \sim 1.0$,转至以后的有限元计算。

$\delta_n = \delta_{n-1}$ 时,$\beta_n = (1+0.1\delta_n)\beta_{n-1}$,转至以后的有限元计算。

1.5.2　收敛准则

对于任何迭代法,都要求给予一个迭代运算终止的准则,作为是否收敛或发散的判据。一般采用在 R^n 空间某一向量的范数,由误差分析理论确定。采用 Euclid 范数及 Newton − Raphson 方法求解,迭代的目的是使 $\triangle d$ 的修正量 $d(\triangle d)$ 充分小,因此收敛性判别准则为

$$\frac{\parallel d(\triangle d^{(n)})\parallel}{\parallel \triangle d^{(n-1)}\parallel} < \delta_d \tag{1.5.2}$$

式中　δ_d—— 充分小的正数。

式(1.5.2)称位移增量判据(即速度判据)。

对于式(1.3.51),右端项 $\boldsymbol{R}$ 为失衡力,令

$$\parallel r^{(n)}\parallel = \Big[\sum_{i=1}^{3\times 8}(R_i^{(n)})^2\Big]^{1/2} \tag{1.5.3}$$

迭代过程由于位移增量场解偏离真实解 $\parallel r^{(n)}\parallel \neq 0$,随迭代进行,$\triangle d^{(n)}$ 接近真实解,则

$$\parallel r^{(n)}\parallel < \parallel r^{(n-1)}\parallel < \delta_g \tag{1.5.4}$$

式中　δ_g—— 充分小的正数。

式(1.5.4)称为力判据。

如将两种判据联合使用，则有

$$\| \, \pmb{d}(\triangle \pmb{d}^{(n)}) \cdot \pmb{r}^{(n)} \, \| \leqslant \delta_{dr} \, \| \, \pmb{d}(\triangle \pmb{d}^{(n-1)}) \cdot \pmb{r}^{(n-1)} \, \| \tag{1.5.5}$$

可同时控制位移增量和失衡力，δ_{dr} 为充分小的数。式（1.5.5）为能量判据。由于泛函是位移增量的函数，控制位移增量的收敛显然是最重要的，采用式（1.5.2）的位移增量判据作为运算收敛终止准则。

1.5.3　数值积分

单元矩阵中的各项积分一般不能由解析积分公式精确计算，而采用数值积分这种近似计算的方法（见式（1.5.6）），通常使用 Gauss（高斯）积分法（见式（1.5.7）），这种方法对积分点的位置和权因子都做了优化，所需的积分点较少。

$$\begin{aligned}
\int_v f(x,y,z)\mathrm{d}v &= \int_{-1}^{1}\int_{-1}^{1}\int_{-1}^{1} f(\xi,\eta,\zeta)\,|\,\pmb{J}(\xi,\eta,\zeta)\,|\,\mathrm{d}\xi\mathrm{d}\eta\mathrm{d}\zeta \\
&= \sum_k^l \sum_j^n \sum_i^m W_i W_j W_k f(\xi_i,\eta_j,\zeta_k)\,|\,\pmb{J}(\xi_i,\eta_j,\zeta_k)\,|
\end{aligned} \tag{1.5.6}$$

$$\begin{aligned}
\int_v f(x,y,z)\mathrm{d}v &= \int_{-1}^{1}\int_{-1}^{1}\int_{-1}^{1} f(\xi,\eta,\zeta)\,|\,\pmb{J}(\xi,\eta,\zeta)\,|\,\mathrm{d}\xi\mathrm{d}\eta\mathrm{d}\zeta \\
&= \sum_k^n \sum_j^n \sum_i^n W_i W_j W_k f(\xi_i,\eta_j,\zeta_k)\,|\,\pmb{J}(\xi_i,\eta_j,\zeta_k)\,|
\end{aligned} \tag{1.5.7}$$

数值积分阶次的选择直接影响计算的精度和计算工作量。选择积分阶次的原则要保证积分的精度和结构总刚度矩阵 $\pmb{K}$ 是非奇异的。对于三维线性单元（式（1.3.53））取 $2 \times 2 \times 2$ 阶高斯积分即可满足。在很多情况下，如果高斯积分点的数目低于精确积分的要求，即降阶积分或称减缩积分（Reduced Integration，RI），常常可以得到比精确积分更好的计算结果。这是因为数值积分的误差适当地补偿了由于有限元离散化所导致结构刚度的偏高。除降阶积分外，还可采用选择积分（Selective Reduced Integration，SRI），即用不同的积分阶来积分不同的矩阵项。降阶积分的阶次不能过低，否则包括全部位移模式的单元矩阵的秩就会小于精确计算时的秩，在单元集合中没有给单元足够的刚度约束就会使总刚度矩阵奇异。因此，运用降阶积分和选择积分应满足下列准则[13]。

（1）单元不含有零能模式（即单元刚度矩阵的秩不小于精确计算的秩）。

（2）单元含有要求的常应变状态。

式（1.3.45）单元刚度矩阵中含有罚函数项，目前认为最好的方法是使用选择积分法[14]，式（1.3.45）可以写成

$$\left[K_1^e + \xi K_\xi^e\right] \Delta D^e = R^e \tag{1.5.8}$$

式中　　K_1^e——对应式（1.3.46）的第一项；

$\quad\quad K_\xi^e$——第二项体积应变矩阵。

式（1.5.8）中，当体积不可压缩约束条件得到严格满足时，罚因子 $\xi \to \infty$。在这种极限情况下，式（1.5.8）退化成 $K_\xi^e \Delta D^e = \mathbf{0}$。如使 ΔD^e 有解，则 K_ξ^e 必须是奇异的，所以对单元两部分贡献 K_1^e 和 K_ξ^e 要选择积分，即对 K_ξ^e 进行欠缺积分，使其成为缺秩的（奇异的），因而对 K_ξ^e 采用单点积分。对 K_1^e 积分要保证非奇异。

对 K_1^e 积分可采用降阶积分的方法，为了避免 K_1^e 出现零能模式，同时又能提高 K_1^e 的计算效率，可以对降阶积分后的 K_1^e 增加一个稳定性矩阵 $K_s^{e[6]}$，即令

$$K_1^e = K_{1RI}^e + K_s^e \tag{1.5.9}$$

K_s^e 起到抑制零能模式的作用，即在 K_{1RI}^e 降秩的情况下，保证 K_1^e 的秩不变。对 8 节点六面体等参单元，式（1.5.9）可表示为[6]

$$K_1^e = K_{1RI}^e + K_s^e = \int_{-1}^{1} \int_{-1}^{1} \int_{-1}^{1} B^\mathrm{T} DB \left| J(\xi, \eta, \zeta) \right| \mathrm{d}\xi \mathrm{d}\eta \mathrm{d}\zeta$$

$$= v B^\mathrm{T}(0,0,0) DB(0,0,0) + \frac{v}{3} \{ B_\xi^\mathrm{T}(0,0,0) DB_\xi(0,0,0) +$$

$$B_\eta^\mathrm{T}(0,0,0) DB_\eta(0,0,0) + B_\zeta^\mathrm{T}(0,0,0) DB_\zeta(0,0,0) \} +$$

$$\frac{v}{9} \{ B_{\xi\eta}^\mathrm{T}(0,0,0) DB_{\xi\eta}(0,0,0) + B_{\eta\zeta}^\mathrm{T}(0,0,0) DB_{\eta\zeta}(0,0,0) +$$

$$B_{\zeta\xi}^\mathrm{T}(0,0,0) DB_{\zeta\xi}(0,0,0) \} \tag{1.5.10}$$

式中　　v——单元体积。

1.6　摩擦边界问题处理

1.6.1　摩擦边界问题及摩擦泛函

金属塑性成形是通过模具把外力施加到工件上，利用其材料可塑性使其成形为要求的尺寸。模具与工件接触表面不可避免地存在摩擦问题，塑性成形过程中的摩擦与一般机械的摩擦相比，最大的差异在于在产生摩擦

的过程中,工件在强大外力作用下连续地发生塑性变形,即塑性摩擦,构成金属塑性成形过程分析的摩擦边界问题。由产生摩擦的过程可看出其边界问题有如下特点。

(1)只有边界接触面上的单位压力特别大,才能满足材料塑性变形的要求,因此摩擦对成形过程分析有很大影响。

(2)摩擦过程中锻件表面不断变化,即为动态边界问题,使有限元计算中出现边界的非线性。

(3)由于剧烈的摩擦使接触界面温度升高,产生局部热源,对模具和锻件的温度场产生影响。

目前应用于塑性成形的摩擦规律如下[15]。

(1)Coulomb(库仑)摩擦定律。

$$\tau_f = fp \tag{1.6.1}$$

式中　　f—— 摩擦因数;

　　　　p—— 正应力。

对于静水压强度较小的冲压、拉拔及其他润滑效果较好的成形过程,此定律较适用。

(2)常摩擦定律。

$$\tau_f = m_f k \tag{1.6.2}$$

式中　　m_f—— 摩擦因子;

　　　　k—— 剪切屈服极限。

对于面压较高的挤压及润滑较困难的热轧等变形过程,金属的剪切流动主要出现在次表面内,常采用此定律。

在有限元分析中对摩擦边界条件的处理,是在原有能量泛函基础上加入摩擦功的影响,使有限元列式中包含摩擦边界条件。将单元接触表面所产生的摩擦功作为对无摩擦能量泛函式(1.3.20)的修正,以接触摩擦泛函(Π_{cf})的形式反映界面摩擦效应。考虑在非保守能量场下的平衡方式,修正的式(1.3.20)为

$$\Pi = \tilde{\Pi} + \Pi_{cf} \tag{1.6.3}$$

对于锻造问题等一般采用常摩擦条件[16],Chen 和 Kobayashi[17]假设摩擦应力应与相对速度有关,给出下述常摩擦规律

$$\tau_f = m_f k_f l \cong - m_f k_f \left[\frac{2}{\pi} \arctan \frac{|\dot{\boldsymbol{u}}_s|}{a_0} \right] \frac{\dot{\boldsymbol{u}}_s}{|\dot{\boldsymbol{u}}_s|} \tag{1.6.4}$$

式中　　$\dot{\boldsymbol{u}}_s$—— 相对滑动速度;

m_f —— 摩擦因子；

k_f —— 当前剪切屈服应力；

a_0 —— 一个相对于 $|\dot{\boldsymbol{u}}_s|$ 很小的数，一般取 $10^{-6} \sim 10^{-4}$；

负号 —— 摩擦力方向始终与相对滑动速度方向相反。

摩擦泛函的一般形式为[17]

$$\Pi_{cf} = \int_{s_{cf}} \left[\int_0^{|\dot{\boldsymbol{u}}_s|} \boldsymbol{\tau}_f^{\mathrm{T}} \cdot \mathrm{d}\dot{\boldsymbol{u}}_s \right] \mathrm{d}s \tag{1.6.5}$$

式中 s_{cf} —— 接触面积。

对于三维常摩擦泛函，根据式(1.6.4)和式(1.6.5)有

$$\Pi_{cf} = \int_{s_{cf}} \left\{ \int_0^{|\dot{\boldsymbol{u}}_s|} - m_f k_f \left(\frac{2}{\pi} \arctan \frac{\dot{u}_s}{a_0} \right) \frac{\dot{\boldsymbol{u}}_s^{\mathrm{T}}}{|\dot{\boldsymbol{u}}_s|} \cdot \mathrm{d}\dot{\boldsymbol{u}}_s \right\} \mathrm{d}s \tag{1.6.6}$$

将式(1.6.6)用位移增量表示，并视单元接触面上摩擦为常值，则有

$$\Pi_{cf} = -\frac{2}{\pi} m_f \int_{s_{cf}} \left\{ \int_0^{|\Delta\boldsymbol{u}_s|} k_f \left(\arctan \frac{|\Delta\boldsymbol{u}|_s}{a_0} \right) \mathrm{d}(\Delta\boldsymbol{u}_s) \right\} \mathrm{d}s \tag{1.6.7}$$

对于 8 节点六面体等参单元，若与模具表面接触，单元体中至少有一个表面上四边形等参单元中 3 个或 4 个节点与模具接触，则认为该单元体为接触单元，并做摩擦边界条件处理，称为接触摩擦单元。因此，接触摩擦单元有两种，即 3 节点三角形单元和 4 节点四边形单元。

1.6.2　摩擦单元有限元列式

对于 8 节点六面体中 3 节点三角形摩擦单元(图 1.6.1 中阴影部分)，假设节点 5,6,7 与模具接触，其等参单元如图 1.6.2 所示。自然坐标为 (s, t)，形函数为

$$N_1 = s, \quad N_2 = 1 - s - t, \quad N_3 = t \tag{1.6.8}$$

对于 8 节点六面体中 4 节点四边形摩擦单元(图 1.6.3 中阴影部分)，假设节点 5,6,7,8 与模具接触，其等参单元如图 1.6.4 所示。自然坐标为 (s, t)，形函数为

$$N_i(s, t) = \frac{1}{4}(1 + s_i s)(1 + t_i t) \quad (i = 1, 2, 3, 4) \tag{1.6.9}$$

接触摩擦单元内任一点的相对滑动位移增量有如下表示。

对于 3 节点三角形单元：

$$\Delta\boldsymbol{u}_s = \begin{bmatrix} \Delta\boldsymbol{u}_s^s \\ \Delta\boldsymbol{u}_s^{\mathrm{T}} \end{bmatrix} = \begin{bmatrix} \displaystyle\sum_{i=1}^3 N_i(s, t) \Delta d_{si}^s \\ \displaystyle\sum_{i=1}^3 N_i(s, t) \Delta d_{si}^t \end{bmatrix} = N(s, t) \Delta d_s \tag{1.6.10}$$

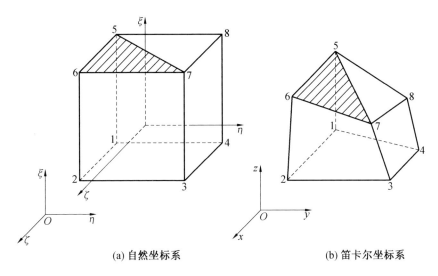

(a) 自然坐标系　　　　　　　　(b) 笛卡尔坐标系

图 1.6.1　8 节点六面体中 3 节点三角形接触摩擦单元

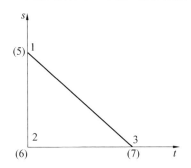

图 1.6.2　3 节点三角形等参单元

式中，$\Delta \boldsymbol{d}_s = \left[\Delta d_{s1}^s , \Delta d_{s1}^t , \Delta d_{s2}^s , \Delta d_{s2}^t , \Delta d_{s3}^s , \Delta d_{s3}^t \right]$。

对于 4 节点四边形单元：

$$\Delta \boldsymbol{u}_s = \begin{bmatrix} \Delta \boldsymbol{u}_s^s \\ \Delta \boldsymbol{u}_s^t \end{bmatrix} = \begin{bmatrix} \sum_{i=1}^{4} N_i(s,t) \Delta d_{si}^s \\ \sum_{i=1}^{4} N_i(s,t) \Delta d_{si}^t \end{bmatrix} = \boldsymbol{N}(s,t) \Delta \boldsymbol{d}_s \qquad (1.6.11)$$

式中，$\Delta \boldsymbol{d}_s = \left[\Delta d_{s1}^s , \Delta d_{s1}^t , \Delta d_{s2}^s , \Delta d_{s2}^t , \Delta d_{s3}^s , \Delta d_{s3}^t , \Delta d_{s4}^s , \Delta d_{s4}^t \right]$。

为了便于自然坐标系 (s,t) 与笛卡尔坐标系 (x,y,z) 之间位移增量的转换，建立变换阵

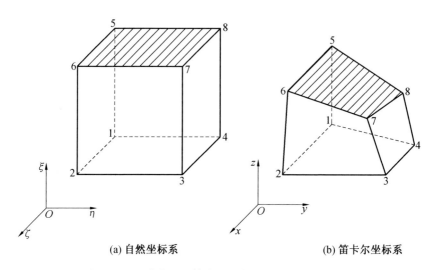

(a) 自然坐标系 　　　　　　　(b) 笛卡尔坐标系

图 1.6.3　8 节点六面体中 4 节点四边形接触摩擦单元

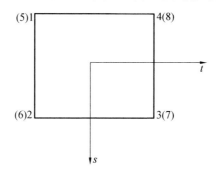

图 1.6.4　4 节点四边形等参单元

$$\boldsymbol{\lambda}' = \begin{bmatrix} l_1 & m_1 & n_1 \\ l_2 & m_2 & n_2 \end{bmatrix} = \begin{bmatrix} \cos\langle x,s\rangle & \cos\langle y,s\rangle & \cos\langle z,s\rangle \\ \cos\langle x,t\rangle & \cos\langle y,t\rangle & \cos\langle z,t\rangle \end{bmatrix}$$

$$(1.6.12)$$

则有下述转换关系

$$\Delta \boldsymbol{d}_s = \boldsymbol{\lambda}\,\Delta \boldsymbol{d} \qquad (1.6.13)$$

对于 3 节点三角形单元:

$$\boldsymbol{\lambda} = \begin{bmatrix} \boldsymbol{\lambda}' & & \\ & \boldsymbol{\lambda}' & \\ & & \boldsymbol{\lambda}' \end{bmatrix} \qquad (1.6.14)$$

对于 4 节点四边形单元:

$$\boldsymbol{\lambda} = \begin{bmatrix} \lambda' & & & \\ & \lambda' & & \\ & & \lambda' & \\ & & & \lambda' \end{bmatrix} \tag{1.6.15}$$

由泛函式(1.6.7),对摩擦单元 e 有

$$\Pi_{c_f}^e = -\frac{2}{\pi} m_f \int_{c_f} \left\{ \int_0^{|\Delta u_s|} k_f \left(\arctan \frac{|\Delta u_s|}{a_0} \right) \left[\frac{\Delta u_s^s d(\Delta u_s^s) + \Delta u_s^t d(\Delta u_s^t)}{|\Delta u_s|} \right] \right\} \mathrm{d}s \tag{1.6.16}$$

其一阶和二阶偏导经过求导可得

$$\begin{cases} \dfrac{\partial \Pi_{c_f}^e}{\partial \Delta u_{si}^s} = -\dfrac{4}{\pi} m_f k_f \int_{s_{c_f}} \left[\dfrac{\Delta u_s^s N_i(s,t)}{|\Delta u_s|} \arctan \dfrac{\Delta u_s}{a_0} \right] \mathrm{d}s \\[3mm] \dfrac{\partial \Pi_{c_f}^e}{\partial \Delta u_{si}^t} = -\dfrac{4}{\pi} m_f k_f \int_{s_{c_f}} \left[\dfrac{\Delta u_s^t N_i(s,t)}{|\Delta u_s|} \arctan \dfrac{\Delta u_s}{a_0} \right] \mathrm{d}s \end{cases} \tag{1.6.17}$$

$$\frac{\partial^2 \Pi_{c_f}^e}{\partial \Delta u_{si}^s \partial \Delta u_{sj}^s} = -\frac{4}{\pi} m_f k_f \int_{s_{cf}} N_i(s,t) N_j(s,t) \left\{ \frac{(\Delta u_s^t)^2}{(|\Delta u_s|)^3} \arctan\left(\frac{|\Delta u_s|}{a_0} \right) + \right.$$
$$\left. \frac{a (\Delta u_s^s)^2}{(|\Delta u_s|)^2 [a_0^2 + (|\Delta u_s|)^2]} \right\} \mathrm{d}s$$

$$\frac{\partial^2 \Pi_{c_f}^e}{\partial \Delta u_{si}^s \partial \Delta u_{sj}^t} = -\frac{4}{\pi} m_f k_f \int_{s_{cf}} N_i(s,t) N_j(s,t) \left\{ \frac{a_0 (\Delta u_s^s)(\Delta u_s^t)}{(|\Delta u_s|)^2 [a_{20} + (|\Delta u_s|)^2]} \right\} \mathrm{d}s$$

$$\frac{\partial^2 \Pi_{c_f}^e}{\partial \Delta u_{si}^t \partial \Delta u_{sj}^t} = -\frac{4}{\pi} m_f k_f \int_{s_{cf}} N_i(s,t) N_j(s,t) \left\{ \frac{(\Delta u_s^s)^2}{(|\Delta u_s|)^3} \arctan \frac{|\Delta u_s|}{a_0} + \right.$$
$$\left. \frac{a (\Delta u_s^t)^2}{(|\Delta u_s|)^2 [a_0^2 + (|\Delta u_s|)^2]} \right\} \mathrm{d}s \tag{1.6.18}$$

对式(1.6.3)进行关于 Δd 的一阶和二阶偏导,并采用线性化,可得到如下的引入界面摩擦泛函的刚黏塑性有限元方程:

$$[\boldsymbol{K}^e - \boldsymbol{C}_f^e] \Delta \boldsymbol{D}^e = \boldsymbol{R}^e + \boldsymbol{R}_f^e \tag{1.6.19}$$

式中　$\boldsymbol{C}_f^e, \boldsymbol{R}_f^e$ —— 由于引入界面摩擦泛函而得到的摩擦单元的摩擦矩阵和等效摩擦力。

对 3 节点三角形单元 $\boldsymbol{C}_f^e$ 见式(1.6.20),而 $\boldsymbol{R}_f^e$ 的表达式为

$$\boldsymbol{R}_f^e = \begin{bmatrix} l_1 C_{s1}^0 + l_2 C_{t1}^0 \\ m_1 C_{s1}^0 + m_2 C_{t1}^0 \\ n_1 C_{s1}^0 + n_2 C_{t1}^0 \\ l_1 C_{s2}^0 + l_2 C_{t2}^0 \\ m_1 C_{s2}^0 + m_2 C_{t2}^0 \\ n_1 C_{s2}^0 + n_2 C_{t2}^0 \\ l_1 C_{s3}^0 + l_2 C_{t3}^0 \\ m_1 C_{s3}^0 + m_2 C_{t3}^0 \\ n_1 C_{s3}^0 + n_2 C_{t3}^0 \end{bmatrix} \qquad (1.6.20)$$

$$C_{si}^0 = \frac{\partial \Pi_{cf}}{\partial \Delta u_{si}^s}, \quad C_{tj}^0 = \frac{\partial \Pi_{cf}}{\partial \Delta u_{si}^s}, \quad C_{ij}' = \frac{\partial^2 \Pi_{cf}}{\partial \Delta u_{si}^s \partial \Delta u_{sj}^s}$$

$$C_{ij}'' = \frac{\partial^2 \Pi_{cf}}{\partial \Delta u_{si}^t \partial \Delta u_{sj}^s}, \quad C_{ij}''' = \frac{\partial^2 \Pi_{cf}}{\partial \Delta u_{si}^s \partial \Delta u_{tj}^t}$$

可见,矩阵 $\boldsymbol{C}_f^e$ 是对称的,给求解带来方便。

对于4节点四边形单元,$\boldsymbol{C}_f$ 和 $\boldsymbol{R}_f$ 依据3节点三角形单元的 $\boldsymbol{C}_f^e$ 和 $\boldsymbol{R}_f$ 扩充。

$$C_f = \frac{\partial}{\Delta d}\left(\frac{\partial \Pi_f}{\partial \Delta d}\right) =$$

$$\begin{bmatrix}
l_1^2 C_{11}' + 2l_1 l_2 C_{11}'' + l_2^2 C_{11}''' & l_1 m_1 C_{11}' + (l_1 m_2 + l_2 m_1)C_{11}'' + l_2 m_2 C_{11}''' & l_1 n_1 C_{11}' + (l_1 n_2 + l_2 n_1)C_{11}'' + l_2 n_2 C_{11}''' \\
l_1^2 C_{12}' + 2l_1 l_2 C_{12}'' + l_2^2 C_{12}''' & l_1 m_1 C_{12}' + (l_1 m_2 + l_2 m_1)C_{12}'' + l_2 m_2 C_{12}''' & l_1 n_1 C_{12}' + (l_1 n_2 + l_2 n_1)C_{12}'' + l_2 n_2 C_{12}''' \\
l_1^2 C_{13}' + 2l_1 l_2 C_{13}'' + l_2^2 C_{13}''' & l_1 m_1 C_{13}' + (l_1 m_2 + l_2 m_1)C_{13}'' + l_2 m_2 C_{13}''' & l_1 n_1 C_{13}' + (l_1 n_2 + l_2 n_1)C_{13}'' + l_2 n_2 C_{13}''' \\[2mm]
l_1 m_1 C_{12}' + (l_1 m_2 + l_2 m_1)C_{12}'' + l_2 m_2 C_{11}''' & m_1^2 C_{11}' + 2m_1 m_2 C_{11}'' + m_2^2 C_{11}''' & m_1 n_1 C_{11}' + (m_1 n_2 + m_2 n_2)C_{11}'' + m_2 n_2 C_{11}''' \\
l_1 m_1 C_{13}' + (l_1 m_2 + l_2 m_1)C_{13}'' + l_2 m_2 C_{13}''' & m_1^2 C_{12}' + 2m_1 m_2 C_{12}'' + m_2^2 C_{12}''' & m_1 n_1 C_{12}' + (m_1 n_2 + m_2 n_2)C_{12}'' + m_2 n_2 C_{12}''' \\
& m_1^2 C_{13}' + 2m_1 m_2 C_{13}'' + m_2^2 C_{13}''' & m_1 n_1 C_{13}' + (m_1 n_2 + m_2 n_2)C_{13}'' + m_2 n_2 C_{13}''' \\[2mm]
l_1 n_1 C_{12}' + (l_1 n_2 + l_2 n_1)C_{12}'' + l_2 n_2 C_{11}''' & n_1 m_1 C_{12}' + (n_1 m_2 + n_2 m_1)C_{12}'' + n_2 m_2 C_{12}''' & n_1^2 C_{11}' + 2n_1 n_2 C_{11}'' + n_2^2 C_{11}''' \\
l_1 n_1 C_{13}' + (l_1 n_2 + l_2 n_1)C_{13}'' + l_2 n_2 C_{13}''' & n_1 m_1 C_{13}' + (n_1 m_2 + n_2 m_1)C_{13}'' + n_2 m_2 C_{13}''' & n_1^2 C_{12}' + 2n_1 n_2 C_{12}'' + n_2^2 C_{12}''' \\
& & n_1^2 C_{13}' + 2n_1 n_2 C_{13}'' + n_2^2 C_{13}''' \\[2mm]
l_1^2 C_{22}' + 2l_1 l_2 C_{22}'' + l^2 C_{22}''' & l_1 m_1 C_{22}' + (l_1 m_2 + l_2 m_1)C_{22}'' + l_2 m_2 C_{22}''' & l_1 n_1 C_{22}' + (l_1 n_2 + l_2 n_1)C_{22}'' + l_2 n_2 C_{22}''' \\
l_1^2 C_{23}' + 2l_1 l_2 C_{23}'' + l_2^2 C_{23}''' & l_1 m_1 C_{23}' + (l_1 m_2 + l_2 m_1)C_{23}'' + l_2 m_2 C_{23}''' & l_1 n_1 C_{23}' + (l_1 n_2 + l_2 n_1)C_{23}'' + l_2 n_2 C_{23}''' \\[2mm]
l_1 m_1 C_{23}' + (l_1 m_2 + l_2 m_1)C_{23}'' + l_2 m_2 C_{11}''' & m_1^2 C_{22}' + 2m_1 m_2 C_{22}'' + m_2^2 C_{22}''' & m_1 n_1 C_{22}' + (m_1 n_2 + m_2 n_2)C_{22}'' + m_2 n_2 C_{22}''' \\
& m_1^2 C_{23}' + 2m_1 m_2 C_{23}'' + m_2^2 C_{23}''' & m_1 n_1 C_{23}' + (m_1 n_2 + m_2 n_2)C_{23}'' + m_2 n_2 C_{23}''' \\[2mm]
l_1 n_1 C_{23}' + (l_1 n_2 + l_2 n_1)C_{23}'' + l_2 n_2 C_{11}''' & n_1 m_1 C_{23}' + (n_1 m_2 + n_2 m_1)C_{23}'' + n_2 m_2 C_{23}''' & n_1^2 C_{22}' + 2n_1 n_2 C_{22}'' + n_2^2 C_{22}''' \\
& & n_1^2 C_{23}' + 2n_1 n_2 C_{23}'' + n_2^2 C_{23}''' \\[2mm]
l_1^2 C_{33}' + 2l_1 l_2 C_{33}'' + l_2^2 C_{33}''' & l_1 m_1 C_{33}' + (l_1 m_2 + l_2 m_1)C_{33}'' + l_2 m_2 C_{33}''' & l_1 n_1 C_{33}' + (l_1 n_2 + l_2 n_1)C_{33}'' + l_2 n_2 C_{33}''' \\
& m_2 C_{33}' + 2m_1 m_2 C_{33}'' + m_2^2 C_{22}''' & m_1 n_1 C_{33}' + (m_1 n_2 + m_2 n_1)C_{33}'' + m_2 n_2 C_{33}''' \\
& & n_1^2 C_{33}' + 2n_1 n_2 C_{33}'' + n_2^2 C_{33}'''
\end{bmatrix}$$

$$(1.6.21)$$

1.7 有限元方程集成及约束处理

对式(1.6.19)单元有限元方程集成,假设变形体离散成 n_e 个有限单元体,得到对变形体整体坐标系下的有限元方程为

$$\boldsymbol{K}\Delta\boldsymbol{D}=\boldsymbol{P} \tag{1.7.1}$$

式中

$$\begin{cases} \boldsymbol{K}=\displaystyle\sum_{e=1}^{n_e}(\boldsymbol{K}^e-\boldsymbol{C}_f^e) \\ \Delta\boldsymbol{D}=\displaystyle\sum_{e=1}^{n_e}\Delta\boldsymbol{D}^e \\ \boldsymbol{P}=\displaystyle\sum_{e=1}^{n_e}(\boldsymbol{R}^e-\boldsymbol{R}_f^e) \end{cases} \tag{1.7.2}$$

在金属塑性成形过程中,随着变形过程的进行,工件与模具接触总在变化,与模具接触的变形部分位移增量在模具法线方向上的分量应及模具的法线方向位移增量一致,即接触点必须满足的运动边界条件为

$$\Delta\boldsymbol{D}^{\mathrm{T}}\boldsymbol{n}=\Delta\boldsymbol{D}_{Die} \tag{1.7.3}$$

式中　　$\boldsymbol{n}$——接触点处模具外法向单位矢量;

　　　　$\Delta\boldsymbol{D}_{Die}$——接触点处模具外法向位移增量。

该式作为接触后的约束条件,对总刚度矩阵做约束处理。

1.8 考虑材料参数 n,m 影响的三维刚黏塑性有限元分析数值实例

用提出的考虑材料参数 n,m 影响的三维刚黏塑性有限元方法和初始速度场自动生成方法,对 3 个数值例子进行刚黏塑性有限元分析,并同文献[18]解进行比较;对材料三维塑压变形过程,考察材料应变硬化(n)和应变速率敏感性对材料变形均匀性的影响。

1.8.1 不同材料模型数值模拟实例

1. 应变硬化型材料 $\bar{\sigma}=f(\bar{\varepsilon})$

取文献[17]数值模拟实例,其本构方程 $\bar{\sigma}=\sigma_0\left(1+\dfrac{\bar{\varepsilon}}{0.052\,05}\right)^{0.3}$,$\sigma_0=$

62.74 MPa。对块体镦粗过程进行有限元分析,摩擦因子 $m_f = 0.5$,取其对称的 1/8 部分分析。

本书的实验结果与文献[18]的实验结果的比较如图 1.8.1 所示,其收敛精度 $\delta_d = 10^{-6}$。当镦粗变形 $\Delta H / H_0$(ΔH 为高度减小量,H_0 为块体初始高度)为 30% 时,应变硬化型材料块体镦粗加载步内迭代次数的比较见表 1.8.1,初始位移增量场收敛精度 $\delta_\mu = 10^{-4}$,位移加载步长为初始高度 2%。

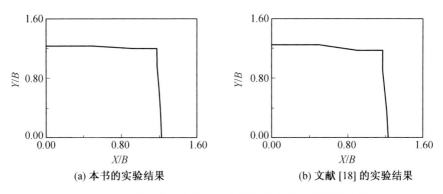

(a) 本书的实验结果　　　　　　(b) 文献 [18] 的实验结果

图 1.8.1　本书的实验结果与文献[18]的实验结果的比较

表 1.8.1　应变硬化型材料块体镦粗加载步内迭代次数的比较

加载步	1	2	3	4	5	6	7	8	9	10	11	12	13	14	15
本书的方法	19	10	10	10	10	10	10	11	11	11	11	11	12	12	12
文献[18]的方法	26	15	15	15	15	15	15	16	16	16	16	16	17	17	17

2. 应变速率敏感型材料 $\bar{\sigma} = f(\dot{\bar{\varepsilon}})$

取文献[9]数值实例,其本构方程 $\bar{\sigma} = \sigma_0 (\dot{\bar{\varepsilon}})^{0.1}$,$\sigma_0 = 68.4$ MPa,对轴对称圆柱体镦粗过程进行有限元分析,摩擦因子 $m_f = 0.5$。取其对称的 1/8 部分分析。本书的实验结果与文献[9]的实验结果的比较如图 1.8.2 所示,其收敛精度 $\delta_d = 10^{-6}$。当镦粗变形 $\Delta H / H_0$ 为 40% 时,应变速率敏感型材料圆柱体镦粗加载步内迭代次数的比较见表 1.8.2,初始位移增量场收敛精度 $\delta_\mu = 10^{-4}$。模具速度为 25.4 mm/s,位移加载步长为初始高度的 4%。

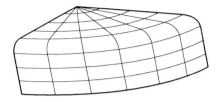
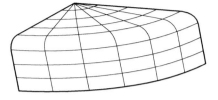

(a) 本书的实验结果   (b) 文献 [9] 的实验结果

图 1.8.2   本书的实验结果与文献[9]的实验结果的比较

表 1.8.2   应变速率敏感型材料圆柱体镦粗加载步内迭代次数的比较

加载步	1	2	3	4	5	6	7	8	9	10
本书的方法	10	5	5	5	6	6	6	6	7	7
文献[11]的方法	14	8	8	8	9	9	9	9	10	10

3. 应变硬化和应变速率敏感型材料 $\bar{\sigma} = f(\bar{\varepsilon}, \dot{\bar{\varepsilon}})$

取文献[6]数值模拟实例,其本构方程 $\bar{\sigma} = \sigma_0 \left(\dfrac{\bar{\varepsilon}}{0.002} \right)^{0.0625} \left(\dfrac{\dot{\bar{\varepsilon}}}{0.0024} \right)^{0.05}$,$\sigma_0 = 400$ MPa。对块体镦粗过程进行有限元分析,摩擦因子 $m_f = 0.1$,取其对称的 1/8 部分分析。镦粗变形 $\Delta H / H_0$ 分别为 18% 和 36% 的构形如图 1.8.3 所示。其收敛精度 $\delta_d = 10^{-6}$。当镦粗变形 $\Delta H / H_0$ 为 30% 时,应变硬化和应变速率敏感型材料块体镦粗加载步内迭代次数的比较见表 1.8.3。初始位移增量场精度 $\delta_\mu = 10^{-4}$,位移加载步长为初始高度的 3%。

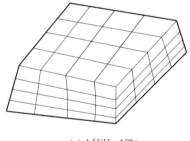
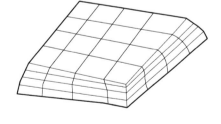

(a) $\Delta H / H_0 = 18\%$ (b) $\Delta H / H_0 = 36\%$

图 1.8.3   块体镦粗变形构形

表 1.8.3   应变硬化和应变速率敏感型材料块体镦粗加载步内迭代次数的比较

加载步	1	2	3	4	5	6	7	8	9	10
本书的方法	26	16	16	16	16	17	17	17	18	18
文献[11]的方法	33	22	22	22	22	23	23	23	24	24

上述 3 个数值模拟实例说明,本书给出的三维刚黏塑性有限元方法及数值模拟程序,对于三维塑压过程模拟具有较好的稳定性和精度;给出的初始位移增量场自动生成方法更适合于本书给出的有限元方法。

1.8.2　材料参数 n,m 对压缩变形均匀性的影响

金属在压缩变形过程中的变形是不均匀的。为了考察材料参数 n,m 对变形行为的影响,定义一个不均匀应变速率参数 β,$\beta = \Delta\bar{\epsilon}_{max}/\Delta\bar{\epsilon}_{aver}$,即最大等效应变速率与平均等效应变速率之比。采用本书给出的刚黏塑性有限元方法分析参数 n,m 对 β 的影响。块体镦粗过程不均匀变形 $\beta -$ $\Delta H/H_0$ 的百分比变化曲线如图 1.8.4 所示,当材料应变速率敏感性(m)一定时,在同一镦粗比下,应变硬化(n)越显著(n 值越大),则 β 值越小,说明变形越均匀;当材料应变硬化(n)一定时,应变速率敏感性对变形的影响也表现出同样的趋势。

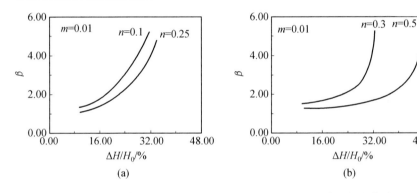

图 1.8.4　块体镦粗过程不均匀变形 $\beta - \Delta H/H_0$ 百分比变化曲线

参考文献

[1] LEE C H,IWASAKI H,KOBAYASHI S. Calculation of residual stresses in plastic deformation processes[J]. Journal of Engineering for Industry,1973,95(1):413-420.

[2] ZIENKIEWICZ O C,GODBOLE P N. A penalty function approach to problems of plastic flow of metals with large surface deformation [J]. The Journal of Strain Analysis for Engineering Design,1975, 10(3):180-183.

［3］森謙一郎,島進,小坂田宏造.多孔質体の塑性力学式を応用した剛塑性有限要素法による自由鍛造の解析［J］.日本機械学會論文集,A編,1979,45(396):965-974.

［4］OSAKADA K,NAKANO J,MORI K. Finite element method for rigid-plastic analysis of metal forming-formulation for finite deformation ［J］. International Journal of Mechanical Science,1982,24(8):459-468.

［5］KIM Y J,YANG D Y. A formulation for rigid-plastic finite element method considering work-hardening effect［J］. International Journal of Mechanical Sciences,1985,27(7-8):487-495.

［6］富田佳宏,進藤明夫,秋万錫. 2,3 次元剛塑性有限要素解析の高速化［J］. 塑性と加工,1989,30(338):426-433.

［7］甘舜仙.有限元技术与程序［M］. 北京:北京理工大学出版社,1988.

［8］吕丽苹.有限元法及其在锻压工程中的应用［M］. 西安:西北工业大学出版社,1988.

［9］OH S I. Finite element analysis of metal forming processes with arbitrarily shaped dies［J］. International Journal of Mechanical Sciences,1982,24(8):479-493.

［10］陈经辉.模锻过程数值模拟［D］. 上海:上海交通大学,1991.

［11］YOON J H,YANG D Y. Rigid-plastic finite element analysis of three-dimensional forging by considering friction on continuous curved dies with initial guess generation［J］. International Journal of Mechanical Sciences,1988,30(12):887-898.

［12］费尔齐格 J H.数值方法在工程中的应用［M］. 潘任先,王晖夫,译. 北京:机械工业出版社,1990.

［13］巴斯 K J.工程分析中的有限元法［M］. 傅子智,译. 北京:机械工业出版社,1991.

［14］艾金 J E.有限元法的应用与实现［M］. 张纪刚,等译. 北京:科学出版社,1992.

［15］姚若浩.金属压力加工中的摩擦与润滑［M］. 北京:冶金工业出版社,1990.

［16］KOBAYASHI S,OH S I,ALTAN T. Metal forming and the finite-element method［M］. New York:Oxford University Press,1989.

［17］CHEN C C,KOBAYASHI S. Rigid plastic finite element analysis of ring compression[J]. ASME,AMD,1978,28:163.

[18] PARK J J,KOBAYASHI S. Three-dimensional finite element analysis of block compression[J]. International Journal of Mechanical Sciences,1984,26(3):165-176.

第2章　塑性成形过程温度场有限元分析

2.1 引　　言

在金属塑性成形过程中,工件的温度场与模具或环境温度不同,通过与模具的热传导,与环境以热辐射和对流的形式热交换而随时间变化。金属塑性变形和界面摩擦所做的机械功转换成热能,以内热源和界面热源的形式对温度场产生影响。由于工件内部热力学状态(温度)和力学状态(应力、应变和应变速率)的变化,局部区域微观组织可能会发生变化,即金属相转变,相变过程所出现的潜热现象会因相变界面的运动而对温度场产生一种动态局部热源,同样影响工件温度分布。

由于工件的材料参数往往是与温度有关(如流动应力、应变硬化指数(n)及应变速率敏感指数(m)),材料参数影响工件塑性成形过程,工件的温度场与塑性变形之间相互影响、相互作用,就构成了工件的热力耦合成形过程。对二者的数值分析要耦合进行,即热力耦合计算。由于二者都为场问题,因此可以采用相同的求解场问题的数值方法 —— 有限元方法,数值分析工件的塑性变形速度场问题和热传导的温度场问题。

对于热锻等成形问题,由于金属在高温情况下通常表现出速率敏感性,而这一点已在金属塑性成形刚黏塑性有限元分析方法中给予考虑。

工件的温度场问题,一方面是塑性成形所必然引起的,通过分析可以考察它对塑性成形过程的影响;另一方面,可以根据工件塑性变形的要求,确定适合的温度场。这已在实际成形工艺中得到应用,数值模拟的方法可为这种应用提供理论分析依据。

由于工件塑性成形的状态随时间而变化,热力之间的相互耦合作用使工件温度场具有瞬态性和非线性,即工件的热传导问题是非线性瞬态场的初始值和边值问题。本章详细讨论工件成形过程热力耦合问题,并给出计算模型,并就相变潜热的处理做了分析;讨论并给出刚黏塑性有限元分析的热力耦合计算模式。对于温度场求解的数值方法很多[1-3],本章采用适合于复杂形状物体热传导问题的 Galerkin(伽辽金)有限元分析方法。

2.2　温度场初始值和边值问题

对于三维热传导问题,在笛卡尔坐标系(x,y,z)下,温度场一般的数学表达式为

$$T = T(x,y,z,t) \tag{2.2.1}$$

式中　　T——坐标为(x,y,z)的介质质点在t时刻的温度。

在热传导系统中,由能量守恒的自然法则,单位时间内加入系统的热量,等于流入和流出系统热量之差与内热源所生成热Q之和。

对于变形体V,在V内任取一热量平衡的微元体,如图 2.2.1 所示,可得到热量平衡方程为

$$(q_x - q_{x+\mathrm{d}x})\mathrm{d}y\mathrm{d}z + (q_y - q_{y+\mathrm{d}y})\mathrm{d}x\mathrm{d}z + (q_z - q_{z+\mathrm{d}z})\mathrm{d}x\mathrm{d}y + q\mathrm{d}x\mathrm{d}y\mathrm{d}z =$$
$$\rho c_p \frac{\partial T}{\partial t}\mathrm{d}x\mathrm{d}y\mathrm{d}z \tag{2.2.2}$$

或

$$-\left(\frac{\partial q_x}{\partial x} + \frac{\partial q_y}{\partial y} + \frac{\partial q_z}{\partial z}\right) + q = \rho c_p \frac{\partial T}{\partial t} \tag{2.2.3}$$

式中　　ρ——物体密度;

　　　　c_p——质量定压热容;

　　　　q_x,q_y,q_z——沿x,y,z方向在单位时间内流入或流出微元体单位表面积的热流量;

　　　　q——内热源在单位体积内生成热速率。

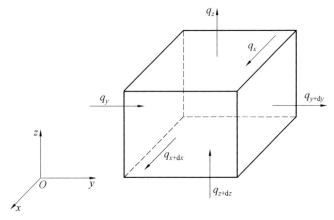

图 2.2.1　热量平衡的微元体

因傅里叶热传导定律为

$$\begin{cases} q_x = -k_x \dfrac{\partial T}{\partial x} \\[2mm] q_y = -k_y \dfrac{\partial T}{\partial y} \\[2mm] q_z = -k_z \dfrac{\partial T}{\partial z} \end{cases} \tag{2.2.4}$$

式中　k_x, k_y, k_z——材料在 x, y, z 方向的传热系数。

则由式(2.2.3)可得到热传导微分方程[3]

$$\frac{\partial}{\partial x}(k_x \frac{\partial T}{\partial x}) + \frac{\partial}{\partial y}(k_y \frac{\partial T}{\partial y}) + \frac{\partial}{\partial z}(k_z \frac{\partial T}{\partial z}) + \dot{q} = \rho c_p \frac{\partial T}{\partial t} \tag{2.2.5}$$

对各向同性材料，$k_x = k_y = k_z = k$，由式(2.2.5)有

$$\frac{\partial}{\partial x}(k \frac{\partial T}{\partial x}) + \frac{\partial}{\partial y}(k \frac{\partial T}{\partial y}) + \frac{\partial}{\partial z}(k \frac{\partial T}{\partial z}) + \dot{q} = \rho c_p \frac{\partial T}{\partial t} \tag{2.2.6}$$

考虑常物性条件，k 与温度无关，则由式(2.2.6)有

$$k(\frac{\partial^2 T}{\partial x^2} + \frac{\partial^2 T}{\partial y^2} + \frac{\partial^2 T}{\partial z^2}) + \dot{q} = \rho c_p \frac{\partial T}{\partial t} \tag{2.2.7}$$

热传导微分方程(2.2.5)～(2.2.7)是用数学形式表示的热传导过程共性的泛定方程。对于某一物体具体热传导过程的定解，必须给出表示过程特点的定解条件，使泛定方程成为适定方程[4]。定解条件包括：

(1) 几何条件：参与过程的物体几何形状。

(2) 物理条件：外界介质和物体的物性量的值(k, ρ, c_p 等)，内热源的模型和分布。

(3) 时间条件：(初始条件)初始温度的分布。

(4) 边界条件：物体边界上过程进行的特点和对过程的影响。

条件(1)在温度场有限元分析中，通过对物体的有限元离散，用边界单元逼近物体的几何形状。

条件(2)将在 2.4 节中结合工件成形过程进行讨论。

初始条件可表示为

$$T \big|_{t=0} = T(x, y, z, 0) \tag{2.2.8}$$

边界条件如下：

① 第一类边界条件(强制边界条件或本质边界条件)

$$T = T(\Gamma_1, t) \quad (在 \Gamma_1 边界上) \tag{2.2.9}$$

② 第二类边界条件(自然边界条件)

$$k \frac{\partial T}{\partial n} = q_{\Gamma_2}(\Gamma_2, t) \quad (在 \Gamma_2 边界上) \tag{2.2.10}$$

式中　　$\dfrac{\partial T}{\partial n}$——$T$ 法向 $\boldsymbol{n}$ 的导数，$\dfrac{\partial T}{\partial n} = \dfrac{\partial T}{\partial x}n_x + \dfrac{\partial T}{\partial y}n_y + \dfrac{\partial T}{\partial z}n_z$；

　　　　$q_{\Gamma_2}(\Gamma_2, t)$——$\Gamma_2$ 边界上的热流量。

③ 第三类边界条件（自然边界条件）

$$k\frac{\partial T}{\partial n} = q_{\Gamma_3}(\Gamma_3, t) \tag{2.2.11}$$

对于对流换热条件

$$q_{\Gamma_3}(\Gamma_3, t) = h(T_e - T) \tag{2.2.12}$$

式中　　h——对流换热系数；

　　　　T_e——环境温度。

对于热辐射条件

$$q_{\Gamma_3}(\Gamma_3, t) = h_r(T_e^4 - T^4) \tag{2.2.13}$$

式中，h_r 由 Stefan－Boltzmann 常数、辐射黑度及几何形状因子确定。

　　热传导微分方程和定解条件给出了热传导过程完整的数学模型，可通过数学方法求定温度场。但是，工程实际问题能解析求解的热传导问题很少，由于求解区域、物性条件和边界条件的复杂性，只能借助于数值方法解决。

2.3　非线性瞬态温度场的有限元列式

　　本节采用伽辽金方法建立求解温度场的有限元列式。

　　假定在区域 Ω 上，某定解问题的微分方程和非本质边界条件为

$$Lu = f_0 \quad （在 \Omega 上） \tag{2.3.1}$$

$$Bu = f_i \quad （在 \Gamma_i 边界上） \tag{2.3.2}$$

式中　　L——m 阶偏微分算子；

　　　　B——$m-1$ 阶边界法向微分的边界算子；

　　　　f_i——给定的坐标函数，$i = 1, 2, \cdots, m$。

Ω 的边界 Γ 为

$$\Gamma = \sum_{i=1}^{m} \Gamma_i \tag{2.3.3}$$

　　当精确解 $u = u(x, y, z)$ 难以求解时，假设一个近似解 $\tilde{u}$ 为试函数，即

$$\tilde{u} = \sum_{j=1}^{n} a_j \varphi_j \tag{2.3.4}$$

式中　　φ_j—— 基函数；

　　　　a_j—— 相应的待求参变量。

满足本质边界条件。

将试函数(2.3.4)代入微分方程(2.3.1)和边界条件(2.3.2)，由于 $\tilde{u}$ 不是精确解，于是分别出现内部余量 R_L 和边界余量 R_B，即

$$R_L\tilde{u} = L\tilde{u} - f_0 \quad (\text{在 } \Omega \text{ 上}) \tag{2.3.5}$$

$$R_B\tilde{u} = B\tilde{u} - f_i \quad (\text{在 } \Gamma_i \text{ 边界上}) \tag{2.3.6}$$

为了限制余量，选择权函数 W_j，并令平均加权余量为零，即以 W_j 乘以余量函数，并令其积分等于零，有

$$\int_\Omega W_{Lj}R_L\tilde{u}\,\mathrm{d}\Omega + \sum_{i=1}^m \int_{\Gamma_i} W_{Bj}R_B\tilde{u}\,\mathrm{d}\Gamma = 0 \quad (j=1,2,\cdots,m) \tag{2.3.7}$$

由方程(2.3.7)即可导出关于 n 个待定参变量 a_i 的代数方程，并求出 n 个待定参变量 a_i，从而求得问题的近似解[5,6]。

采用不同形式的加权函数，反映消除余量所采取的不同方法，即有不同的加权余量法，如果采用分片插值，则为伽辽金有限元法，此时的插值函数 φ_i 即是有限元法中的形函数 N_i，式(2.3.4)可写为

$$\tilde{u} = \sum_{j=1}^n a_j N_j \tag{2.3.8}$$

根据伽辽金方法，建立三维瞬态温度场有限元求解列式。对变形体 V 离散 n_e 个有限单元体，单元节点数为 n，构造方程(2.2.7)的近似温度场函数为

$$\tilde{T} = \tilde{T}(x,y,z,t) \tag{2.3.9}$$

该式满足式(2.2.9)第一类边界条件(即本质边界条件)，并注意到节点温度是时间的函数，在单元 e 内有

$$\tilde{T} = \sum_{i=1}^n N_i(x,y,z)T_i(t) = \boldsymbol{N}\boldsymbol{T}^e \tag{2.3.10}$$

式中

$$\boldsymbol{N} = \begin{bmatrix} N_1 & N_2 & \cdots & N_n \end{bmatrix}$$

$$\boldsymbol{T}^e = \begin{bmatrix} T_1 & T_2 & \cdots & T_n \end{bmatrix}^\mathrm{T}$$

将式(2.3.10)代入式(2.2.7)、式(2.2.10)和式(2.2.11)，则产生余量

$$R_L = k\left(\frac{\partial^2\tilde{T}}{\partial x^2} + \frac{\partial^2\tilde{T}}{\partial y^2} + \frac{\partial^2\tilde{T}}{\partial z^2}\right) + \dot{q} - \rho c_p\frac{\partial\tilde{T}}{\partial t} \tag{2.3.11}$$

$$R_{B\Gamma_2} = k\frac{\partial \widetilde{T}}{\partial n} - q_{\Gamma_2}(\Gamma_2, t) \qquad (2.3.12)$$

$$R_{B\Gamma_3} = k\frac{\partial \widetilde{T}}{\partial n} - q_{\Gamma_3}(\Gamma_3, t) \qquad (2.3.13)$$

由式(2.3.7)即有

$$\int_v W_{Lj}R_L \mathrm{d}v + \int_{\Gamma_2} W_{Bj}R_{B\Gamma_2} \mathrm{d}\Gamma + \int_{\Gamma_3} W_{Bj}R_{B\Gamma_3} \mathrm{d}\Gamma = 0 \quad (j=1,2,\cdots,n)$$

$$(2.3.14)$$

将式(2.3.11)~(2.3.13)代入式(2.3.14)，并按 Green(格林)公式变换，取 $W_{Lj}=N_j, W_{Bj}=-N_j$[3]，可得

$$\int_v (k\,\nabla^{\mathrm{T}}N_j\,\nabla\widetilde{T} + N_j\dot{q} - \rho c_p \frac{\partial \widetilde{T}}{\partial n}N_j)\mathrm{d}v - \int_v \rho c_p N \frac{\partial T^e}{\partial t}\mathrm{d}v -$$

$$\int_{\Gamma_2} N_j\{k\frac{\partial \widetilde{T}}{\partial n} - q_{\Gamma_2}(\Gamma_2, t)\}\mathrm{d}\Gamma -$$

$$\int_{\Gamma_2} N_j\{k\frac{\partial \widetilde{T}}{\partial n} - q_{\Gamma_3}(\Gamma_3, t)\}\mathrm{d}\Gamma = 0 \quad (j=1,2,\cdots,n)$$

$$(2.3.15)$$

式中，算子 $\nabla = \begin{bmatrix} \dfrac{\partial}{\partial x} & \dfrac{\partial}{\partial y} & \dfrac{\partial}{\partial z} \end{bmatrix}^{\mathrm{T}}$。

注意到 $\Gamma = \Gamma_1 + \Gamma_2 + \Gamma_3$ 以及 $\widetilde{T}$ 已满足第一类边界条件，式(2.3.15)可写成

$$-\int_v (k\,\nabla\widetilde{T}N_j\,\nabla\boldsymbol{N})\boldsymbol{T}^e \mathrm{d}v + \int_v N_j\dot{q}\mathrm{d}v - \int_v \rho c_p N \frac{\partial \boldsymbol{T}^e}{\partial t}\mathrm{d}v +$$

$$\int_{\Gamma_2} N_j q_{\Gamma_2}(\Gamma_2, t)\mathrm{d}\Gamma + \int_{\Gamma_3} N_j q_{\Gamma_3}(\Gamma_3, t)\mathrm{d}\Gamma = 0 \quad (j=1,2,\cdots,n)$$

$$(2.3.16)$$

式(2.3.16)第三类边界条件中的对流换热边界条件和热辐射边界条件为

$$q_{\Gamma_3}(\Gamma_3, t) = h(\boldsymbol{T}^e - \widetilde{T}) = h\boldsymbol{T}^e - h\boldsymbol{N}\boldsymbol{T}^e \quad (流换热边界) \quad (2.3.17)$$

$$q_{\Gamma_3}(\Gamma_3, t) = h_r(\boldsymbol{T}_e^4 - \boldsymbol{T}^4) = h_r T_e - h_{rT}\boldsymbol{N}\boldsymbol{T}^e \quad (热辐射边界)$$

$$(2.3.18)$$

$$h_{rT} = h_r(\boldsymbol{T}_e^2 + \widetilde{T}^2)(\boldsymbol{T}_e + \widetilde{T}) \qquad (2.3.19)$$

将式(2.3.17)、式(2.3.18)代入式(2.3.16)，可得到瞬态温度场问题

单元有限元方程

$$\boldsymbol{k}_c^e \dot{\boldsymbol{T}}^e + \boldsymbol{k}_{hc}^e \boldsymbol{T}^e = \boldsymbol{Q}^e \qquad (2.3.20)$$

式中

$$\boldsymbol{k}_{hc}^e = \boldsymbol{k}_k^e + \boldsymbol{k}_h^e + \boldsymbol{k}_r^e \qquad (2.3.21)$$

$$\boldsymbol{k}_c^e = \int_v \rho\, c_p \boldsymbol{N}^\Gamma \boldsymbol{N}\, \mathrm{d}v \quad （单元热容矩阵） \qquad (2.3.22)$$

$$\boldsymbol{k}_k^e = \int_v \boldsymbol{B}_k^\mathsf{T} \boldsymbol{k} \boldsymbol{B}_k \, \mathrm{d}v \quad （单元热传导矩阵） \qquad (2.3.23)$$

其中　　$\boldsymbol{k}$——对角元素等于热传导系数 k 的对角矩阵；

$$\boldsymbol{B}_k = \nabla \boldsymbol{N} \qquad (2.3.24)$$

$$\boldsymbol{k}_h^e = \int_{\Gamma_3} h \boldsymbol{N}^\mathsf{T} \boldsymbol{N} \mathrm{d}\Gamma \quad （单元对流换热矩阵） \qquad (2.3.25)$$

$$\boldsymbol{k}_r^e = \int_{\Gamma_3} h_{rT} \boldsymbol{N}^\mathsf{T} \boldsymbol{N} \mathrm{d}\Gamma \quad （单元热辐射矩阵） \qquad (2.3.26)$$

$$\boldsymbol{Q}^e = \boldsymbol{Q}_q^e + \boldsymbol{Q}_q^e + \boldsymbol{Q}_h^e + \boldsymbol{Q}_r^e \qquad (2.3.27)$$

$$\boldsymbol{Q}_q^e = \int_v \boldsymbol{N}^\mathsf{T} \dot{\boldsymbol{q}} \mathrm{d}v \quad （生成热温度载荷列阵） \qquad (2.3.28)$$

$$\boldsymbol{Q}_q^e = \int_{\Gamma_2} \boldsymbol{N}^\mathsf{T} \dot{\boldsymbol{q}}(\Gamma_2, t) \mathrm{d}\Gamma \quad （热流温度载荷列阵） \qquad (2.3.29)$$

$$\boldsymbol{Q}_h^e = \int_{\Gamma_3} h \boldsymbol{N}^\mathsf{T} \boldsymbol{T}_e \mathrm{d}\Gamma \quad （对流换热温度载荷列阵） \qquad (2.3.30)$$

$$\boldsymbol{Q}_\Gamma^e = \int_{\Gamma_3} h_{rT} \boldsymbol{N}^\mathsf{T} \boldsymbol{T}_e \mathrm{d}\Gamma \quad （热辐射温度载荷列阵） \qquad (2.3.31)$$

由式(2.3.19)、式(2.3.26)可见,在常物性条件下,若存在热辐射边界条件,则 $\boldsymbol{K}_r^e$ 与节点温度有关,方程(2.3.20)是非线性方程。

对方程(2.3.20)在整个区域 V 集成,可得到瞬态温度场问题总体坐标系有限元方程

$$\boldsymbol{K}_c \dot{\boldsymbol{T}} + \boldsymbol{K}_{hc} \boldsymbol{T} = \boldsymbol{Q} \qquad (2.3.32)$$

$$\boldsymbol{K}_{hc} = \boldsymbol{K}_k + \boldsymbol{K}_h + \boldsymbol{K}_r \qquad (2.3.33)$$

$$\boldsymbol{K}_c = \sum_{c=1}^{n_e} \boldsymbol{k}_c^e \qquad (2.3.34)$$

$$\boldsymbol{K}_k = \sum_{c=1}^{n_e} \boldsymbol{k}_k^e \qquad (2.3.35)$$

$$\boldsymbol{K}_h = \sum_{c=1}^{n_e} \boldsymbol{k}_h^e \qquad (2.3.36)$$

$$\boldsymbol{K}_r = \sum_{c=1}^{n_e} \boldsymbol{k}_r^e \tag{2.3.37}$$

$$\boldsymbol{Q} = \sum_{c=1}^{n_e} \boldsymbol{Q}^e \tag{2.3.38}$$

2.4 热力耦合计算的数学模型

工件塑性成形与温度场的耦合作用,一方面对变形过程的机械功转变成热能及可能发生的相变伴随的潜热现象构成的生成热源对场的影响,这即是 2.2 节中定解的物理条件;另一方面,温度场的变化使材料参数发生变化而影响金属的塑性变形。

2.4.1 塑性变形功对温度场的影响

金属塑性成形会产生很大的塑性变形,塑性变形功会引起工件温度、位错密度、晶粒界面和相的改变,其中大部分转换成热能。对工件温度场的影响,相当于变形过程生成热源。这种转换可表示为

$$\dot{q}_p = a_q \sigma_{ij} \dot{\varepsilon}_{ij} \tag{2.4.1}$$

式中　　a_q —— 系数,一般取 $0.9^{[7]}$。

由式(2.3.28),用单元变形功生成热温度载荷列阵表示对温度场的影响为

$$\boldsymbol{Q}_p^e = \int_v \boldsymbol{N}^{\mathrm{T}} a_q \bar{\sigma} \dot{\bar{\varepsilon}} \mathrm{d}v \tag{2.4.2}$$

2.4.2 界面接触摩擦对温度场的影响

模具与工件在成形过程中,接触界面产生摩擦,摩擦功在界面转换成热能,成为工件界面热源。如果模具与工件在界面的相对运动速度为 u_s,摩擦力为 τ_f,则摩擦生成热为

$$\dot{q}_f = |\tau_f| |\dot{u}_s| \tag{2.4.3}$$

考虑到摩擦生成热产生于模具与工件之间,一般认为摩擦热由模具与工件平均分配。由式(2.3.28),用单元摩擦生成热温度载荷列阵表示对温度场的影响:

$$\boldsymbol{Q}_f^e = \int_{S_{c_f}} \boldsymbol{N}^{\mathrm{T}} \frac{1}{2} |\tau_f| |\dot{u}_s| \mathrm{d}s \tag{2.4.4}$$

单元是 1.6 节所述的摩擦单元。

2.4.3　相变潜热对温度场的影响

工件在成形过程中一定热力状态下,局部区域满足微观金相组织转变的条件,就会产生金属相转变。相转变量依赖于对温度和时间的关系,即 $T-T-T$(Transformation—temperature—time) 关系(相变动力学)。相变过程的计算利用材料的等温转变图(Isothermal transformation diagram),IT 图给出恒定温度下材料在不同时刻发生的相变类型和相变量,将温度变化曲线模拟成一阶梯,时间步长与沿着恒定体积百分比线的瞬态温度变化连接起来[8](图 2.4.1),两相(如相 A_1 转变为相 A_2)之间的冷却转变相转变量用 Avrami 公式[9] 计算:

$$v_{A_1 \to A_2} = 1 - e^{-(B_1 t^{B_2})} \tag{2.4.5}$$

式中　　$v_{A_1 \to A_2}$——相 A_1 转变为相 A_2 的体积分数;

　　　　B_1,B_2——IT 图中两相转变区域内与温度有关的参数;

　　　　t——转变时间。

Δt 内转变体积分数为

$$v_{A_1 \to A_2} = e^{-(B_1 t^{B_2})} - e^{[B_1 (t+\Delta t)^{B_2}]} \tag{2.4.6}$$

伴随潜热释放或吸收,潜热热源可由下式给出:

$$\dot{q}_L = \rho L (\Delta v_L) \tag{2.4.7}$$

式中　　ρ——转变相密度;

　　　　L——相变潜热;

　　　　Δv_L——相变体积分数。

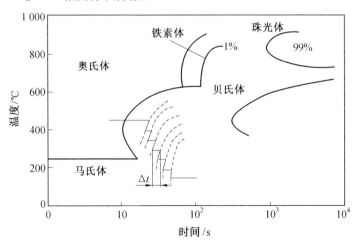

图 2.4.1　IT 图和计算模型

用单元潜热热源温度载荷列阵表示对温度场的影响,即

$$Q_L^e = \int_v \boldsymbol{N}^T \rho L (\Delta v_L) \mathrm{d}v \tag{2.4.8}$$

相转变是在相界面上进行的,相变潜热在相界面上释放或吸收。随时间和温度的变化,相转变条件也随之发生改变,相界面在不断移动,相变潜热的热源位置也随之变化,就构成了运动的内热源问题[10]。对于有限元分析,要不断判断相变内热源的位置,以便对相变内热源所在的单元体,依据相的变化给定热物性参数和施加相变内热源温度载荷。对于相变界面的判断,可以由温度判断,通过单元体节点温度插值判断位于单元体内的位置。对于相变所在的单元体热物性参数的确定,可以采用两相平均的方法或根据各相的体积分数确定。施加给相变单元体节点的相变内热源温度载荷除按式(2.4.8)计算外,也可采用平均的方法或依据节点与相界面相对几何位置关系确定。相变潜热的处理给有限元分析增加了许多困难和计算量,如何有效和简便地解决这个问题,还有待于进一步研究。

2.4.4 温度场对塑性变形的影响

金属塑性变形的流动应力决定了所存在的位错结构,而位错结构随温度、应变及应变速率而改变[11,12],即

$$\dot{\rho}_b = A\dot{\varepsilon} - B\rho_b e^{-D/k_b(T+273)} \tag{2.4.9}$$

式中　　ρ_b——位错密度;

　　　　A,B——材料常数;

　　　　D——自扩散能;

　　　　k_b——Boltzmann(玻耳兹曼)常数。

作为最基本的位错方程之一的剪应变速率与位错速度关系为

$$\dot{r} = \rho_b \boldsymbol{b} \boldsymbol{v}_b \tag{2.4.10}$$

式中　　$\dot{r}$——剪应变速率;

　　　　$\boldsymbol{b}$——位错柏氏矢量;

　　　　$\boldsymbol{v}_b$——位错平均速度。

剪应变速率对温度的强烈依赖关系可表示为

$$\dot{r} = Age^{-\Delta G/k_b(T+273)} \tag{2.4.11}$$

式中　　ΔG——系统 Gibbs 自由能变化;

　　　　Ag——系统热激活总频率。

材料的应变硬化与 $\rho_b^{1/2}$ 成正比。

因此在应变与应变速率恒定的条件下,流动应力与温度的关系一般可

表示为

$$\bar{\sigma} = Ce^{U_p/R(T+273)} |\bar{\varepsilon}, \dot{\bar{\varepsilon}}$$ （2.4.12）

式中　　C——材料常数；

　　　　U_p——塑性流动活化能；

　　　　R——通用气体常数。

由上述分析可知,流动应力、应变速率及应变硬化都与温度有密切的关系。在某些材料实际测定时也表现出了这种特点[13,14],如 AISI4337(成分接近 3.5NiCrMoV),应变硬化(n)和应变速率敏感性(m)与强度的关系如下。

当 $\bar{\varepsilon} < 0.7$ 时：

$n(T) = -8.144 + 0.0247T - 2.448 \times 10^{-5} T^2 + 8.058 \times 10^{-9} T^3$

$m(T) = -4.436 + 0.0128T - 1.222 \times 10^{-5} T^2 + 3.917 \times 10^{-9} T^3$

当 $\bar{\varepsilon} \geqslant 0.7$ 时：

$m(T) = 0.617 - 0.021T + 2.4 \times 10^{-6} T^2 + 8.333 \times 10^{-10} T^3$

温度场通过流动应力$\bar{\sigma}$、应变硬化(n)和应变速率敏感性(m)对塑性变形产生影响。因此,在塑性成形分析中,要考虑到这三者材料参数在温度场的变化。本书第 1 章提出的同时考虑材料参数 n,m 影响的刚黏塑性有限元方法,为考虑温度场对成形的影响带来了方便。可直接将材料参数的温度表达式代入有限元方程中,研究温度对成形的影响,可进一步考虑建立统一的热力耦合有限元方程。

2.5　时间域的离散和热力耦合计算模式

2.5.1　时间域的离散

温度场问题有限元方程(2.3.20)是关于时间的一阶导数的常微分方程,采用直接积分法求解。对时间域离散,用加权余量法建立两点公式,以时间为独立变量表示 Δt 时间间隔内任意时刻的温度场。由于方程只含有对时间的一阶导数,选择 2 节点时间单元,由 t 和 $t + \Delta t$ 时刻温度场的两点插值关系有

$$\tilde{T}(t + \xi\Delta t) = N(t)T(t) + N(t + \Delta t)T(t + \Delta t) \quad (0 \leqslant a_t \leqslant 1)$$

（2.5.1）

式中

$$\begin{cases} N(t) = 1 - \xi \\ N(t + \Delta t) = \xi \end{cases} \qquad (2.5.2)$$

式中　　ξ—— 单元自然坐标。

由于式(2.5.1)的近似温度场函数的假设,方程(2.3.20)必然产生余量,由此建立加权余量格式为

$$\int_0^1 W_j [\boldsymbol{k}_c^e \dot{\widetilde{\boldsymbol{T}}}^e + \boldsymbol{k}_{hc}^e \widetilde{\boldsymbol{T}}^e - \boldsymbol{Q}^e] \mathrm{d}\xi = 0 \quad (j = 1) \qquad (2.5.3)$$

假定 $\boldsymbol{Q}^e$ 采用与未知温度场 $\boldsymbol{T}^e$ 相同的插值,整理式(2.5.3)可得

$$(\boldsymbol{k}_c^e / \Delta t + \boldsymbol{k}_{hc}^e \theta) \boldsymbol{T}^e(t + \Delta t) + [-\boldsymbol{k}_c^e / \Delta t + \boldsymbol{k}_{hc}^e (1 - \theta)] \boldsymbol{T}^e(t) =$$
$$\boldsymbol{Q}^e(t + \Delta t)\theta + \boldsymbol{Q}^e(t)(1 - \theta) \qquad (2.5.4)$$

式中

$$\theta = \frac{\displaystyle\int_0^1 W_j \xi \, \mathrm{d}\xi}{\displaystyle\int_0^1 W_j \, \mathrm{d}\xi} \quad (j = 1) \qquad (2.5.5)$$

在式(2.5.4)中,如果 $\boldsymbol{k}_c^e$ 和 $\boldsymbol{k}_{hc}^e$ 与 $\boldsymbol{T}^e$ 无关,则由 $t = 0$ 时刻已知的 $\boldsymbol{T}_0^e$ 可以导出 $\boldsymbol{T}_{\Delta t}^e$,然后由 $\boldsymbol{T}_{\Delta t}^e$ 求得 $T_{2\Delta t}^e$ 等,形成温度场历史,即温度场问题是初始场值问题。

如果 $W_j = \xi(\theta = \dfrac{1}{3})$ 或 $W_j = 1 - \xi(\theta = \dfrac{2}{3})$ 则为伽辽金方法。考虑到解的稳定性,要求求解格式具有无条件稳定性,即要求 $\theta > 0.5$。对于热力耦合计算,在满足应变增量为小应变变形条件的前提下,时间步长应尽可能大,这对大变形问题求解是理想的。在这种情况下,θ 值的选择是很重要的,一般选择 θ 为 0.75 左右。

对于非线性瞬态温度场问题,可采用修正的 Newton － Raphson 迭代法求解[5],在每一加载步内,第 i 次迭代格式为

$$({}^t\boldsymbol{k}_c^e / \Delta t + {}^t\boldsymbol{k}_{hc}^e \theta) \Delta \boldsymbol{T}^{e(i)} = \boldsymbol{Q}^{e(i-1)}(t + \Delta t) + \boldsymbol{Q}^{e(t)} -$$
$$[-{}^t\boldsymbol{k}_c^e / \Delta t + {}^t\boldsymbol{k}_{hc}^e (1 - \theta)] \boldsymbol{T}^e(t) - ({}^{t+\Delta t}\boldsymbol{k}_c^e / \Delta t + {}^{t+\Delta t}\boldsymbol{k}_{hc}^e \theta) \boldsymbol{T}^{e(i-1)}(t + \Delta t)$$
$$(2.5.6)$$

$$\boldsymbol{T}^{e(i)}(t + \Delta t) = \boldsymbol{T}^{e(i-1)}(t + \Delta t) + \Delta \boldsymbol{T}^{e(i)} \qquad (2.5.7)$$

式中　　左上标 t 或 $t + \Delta t$—— 相应于 t 或 $t + \Delta t$ 时刻的该项值。

迭代收敛准则为

$$\frac{\| \boldsymbol{T}^{e(i)}(t + \Delta t) - \boldsymbol{T}^{e(i-1)}(t + \Delta t) \|}{\| \boldsymbol{T}^{e(i)}(t + \Delta t) \|} \leqslant \delta_T \qquad (2.5.8)$$

一般 δ_T 取 10^{-5}。

相应于总体坐标系下的方程(2.3.22)和方程(2.5.4),式(2.5.6)和式(2.5.7)可分别写成

$$(\boldsymbol{K}_c / \Delta t + \boldsymbol{K}_{hc} \theta) \boldsymbol{T}(t + \Delta t) + [-\boldsymbol{K}_c / \Delta t + \boldsymbol{K}_{hc} (1 - \theta)] \boldsymbol{T}(t) =$$
$$\boldsymbol{Q}(t + \Delta t) \theta + \boldsymbol{Q}(t)(1 - \theta) \tag{2.5.9}$$

$$({}^t\boldsymbol{K}_c / \Delta t + {}^t\boldsymbol{K}_{hc} \theta) \Delta \boldsymbol{T}^{(i)} = \boldsymbol{Q}^{(i-1)}(t + \Delta t) + \boldsymbol{Q}(t) -$$
$$[-{}^t\boldsymbol{K}_c / \Delta t + {}^t\boldsymbol{K}_{hc}(1 - \theta)] \boldsymbol{T}(t) - ({}^{t+\Delta t}\boldsymbol{K}_c / \Delta t + {}^{t+\Delta t}\boldsymbol{K}_{hc} \theta) \boldsymbol{T}^{(i-1)}(t + \Delta t)$$
$$\tag{2.5.10}$$

$$\boldsymbol{T}^{(i)}(t + \Delta t) = \boldsymbol{T}^{(i-1)}(t + \Delta t) + \Delta \boldsymbol{T}^{(i)} \tag{2.5.11}$$

迭代收敛准则为

$$\frac{\| \boldsymbol{T}^{(i)}(t + \Delta t) - \boldsymbol{T}^{(i-1)}(t + \Delta t) \|}{\| \boldsymbol{T}^{(i)}(t + \Delta t) \|} \leqslant \delta_T \tag{2.5.12}$$

2.5.2 刚黏塑性有限元热力耦合分析计算模式

工件塑性变形与温度场之间相互耦合的计算模式已在 2.4 节给予讨论,对工件时间域内的有限元方程耦合求解步骤如下:

(1)根据塑性成形工艺给定初始温度场 T_0。

(2)依据工件成形特点,按式(1.4.5)生成相应于温度 T_0 的初始速度场。

(3)由塑性成形工艺确定时间步长 Δt,根据网格畸变准则判断是否进行网格重划,按方程(1.7.1)计算速度场。

(4)在求出的速度场的基础上,温度场若为线性问题,按式(2.5.4)求解;若为非线性问题,按式(2.5.8)求解,并迭代至收敛。

(5)按方程(1.7.1)计算相应于步骤(4)的温度场的新的速度场。

(6)计算步骤(5)速度场的温度场,若为线性问题,按式(2.5.7)求解;若为非线性问题,按式(2.5.8)求解,并迭代至收敛。

(7)重复步骤(5)、(6),直至速度场和温度场都收敛。

(8)判断时间是否达到给定值,若达到给定值,则计算停止,否则转步骤(3)。

工件网格重划过程,温度场值的传递方法同于重划过程速度场值的传递。

在一般情况下,速度场对温度场的微小变化不十分敏感(除超塑性材料在超塑性温度区域外),因此耦合计算时,温度场的计算可相应地间隔一定时间步长(一般可为 $2 \sim 4$ 时间步长)进行。但对高温成形或存在相转变的情况,速度场与温度场计算参考文献同步进行为好。

参考文献

［1］施天谟.计算传热学［M］.陈越南,范正翘,陈善年,等译.北京:科学出版社,1987.

［2］布瑞比亚 C A.边界单元法进展:第二卷［M］.陈祥福,王家林,译.北京:中国展望出版社,1986.

［3］王勋成,邵敏.有限单元法基本原理与数值方法［M］.北京:清华大学出版社,1997.

［4］王补宣.工程传热传质学［M］.北京:科学出版社,1986.

［5］COOK R D. Concepts and applications of finite element analysis［M］. 2nd ed. New York:John Wiley&Soons,1981.

［6］邱吉宝.加权残值法的理论与应用［M］.北京:宇航出版社,1991.

［7］KOBAYASHi S,OH S I,ALTAN T. Metal forming and the finite-element method［M］. New York:Oxford University Press,1989.

［8］HILDENWALL B. Linkoping studies in science and technology,dissertation No. 39［D］. Linkoping:Linkoping University,1979.

［9］AVRAMI M. Granulation,phase change,and microstructure kinetics of phase change Ⅲ［J］. Journal of Chemical Physics,1941,9(9): 177-184.

［10］ALBERT M R. Moving boundary-moving mesh analysis of phase change using finite elements with transfinite mappings［J］. International Journal for Numerical Methods in Engineering,1986,23(4): 591-607.

［11］REBELO N,KOBAYASHI S. A coupled analysis of viscoplastic deformation and heat transfer-Ⅱ:applications［J］. International Journal of Mechanical Sciences,1980,22(11):707-718.

［12］迪特尔 G E.力学冶金学［M］.李铁生,等译,北京:机械工业出版社,1986.

［13］CHO J R,PARK C Y,YANG D Y. Investigation of the cogging process by three-dimensional thermo-viscoplastic finite element analysis［J］. Proceedings of the Institution of Mechanical Engineers,1992,206(42):277-286.

［14］CHO J R,LEE N K,YANG D Y. A three-dimensional simulation for non-isothermal forging of a steam turbine blade by the thermo-viscoplastic finite element method[J]. Proceedings of the Institution of Mechanical Engineers,1993,207(42):265-273.

第3章　高速体积成形的动力分析
有限元列式

3.1　引　　言

与准静态或静态体积成形相比,高速体积成形有如下特点:通常在冲击设备上进行,这类设备属于能量限制型,变形过程是锤头动能转变为坯料变形能的能量转换过程;成形速度高,坯料在冲击载荷作用下发生弹塑性有限变形,变形期间的动态效应显著;变形时间短(一般为毫秒数量级),塑性变形产生的热量来不及外传而使得坯料内热效应显著。

采用有限元分析方法对材料变形过程分析计算时,根据分析对象的变形特点,建立合理的理论模型、选择合适的求解方法是分析成功与否以及分析结果是否可信的关键所在。本章根据高速体积成形过程的以上特点建立合适的有限元分析列式。首先根据变形期间锤头动能和坯料变形能之间的能量平衡关系计算锤头速度,得到锤头的运动规律,以便对坯料上节点施加边界约束;然后采用弹塑性有限变形理论和动力分析方法,推导出有限变形弹塑性动力分析的有限元求解列式;最后针对绝热过程计算变形期间坯料内部的温升,对高速体积成形过程进行热力耦合计算。

3.2　基于能量法的锤头速度计算

3.2.1　变形期间的能量转换

按照工作原理可将设备分为 3 类,即载荷限定设备、行程限定设备和能量限定设备。载荷限定设备完成成形工序的能力主要受最大载荷的限制,如水压机等。行程限定设备的能力是用行程长度和在不同行程位置上的有效载荷表示,如机械压力机等。能量限定设备通过消耗锤头动能使工件发生变形,如高速锤,高速体积成形通常在这类设备上进行,一般用打击能量来表示它们的工作能力。打击能量表现为锤头下落行程终了(坯料变

形前）所具有的动能,对于单动式（有砧座）冲击设备,有

$$W_0 = \frac{1}{2}mv_0^2 \qquad (3.2.1)$$

式中　　m——锤头的质量;

　　　　v_0——下落行程终了（坯料变形前）锤头的速度,也称打击速度;

　　　　W_0——打击能量,表示设备的有效工作能力。

对于对击式冲击设备,有

$$W_0 = \frac{1}{2}m_1v_1^2 + \frac{1}{2}m_2v_2^2 \qquad (3.2.2)$$

式中　　m_1,m_2——上、下锤头的质量;

　　　　v_1,v_2——上、下锤头的速度。

变形期间锤头的打击动能逐渐转换为工件变形能,但不是完全转换,有一小部分被摩擦损耗,还有相当一部分能量形成噪声和振动损失掉。变形期间的能量平衡方程为

$$W_0 = W_a + W_{\mathscr{x}} + W_f + W_v \qquad (3.2.3)$$

式中　　W_a——工件变形能;

　　　　$W_{\mathscr{x}}$——模具和设备本身的弹性变形能;

　　　　W_f——摩擦耗散能（包括两部分:一部分是锤头在下落过程中为克服导轨和传动系统摩擦而损失的能量,另一部分是变形期间坯料和模具接触摩擦引起的耗散能）;

　　　　W_v——噪声和振动消耗的能量。

打击效率 η 等于工件吸收的变形能与设备打击能量的比值,即

$$\eta = \frac{W_a}{W_0} \qquad (3.2.4)$$

采用弹塑性有限元法分析高速体积成形过程时,工件变形能包括弹性应变能 W_e、塑性应变能 W_p 和伪应变能 W_h[1],即

$$W_a = W_e + W_p + W_h \qquad (3.2.5)$$

弹性体在受到外力作用后要发生变形,当外力去掉时又有能力恢复原状,这种储存在变形体内的能量称为弹性应变能。弹塑性变形体发生塑性变形时除去弹性应变能剩下的存储能量称为塑性应变能。物体内单位体积的弹性应变能和塑性应变能分别表示为

$$W_e = \int_0^{(\epsilon_{ij}^e)} \sigma_{ij}\,\mathrm{d}\epsilon_{ij}^e \qquad (3.2.6)$$

$$W_p = \int_0^{(\epsilon_{ij}^p)} \sigma_{ij}\,\mathrm{d}\epsilon_{ij}^p \qquad (3.2.7)$$

　　伪应变能是指有限元分析时为了得到正确计算的结果而人为采取一些措施引起的应变能。用动力显式有限元法分析高速体积成形过程时,伪应变能指的是沙漏能。为了节省计算机时间,动力显式有限元分析方法通常采用一点积分法进行数值积分,会使单元产生一种没有能耗的变形模式,称为沙漏模式。沙漏模式没有任何物理意义,实际上是不存在的。为了控制沙漏模式,在平衡方程中人为地加入沙漏力项,从而在能量平衡中引入沙漏能。沙漏能的计算采用功的计算方法,即力和位移增量的乘积:

$$W_h = \int_0^{(u_i)} H_i \mathrm{d}u_i \tag{3.2.8}$$

　　变形结束后,设备打击能量最好由坯料变形消耗殆尽。如果设备打击能量低于坯料成形所需的变形能,则工件充填不满;如果设备打击能量高于坯料成形所需的变形能,模具和设备除受到坯料成形力的作用外,还受到设备剩余能量所引起的冲击力作用,这样会导致模具过早地破坏,所以坯料变形能的计算很重要。

3.2.2　锤头速度的计算

　　变形期间锤头动能逐渐转化为工件的变形能,锤头速度不断减小,而且锤头速度与时间之间的关系在变形前是未知的。采用有限元方法分析高速体积成形过程一般采用增量法,在每一时间增量步计算时要对与锤头接触的坯料表面施加位移约束条件,这要求事先计算出锤头速度。在有限元分析的每一增量步采用能量法计算锤头速度,计算流程如图 3.2.1 所示,具体计算过程如下:

　　(1) 将锤头的打击能量和锤头质量代入式(3.2.1),计算锤头的打击速度 $v_0 = \sqrt{2W_0/m}$。

　　(2) 计算 t 时刻(记为 n 状态)的变形能。

　　首先,在每一增量步按照式(3.2.6)～(3.2.8)计算单元的弹性变形能增量(ΔW_e)$_e$、塑性变形能增量(ΔW_p)$_e$ 和沙漏能增量(ΔW_h)$_e$。

　　然后,对单元累加计算增量步内坯料的弹性变形能增量 ΔW_e、塑性变形能增量 ΔW_p 和沙漏能增量 ΔW_h,即

$$\Delta W_e = \sum_{i=1}^{elem} (\Delta W_e)^e, \Delta W_p = \sum_{i=1}^{elem} (\Delta W_p)^e, \Delta W_h = \sum_{i=1}^{elem} (\Delta W_h)^e$$

$$\tag{3.2.9}$$

　　最后,将它们与之前计算的能量累加得到 t 时刻的变形能,即

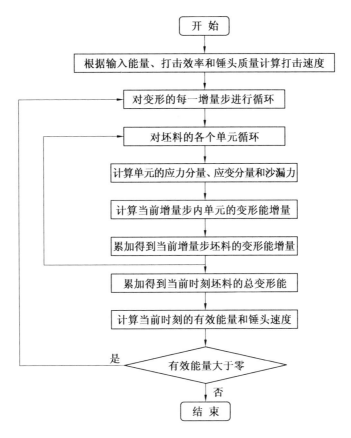

图 3.2.1 能量法计算锤头速度的流程

$$W_a = \sum_{i=1}^{n} \Delta W_a = \sum_{i=1}^{n} (\Delta W_e + \Delta W_p + \Delta W_h) \qquad (3.2.10)$$

（3）计算 t 时刻的有效打击能量。

$$W_n = W_0 - W_a/\eta \qquad (3.2.11)$$

（4）计算 t 时刻的锤头速度。

$$v_n = \sqrt{2W_n/m} \qquad (3.2.12)$$

3.3 有限变形弹塑性本构关系

高速体积成形过程中材料发生了相当大的弹塑性变形，需采用有限变形理论的应变度量、应力度量和本构关系进行分析。本节采用更新的拉格朗日坐标(U.L.)，应变度量采用 Green 应变 $\boldsymbol{E}$ 和 Almansi 应变率张量 $\dot{\boldsymbol{e}}$，应力度量采用克希霍夫应力 S 和柯西应力 $\boldsymbol{\sigma}$ 的焦曼导数 $\boldsymbol{\sigma}^{\triangledown}$。这 4 个量均为客观张量,并且 Kirchhoff 应力 S 与格林应变 E 构成真实的变形能,焦曼导数 $\boldsymbol{\sigma}^{\triangledown}$ 与应变率张量 $\dot{e}$ 也组成一对能量共轭关系[2]。

有限变形条件下,关于应力速率的弹塑性本构方程如下:

$$\{\boldsymbol{\sigma}^{\triangledown}\} = [\boldsymbol{D}_{ep}]\{\dot{\boldsymbol{e}}\} \tag{3.3.1}$$

其中

$$[\boldsymbol{D}_{ep}] = [\boldsymbol{D}_e] - [\boldsymbol{D}_p] \tag{3.3.2}$$

式中　　$[\boldsymbol{D}_{ep}]$—— 弹塑性矩阵;

$[\boldsymbol{D}_e]$—— 弹性本构矩阵;

$[\boldsymbol{D}_p]$—— 塑性本构矩阵。

弹性和塑性本构矩阵的表达式分别为

$$[\boldsymbol{D}_e] = \frac{E}{1+\nu}
\begin{bmatrix}
\dfrac{1-\nu}{1-2\nu} & \dfrac{1-\nu}{1-2\nu} & \dfrac{1-\nu}{1-2\nu} & 0 & 0 & 0 \\
\dfrac{1-\nu}{1-2\nu} & \dfrac{1-\nu}{1-2\nu} & \dfrac{1-\nu}{1-2\nu} & 0 & 0 & 0 \\
\dfrac{1-\nu}{1-2\nu} & \dfrac{1-\nu}{1-2\nu} & \dfrac{1-\nu}{1-2\nu} & 0 & 0 & 0 \\
0 & 0 & 0 & \dfrac{1}{2} & 0 & 0 \\
0 & 0 & 0 & 0 & \dfrac{1}{2} & 0 \\
0 & 0 & 0 & 0 & 0 & \dfrac{1}{2}
\end{bmatrix} \tag{3.3.3}$$

$$[\boldsymbol{D}_p] = \frac{9G^2}{(3G+H')\bar{\sigma}^2}
\begin{bmatrix}
s_{11}^2 & s_{11}s_{22} & s_{11}s_{33} & s_{11}s_{12} & s_{11}s_{23} & s_{11}s_{31} \\
s_{11}s_{22} & s_{22}^2 & s_{22}s_{33} & s_{22}s_{12} & s_{22}s_{23} & s_{22}s_{31} \\
s_{11}s_{33} & s_{22}s_{33} & s_{33}^2 & s_{33}s_{12} & s_{33}s_{23} & s_{12}s_{31} \\
s_{11}s_{12} & s_{22}s_{21} & s_{33}s_{12} & s_{12}^2 & s_{12}s_{23} & s_{12}s_{31} \\
s_{11}s_{23} & s_{22}s_{23} & s_{33}s_{23} & s_{12}s_{23} & s_{23}^2 & s_{23}s_{31} \\
s_{11}s_{31} & s_{22}s_{31} & s_{33}s_{31} & s_{12}s_{31} & s_{23}s_{31} & s_{31}^2
\end{bmatrix} \tag{3.3.4}$$

式中　　E—— 弹性模量;

ν—— 泊松比;

G—— 剪切模量;

s_{ij}—— 应力偏分量。

另外，U.L 法还有一种用克希霍夫应力张量增量和格林应变张量增量表示的增量型本构方程，即

$$\{\Delta S\} = (\lbrack \boldsymbol{D}_{ep} \rbrack - \lbrack \boldsymbol{\sigma}_d \rbrack)\{\Delta E\} \tag{3.3.5}$$

式中 $\lbrack \boldsymbol{\sigma}_d \rbrack$——辅助矩阵，表达式为

$$\lbrack \boldsymbol{\sigma}_d \rbrack = \begin{bmatrix} 2\sigma_{11} & 0 & 0 & \sigma_{12} & 0 & \sigma_{31} \\ 0 & 2\sigma_{22} & 0 & \sigma_{12} & \sigma_{23} & 0 \\ 0 & 0 & 2\sigma_{33} & 0 & \sigma_{23} & \sigma_{31} \\ \sigma_{12} & \sigma_{12} & 0 & \frac{1}{2}(\sigma_{11}+\sigma_{22}) & \frac{1}{2}\sigma_{31} & \frac{1}{2}\sigma_{23} \\ 0 & \sigma_{23} & \sigma_{23} & \frac{1}{2}\sigma_{31} & \frac{1}{2}(\sigma_{22}+\sigma_{33}) & \frac{1}{2}\sigma_{12} \\ \sigma_{31} & 0 & \sigma_{31} & \frac{1}{2}\sigma_{23} & \frac{1}{2}\sigma_{12} & \frac{1}{2}(\sigma_{11}+\sigma_{33}) \end{bmatrix}$$

$$\tag{3.3.6}$$

3.4 动力分析有限元列式

对于金属的高速体积成形过程，变形期间惯性力和应力波传播对变形过程有一定影响，用有限元法分析这类变形时适合采用动力分析方法。

3.4.1 动力虚功率方程

设 t 时刻物体现时构形为 V，表面积为 S，$S = S_p + S_c + S_u$，其中 S_p 为外力已知的表面，记外力为 p_i；S_c 为与另一物体接触的表面，记接触表面力为 q_i；S_u 为位移约束表面，给定位移为 $\bar{u}_{ii}$。物体发生弹塑性变形时必须满足下列平衡方程、质量守恒定理、应力边界条件和位移边界条件：

$$\sigma_{ij,j} + \rho f_i + \rho a_i - \gamma v_i = 0 \tag{3.4.1}$$

$$\rho \det\lbrack \boldsymbol{F} \rbrack = \rho_0 \tag{3.4.2}$$

$$\sigma_{ij}n_j = p_i(t) \quad (i,j=1,2,3) \quad (\text{在 } S_p \text{ 上}) \tag{3.4.3}$$

$$\sigma_{ij}n_j = q_i(t) \quad (i,j=1,2,3) \quad (\text{在 } S_c \text{ 上}) \tag{3.4.4}$$

$$u_i = \bar{u}_i(t) \quad \text{或} \quad v_i = \bar{v}_i(t) \quad (i,j=1,2,3) \quad (\text{在 } S_u \text{ 上})$$

$$\tag{3.4.5}$$

式中 f_i——单位质量的体积力；

a_i, v_i——加速度和速度；

γ—— 阻尼系数；

ρ，ρ_0—— 当前质量密度和初始质量密度；

$[\boldsymbol{F}]$—— 变形梯度张量。

微分方程(3.4.1)和由式(3.4.3)～(3.4.5)描述的边界条件可以表示成它们的等效积分形式，即

$$\int_v (\rho a_i + \gamma v_i - \sigma_{ij,j} - \rho f_i)\delta v_i \mathrm{d}V + \int_{S_p} (\sigma_{ij}n_j - p_i)\delta v_i \mathrm{d}S +$$

$$\int_{S_c} (\sigma_{ij}n_j - q_i)\delta v_i \mathrm{d}S = 0$$

$$(3.4.6)$$

其中，变分 $\delta \dot{u}_i$ 在 S_u 上满足位移边界条件。

由高斯散度定理可得

$$\int_V \sigma_{ij,j}\delta v_i \mathrm{d}V = \int_S \sigma_{ij}n_j \delta v_i \mathrm{d}S - \int_V \sigma_{ij}\delta \dot{e}_{ij} \mathrm{d}V \tag{3.4.7}$$

其中

$$\delta \dot{e}_{ij} = \frac{1}{2}(\delta v_{i,j} + \delta v_{j,i}) \tag{3.4.8}$$

则平衡方程的积分弱形式，即动力虚功率方程为

$$\int_V \sigma_{ij}\delta \dot{e}_{ij}\mathrm{d}V = \int_V \rho f_i \delta v_i \mathrm{d}V + \int_{S_p} p_i \delta v_i \mathrm{d}S + \int_{S_c} q_i \delta v_i \mathrm{d}S -$$

$$\int_V \rho a_i \delta v_i \mathrm{d}V - \int_V \gamma v_i \delta v_i \mathrm{d}V \tag{3.4.9}$$

3.4.2 有限元控制方程

将整个物体离散化，对于任一单元，选取其形函数矩阵为 $[\boldsymbol{N}]$，单元节点速度、加速度分别记为 $\{\boldsymbol{v}\}^e$，$\{\boldsymbol{a}\}^e$，则单元内任一点的速度和加速度可表示为

$$\{\boldsymbol{v}\} = [\boldsymbol{N}]\{\boldsymbol{v}\}^e \tag{3.4.10}$$

$$\{\boldsymbol{a}\} = [\boldsymbol{N}]\{\boldsymbol{a}\}^e \tag{3.4.11}$$

单元内任一点的应变速率满足

$$\dot{e}_{ij} = \frac{1}{2}(v_{i,j} + v_{j,i}) \tag{3.4.12}$$

由式(3.4.10)及式(3.4.11)可得

$$\{\dot{e}\} = [\boldsymbol{B}]\{\boldsymbol{v}\}^e \tag{3.4.13}$$

式中 $[\boldsymbol{B}]$—— 单元应变矩阵。

将式(3.4.10)、式(3.4.11)和式(3.4.13)代入式(3.2.9),整理后可得单元的动力虚功率方程的矩阵形式为

$$\int_{v^e} \rho\ [\mathbf{N}]^{\mathrm{T}} [\mathbf{N}]\, \mathrm{d}v\, \{\mathbf{a}\}^e + \int_{v^e} \gamma\ [\mathbf{N}]^{\mathrm{T}} [\mathbf{N}]\, \mathrm{d}v\, \{\mathbf{v}\}^e =$$

$$\int_{v^e} \rho\ [\mathbf{N}]^{\mathrm{T}} \{\mathbf{f}\}\, \mathrm{d}s + \int_{s_p^e} [\mathbf{N}]^{\mathrm{T}} \{\mathbf{p}\}\, \mathrm{d}s + \int_{s_c^e} [\mathbf{N}]^{\mathrm{T}} \{\mathbf{q}\}\, \mathrm{d}v - \int_{v^e} [\mathbf{B}]^{\mathrm{T}} \{\boldsymbol{\sigma}\}\, \mathrm{d}v$$

$$(3.4.14)$$

将所有单元集成得到动力分析的整体有限元控制方程

$$\sum_e \left(\int_{v^e} \rho\ [\mathbf{N}]^{\mathrm{T}} [\mathbf{N}]\, \mathrm{d}v \right) \{\mathbf{a}\} + \sum_e \left(\int_{v^e} \gamma\ [\mathbf{N}]^{\mathrm{T}} [\mathbf{N}]\, \mathrm{d}v \right) \{\mathbf{v}\} =$$

$$\sum_e \int_{v^e} \rho\ [\mathbf{N}]^{\mathrm{T}} \{\mathbf{f}\}\, \mathrm{d}v + \sum_e \int_{s_p^e} [\mathbf{N}]^{\mathrm{T}} \{\mathbf{p}\}\, \mathrm{d}s + \sum_e \int_{s_c^e} [\mathbf{N}]^{\mathrm{T}} \{\mathbf{q}\}\, \mathrm{d}s -$$

$$\sum_e \int_{v^e} [\mathbf{B}]^{\mathrm{T}} \{\boldsymbol{\sigma}\}\, \mathrm{d}v \qquad (3.4.15)$$

记

$$[\mathbf{M}] = \sum_e \int_{V^e} \rho\ [\mathbf{N}]^{\mathrm{T}} [\mathbf{N}]\, \mathrm{d}V \qquad (3.4.16)$$

$$[\mathbf{C}] = \sum_e \int_{V^e} \gamma\ [\mathbf{N}]^{\mathrm{T}} [\mathbf{N}]\, \mathrm{d}V \qquad (3.4.17)$$

$$\{\mathbf{P}\} = \sum_e \left(\int_{v^e} \rho\ [\mathbf{N}]^{\mathrm{T}} \{\mathbf{f}\}\, \mathrm{d}v + \int_{s_p^e} [\mathbf{N}]^{\mathrm{T}} \{\mathbf{p}\}\, \mathrm{d}s + \int_{s_c^e} [\mathbf{N}]^{\mathrm{T}} \{\mathbf{q}\}\, \mathrm{d}s \right)$$

$$(3.4.18)$$

$$\{\mathbf{F}\} = \sum_e \int_{V^e} [\mathbf{B}]^{\mathrm{T}} \{\boldsymbol{\sigma}\}\, \mathrm{d}V \qquad (3.4.19)$$

则式(3.4.15)可写为

$$[\mathbf{M}] \{\mathbf{a}\} + [\mathbf{C}] \{\mathbf{v}\} = \{\mathbf{P}\} - \{\mathbf{F}\} \qquad (3.4.20)$$

若采用一点积分法,则方程右边还应加上沙漏力项,动力分析有限元方程为

$$[\mathbf{M}] \{\mathbf{a}\} + [\mathbf{C}] \{\mathbf{v}\} = \{\mathbf{P}\} - \{\mathbf{F}\} + \{\mathbf{H}\} \qquad (3.4.21)$$

式中　　$\{\mathbf{a}\}$——整体节点加速度列阵;

$\{\mathbf{v}\}$——整体节点速度列阵;

$[\mathbf{M}]$——整体质量矩阵;

$[\mathbf{C}]$——整体阻尼矩阵;

$\{\mathbf{P}\}$——节点外力向量;

$\{\mathbf{F}\}$——节点内力向量;

$\{\mathbf{H}\}$——沙漏力向量。

3.4.3　中心差分的显式算法

忽略阻尼, t 时间步长(记为第 n 步)的有限元控制方程为

$$[M]\{a\}_n = \{P\}_n - \{F\}_n + \{H\}_n \tag{3.4.22}$$

使用显式的中心差分法对式(3.4.22)进行积分,加速度 $\{a\}$ 、速度 $\{v\}$ 和位移 $\{u\}$ 为

$$\{a\}_n = [M]^{-1}(\{P\}_n - \{F\}_n + \{H\}_n) \tag{3.4.23}$$

$$\{v\}_{n+1/2} = \{v\}_{n-1/2} + \frac{1}{2}(\Delta t_n + \Delta t_{n+1})\{a\}_n \tag{3.4.24}$$

$$\{u\}_{n+1} = \{u\}_n + \Delta t_{n+1}\{v\}_{n+1/2} \tag{3.4.25}$$

式中　　t_n, t_{n+1} ——第 n 步和第 $n+1$ 步的计算时间步长。

为了简化计算,动力显式算法通常采用集中质量矩阵。采用集中质量矩阵时,式(3.4.23)～(3.4.25)均变为每个节点处的方程。在每一时间增量步,动力显式算法的具体计算流程如图3.4.1所示。

3.4.4　中心差分算法的计算时间步长

从数学上讲,用数值积分方法求解系统运动方程时必须考虑解的稳定性问题。中心差分算法是条件稳定的,时间步长 t 必须小于某个临界值 t_{cr} ,得到的解才正确,其稳定条件为

$$\Delta t \leqslant \Delta t_{cr} = \frac{T_{min}}{\pi} \tag{3.4.26}$$

式中　　T_{min} ——有限元系统最小固有振动周期。

对于金属体积成形过程的有限元分析,一般可取时间步长 t 为

$$\Delta t = \eta \Delta t_{cr} \tag{3.4.27}$$

式中　　η ——小于1.0的系数,一般可取 $0.5 \sim 0.8$ 。

在实际计算中,可由单元尺寸近似确定临界时间步长。对每个单元,临界时间步长可近似按下式确定:

$$\Delta t_{cr} = \frac{L_e}{c_{max}} \tag{3.4.28}$$

式中　　L_e ——单元的最小特征长度;

　　　　c_{max} ——材料中的最快波速。

对各向同性弹塑性材料,存在弹性波和塑性波两种应力波,弹性波波速 v_e 和塑性波波速 v_p 的表达式如下:

$$v_e = \sqrt{\frac{E(1-v)}{\rho(1+v)(1-2v)}} \tag{3.4.29}$$

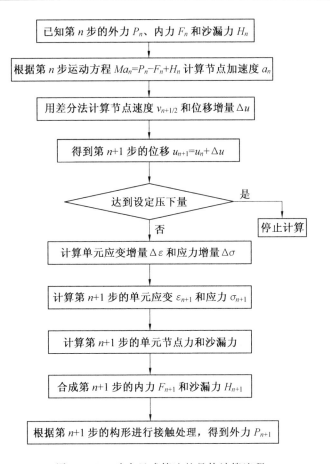

图 3.4.1 动力显式算法的具体计算流程

$$v_p = \sqrt{\frac{E_T}{\rho}} = \sqrt{\frac{1}{\rho}\frac{d\sigma}{d\varepsilon}} \qquad (3.4.30)$$

由于切线模量 E_T 小于弹性模量 E,所以弹性波波速大于塑性波波速。因此,在数值计算中使用弹性波波速计算时间增量步长。

3.5 考虑热效应的热力耦合计算

变形体在变形过程中,塑性变形功大部分转化为热能,引起变形体温度升高,这种现象称为热效应。在同一温度和变形程度下,变形热效应对材料流动应力的影响主要取决于等效应变速率。当等效应变速率小时,变形热效应很小,其对流动应力的影响可以忽略不计。因此,这种情况下的变形过程可近似认为等温过程。在同一温度和变形程度下,随着等效应变速率的增加,变形热效应对流动应力的影响程度变大。当等效应变速率较大时,变形热效应对流动应力的影响相当显著,变形过程基本上成为绝热变形过程。

对于高速体积成形过程,由于锤头打击速度很高,变形时间非常短(大约在毫秒数量级),变形产生的热量来不及外传而引起变形区金属温度迅速上升,也就是说,热效应显著。因此,采用有限元分析方法分析时必须考虑变形热效应的影响,可将它视为一个绝热过程。绝热引起的温升计算公式为

$$\Delta T = \int_0^t \frac{\chi \sigma \dot{\varepsilon}}{\rho c_V} \mathrm{d}t \approx \frac{\chi \sigma \Delta \varepsilon}{\rho c_V} \tag{3.5.1}$$

式中　χ—— 塑性功转化为热能的比例分数,一般取 0.9;

　　　　c_V—— 材料的质量定容热容。

另外,高速体积成形过程中应变速率较大($10^2 \sim 10^3 \mathrm{s}^{-1}$),变形热效应对流动应力的影响显著。因此,采用热力弱耦合计算,按绝热过程计算温升,同时考虑变形热效应的影响。

3.6　动力有限元分析中的沙漏控制

在动力显式有限元分析中,为了提高计算效率,计算单元内力时通常采用单点高斯积分代替精确的体积积分。对于 8 节点六面体单元和 4 节点四边形单元,采用单点高斯积分的最大缺点是可能引起沙漏模态(Hourglass Mode),也称为零能模态。动力响应分析时,若不控制这一模态,它可能会自由发展,出现严重的数值振荡。如何控制沙漏模态是动力响应分析中必须解决的问题之一。

控制沙漏模态的主要方法有两种,即黏性阻尼力沙漏模态控制和刚度沙漏模态控制。金属高速成形过程适合采用黏性阻尼力沙漏模态控制。

3.6.1　四边形单元的沙漏控制方法

对于 4 节点四边形等参单元,用黏性阻尼力方法控制沙漏时,在单元的各个节点处沿 x_i 轴方向引入沙漏黏性阻尼力,计算公式为

$$H_{ik} = -a_h h_i \Gamma_k \quad (i=1,2;k=1,2,3,4) \tag{3.6.1}$$

其中

$$a_h = Q_{hg}\rho V_e^{2/3} v_{\alpha} / 4 \tag{3.6.2}$$

$$h_i = \sum_{k=1}^{4} v_i^k \boldsymbol{\Gamma}_k \tag{3.6.3}$$

$$\boldsymbol{\Gamma}_k = \xi_k \eta_k \tag{3.6.4}$$

式中　a_h——沙漏系数;

　　　h_i——沙漏模式;

　　　$\boldsymbol{\Gamma}_k$——沙漏基矢量;

　　　Q_{hg}——沙漏控制系数,通常取 $0.05 \sim 0.15$;

　　　V_e——单元体积;

　　　v_{α}——材料声速;

　　　v_i^k——单元节点 k 处 i 方向的速度分量;

　　　(ξ_k, η_k)——单元节点 k 处的自然坐标。

3.6.2　六面体单元的沙漏控制方法

对于 8 节点六面体等参单元,用黏性阻尼力方法控制沙漏时,在单元的各个节点处沿 x_i 轴方向引入沙漏黏性阻尼力,表达式为

$$H_{ik} = -a_h \sum_{j=1}^{4} h_{ij} \boldsymbol{\Gamma}_{jk} \quad (i=1,2,3;k=1,2,\cdots,8) \tag{3.6.5}$$

其中

$$h_{ij} = \sum_{k=1}^{8} \dot{u}_i^k \boldsymbol{\Gamma}_{jk} \tag{3.6.6}$$

式中　h_{ij}——沙漏模式;

　　　$\boldsymbol{\Gamma}_{jk}$——沙漏基矢量,见表 3.6.1。

表 3.6.1　沙漏基矢量

	$j=1$	$j=2$	$j=3$	$j=4$
Γ_{j1}	1	1	1	-1
Γ_{j2}	-1	1	-1	1
Γ_{j3}	1	-1	-1	-1
Γ_{j4}	-1	-1	1	1
Γ_{j5}	1	-1	-1	1
Γ_{j6}	-1	-1	1	-1
Γ_{j7}	1	1	1	1
Γ_{j8}	-1	1	-1	-1

3.6.3　沙漏控制实例

为了检验沙漏控制的效果,采用无沙漏控制的程序和加入沙漏控制的有限元程序模拟了一个块体镦粗,比较了压下量分别为 30% 和 50% 时的变形网格。无沙漏控制时的不同压下量的变形网格(图 3.6.1),有明显的锯齿状,这是沙漏模态的表现。加入沙漏控制后得到的变形网格(图 3.6.2)比较平滑,消除了锯齿状。这说明本节采用的黏性阻尼力控制沙漏模态的方法是有效的。

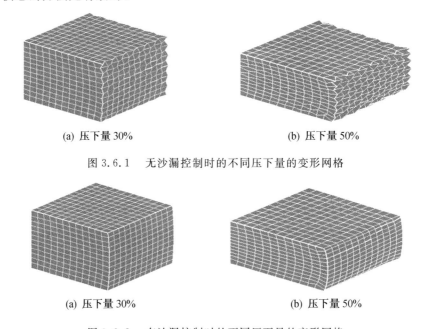

　　　(a)　压下量 30%　　　　　　　　　　　　(b)　压下量 50%

图 3.6.1　无沙漏控制时的不同压下量的变形网格

　　　(a)　压下量 30%　　　　　　　　　　　　(b)　压下量 50%

图 3.6.2　有沙漏控制时的不同压下量的变形网格

3.7　流动应力模型的选择

对于金属高速成形问题,比较合适的本构模型有 Johnson-Cook 本构模型、Cowper-Symonds 本构模型和幂指数形式的本构模型。

3.7.1　Johnson-Cook 本构模型

Johnson 和 Cook 在 1983 年提出了如下的材料动态本构方程:

$$\sigma_y(\varepsilon_p, \dot{\varepsilon}_p, T) = \left[A_1 + A_2 (\varepsilon_p)^n\right] \left[1 + A_3 \ln\left(\frac{\dot{\varepsilon}_p}{\dot{\varepsilon}_0}\right)\right] \left[1 - \left(\frac{T - T_{ref}}{T_{melt} - T_{ref}}\right)^r\right]$$

式中　　ε_p——等效塑性应变；

　　　　$\dot{\varepsilon}_p$——等效塑性应变率；

　　　　$\dot{\varepsilon}_0$——常数；

　　　　T_{melt}——熔化温度；

　　　　T_{ref}——参考温度；

　　　　A_1, A_2, A_3——材料常数；

　　　　n——应变硬化系数；

　　　　r——温度软化系数。

第一个括号表示应变硬化效应，第二个和第三个括号分别表示应变速率硬化效应和温度软化效应。

3.7.2　Cowper-Symonds 本构模型

大部分金属材料的动态本构方程可以采用 Cowper-Symonds 方程，该模型通过对准静态下得到的屈服应力乘以一个应变率相关因子来考虑应变率效应，其形式如下：

$$\sigma_y^d(\varepsilon_{eff}^p, \dot{\varepsilon}_{eff}^p) = \sigma_y(\varepsilon_{eff}^p) \left[1 + \left(\frac{\dot{\varepsilon}_{eff}^p}{B_1}\right)^{\frac{1}{B_2}}\right]$$

式中　　σ_y^d——动态屈服应力；

　　　　σ_y——准静态下得到的单轴屈服应力；

　　　　ε_{eff}^p——等效塑性应变；

　　　　$\dot{\varepsilon}_{eff}^p$——等效塑性应变速率；

　　　　B_1, B_2——Cowper-Symonds 应变率系数。

如

$$\sigma_y^d = \left[1 + \left(\frac{\dot{\varepsilon}_{eff}^p}{B_1}\right)^{\frac{1}{B_2}}\right](\sigma_0 + \beta E_p \varepsilon_{eff}^p)$$

和

$$\sigma_y^d = \left[1 + \left(\frac{\dot{\varepsilon}_{eff}^p}{B_1}\right)^{\frac{1}{B_2}}\right] k \left[\varepsilon_e + \varepsilon_{eff}^p\right]^n$$

式中　　σ_0——初始屈服应力；

　　　　β——硬化参数；

　　　　E_p——塑性硬化模量；

　　　　k——强化系数；

ε_e—— 即将屈服时的弹性应变。

3.7.3　幂指数形式的本构模型

考虑应变率影响的屈服应力由下式确定：

$$\sigma_y = k\varepsilon^n\dot{\varepsilon}^m \tag{3.7.1}$$

式中　　m—— 应变速率敏感系数。

在高速变形条件下，材料的变形行为通常对应变速率非常敏感，材料的流动应力一般是应变、应变速率和温度的一个函数，在有限元分析中为了准确地反映出材料的响应，最好在本构模型中同时考虑这三者的影响。Cowper-Symonds 模型考虑了应变硬化和应变速率硬化效应，没有考虑温度软化效应；Johnson-Cook 本构模型则同时考虑了这 3 种效应。所以，在有限元程序中，优先采用 Johnson-Cook 本构模型。

3.8　金属高速变形过程中的应力波

高速变形期间坯料受到动态的冲击载荷。根据固体的应力波理论，当固体受到较大的冲击载荷时，弹塑性固体中有两种应力波在传播，先行的是波速较快而应力峰值较低的弹性波，后行的便是波速较慢而应力峰值较高的塑性波。弹性波是由外力作用引起的应力和应变在弹性范围内传递的形式。如果外力作用引起的应力和应变超过了弹性极限，这种应力波就称为塑性波。采用开发的动力显式有限元程序分析高速镦粗过程材料内部的应力波传播过程，研究应力波传播对变形过程的影响，通过工业纯铅、高导无氧铜和铝合金 3 种材料，研究材料参数对应力波传播的影响规律。

3.8.1　变形和力的动态传播

当变形体受到突加载荷作用时，必将产生变形，这种变形和与之伴随而生的应力并不能立即传到物体的各个部分。在开始时刻物体的变形或者物体受到的扰动，只在加载处的邻域内产生，该邻域以外的部分则仍处于未扰动的状态。之后，物体的变形和应力便以波的形式向远处传播。在载荷作用时间与波的传播过程所经历的时间相比较短的情况下，物体的运动主要就表现为波的传播现象。

为了形象地说明变形和力的传播过程，下面以圆柱顶端受到冲击载荷的情况为例进行分析说明。当一个圆柱顶端突然受到一个冲击载荷 P 时，应力和变形的动态传播过程如图 3.8.1 所示。在第 1 个时间增量步内，单

元 ① 受到外力作用,发生变形,产生单元内力;其他单元上没有作用力,不发生变形,如图 3.8.1(a) 所示。第 2 个时间增量步时,单元 ① 由变形产生的单元内力被施加到与之相连的单元 ② 上,单元 ② 开始变形,产生单元内力,如图 3.8.1(b) 所示。第 3 个时间增量步时,单元 ② 由变形产生的单元内力被施加到与之相连的单元 ③ 上,单元 ③ 开始变形,如图 3.8.1(c) 所示。以此类推,应力和变形从上到下传递到整个圆柱体内部。

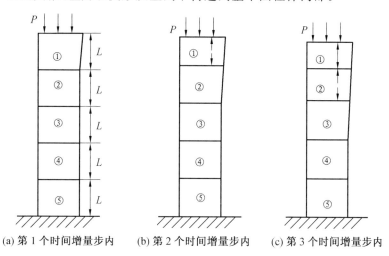

(a) 第 1 个时间增量步内　(b) 第 2 个时间增量步内　(c) 第 3 个时间增量步内

图 3.8.1　应力和变形在圆柱体中的动态传播过程

3.8.2　弹性波在连续介质中的传播

不同类型的弹性波在固体中传播,取决于固体中质点的运动方向和波的传播方向之间的关系以及边界条件。固体中的弹性波一般可以分为以下几种类型:纵波、剪切波(或扭转波)、表面波、界面波、层状介质中的波和弯曲波。纵波的传播速度最快,表面波的传播速度最慢。在各向同性弹性固体中,忽略体力,纵波和剪切波最重要。其中,纵波的质点运动方向与波传播方向平行;剪切波的质点运动方向与波传播方向垂直。纵波波速 c_L 和剪切波波速 c_S 表达式[3] 为

$$c_L = \sqrt{\frac{E(1-\nu)}{\rho(1+\nu)(1-2\nu)}} \tag{3.8.1}$$

$$c_S = \sqrt{\frac{G}{\rho}} = \sqrt{\frac{E}{2\rho(1+\nu)}} \tag{3.8.2}$$

式中　E—— 固体材料的弹性模量;

ν—— 固体材料的泊松比；

G—— 固体材料的剪切模量。

3.8.3　塑性波在连续介质中的传播

当材料中的应力超过弹性极限时，就会出现塑性变形。因此，当一个冲击载荷足够使物体产生塑性变形时，物体内将有两种波：弹性波和塑性波。这两种波有明显的不同，主要表现在：① 弹性波波速是个常数，塑性波速与应力和应变值有关；② 塑性波的速度小于弹性波的速度；③ 塑性波的波形在传播的过程中会发生变化，而弹性波的波形则保持波形不变。

塑性波的传播问题比较复杂，根据研究中采用的本构关系不同，塑性波理论可分为应变率无关理论和应变率相关理论。前者不考虑应变率对本构关系的影响，而后者则考虑这种影响。

3.8.4　应力波传播的求解方法

固体中的波传播由它的几何尺寸和成分（力学性能）控制。根据介质的物理性质、边界条件和载荷的作用形式不同，波的传播过程将呈现出各种不同的特征。求解应力波传播问题常用的数值解法有特征线法、有限差分方法和有限元法[4,5,7]。对于动态金属成形问题中的波传播，通常采用有限元法进行分析，并且分析时采用适合分析应力波传播的动力显式算法。

3.9　应力波传播过程的有限元分析

3.9.1　有限元分析模型

使用开发的有限元分析程序，分析块体在落锤打击下变形期间的应力波传播过程。工业纯铅、高导无氧铜（OFHC 铜）、7039 铝合金 3 种材料的性能参数见表 3.9.1，材料流动应力模型见表 3.9.2。

表 3.9.1　材料性能参数[5,6]

材料	弹性模量 /MPa	泊松比	密度 /(g·cm⁻³)
工业纯铅	17 000	0.42	11.34
OFHC 铜	129 740	0.343	8.96
7039 铝合金	73 800	0.33	2.77

表 3.9.2　材料流动应力模型[6,7]

材料	流动应力模型
工业纯铅	$\sigma_y = 38.139\ 1\varepsilon^{0.274\ 2}\dot{\varepsilon}^{0.031\ 84}$
OFHC 铜	$\sigma_y = (90 + 292\varepsilon_p^{0.31})(1 + 0.025\ln\dot{\varepsilon}_p)\left[1 - \left(\dfrac{T-10}{1\ 083-10}\right)^{1.09}\right]$
7039 铝合金	$\sigma_y = (337 + 343\varepsilon_p^{0.41})(1 + 0.01\ln\dot{\varepsilon}_p)\left[1 - \left(\dfrac{T-20}{604-20}\right)^{1.0}\right]$

　　落锤设备的参数如下:打击能量为 250 kJ、打击效率为 0.8、锤头质量为 2 200 kg。试样几何尺寸(长×宽×高)为 240 mm×240 mm×120 mm。选择 OFHC 铜,设定试样初始温度为 700 ℃。为了较好地体现应力波传播过程,暂不考虑摩擦影响。考虑几何对称性和载荷对称性,取试样的 1/4 为分析对象,应力波传播的有限元分析模型如图 3.9.1 所示,其中 $X=0$ 和 $Y=0$ 构成的平面为位移约束面。

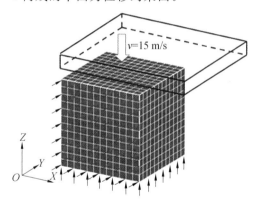

图 3.9.1　应力波传播的有限元分析模型

3.9.2　应力波传播过程分析

　　定义锤头刚与块体上表面接触,块体开始发生变形的时刻为 $t=0$。变形初期,锤头刚接触块体上表面,此时块体内的等效应力分布如图 3.9.2 所示,刚发生接触时只有第一层单元节点受到冲击载荷的作用发生变形,然后应力以一定的速度从上到下依次传递形成波传播,$t=0.026$ ms 时到达底面。块体初始高度 $h_0=120$ mm,高度方向上的单元长度 $L=10$ mm,由式(3.8.1)可得弹性波在 OFHC 铜中的传播速度 $c=0.475\times$

10^7 mm/s，那么弹性波从块体上表面传播到下表面需要的时间为 0.025 ms，穿过一个单元需要的时间为 0.002 ms。因此，程序的计算结果与理论分析结果一致。

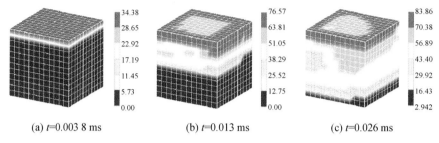

(a) t=0.003 8 ms　　　(b) t=0.013 ms　　　(c) t=0.026 ms

图 3.9.2　变形初期块体内的等效应力分布

除弹性波外，变形试样内还有塑性波在传播。为了研究高速镦粗时块体内部的塑性波传播，分析变形初期块体内部的等效塑性应变分布，计算结果如图 3.9.3 所示。t=0.026 ms 时靠近锤头的块体上端发生了塑性变形，下端没有进入塑性变形阶段，这说明此时虽然弹性波达到底面，但塑性波还没达到，塑性波传播速度小于弹性波波速。由于塑性波的波速与塑性应变值有关，塑性波的波速随塑性应变的增大而减小，只能根据计算结果粗略地估计塑性波的波速。t=0.11 ms 时，块体内部全部进入塑性变形，则塑性波波速 $c_p \approx 0.95 \times 10^6$ mm/s，是弹性波波速的 $\frac{1}{4}$。由于塑性波的传播，变形初期块体上端的塑性应变最大，出现一个应变集中区。

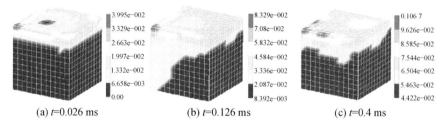

(a) t=0.026 ms　　　(b) t=0.126 ms　　　(c) t=0.4 ms

图 3.9.3　变形初期块体内的等效塑性应变分布

变形中期和后期，块状内部的等效应力和等效塑性应变分布分别如图 3.9.4 和图 3.9.5 所示，随着变形的进行，弹性应力波和塑性应力波在块体内发生多次传播和反射，应力波的作用开始减弱，各处的受力和变形变得均匀。t=7.8 ms 时，弹性波沿试样高度方向传播反射了 154 次，对应力和应变分布基本没有影响。将 OFHC 铜的本构方程代入式（3.8.2），得到

OFHC铜中塑性波的波速范围为 $0.67 \times 10^5 \sim 1.61 \times 10^6$ mm/s。如果取 $c_p \approx 3.29 \times 10^5$ mm/s,则 $t = 7.8$ ms时,塑性波沿块体高度方向传播反射了 11 次;如果取 $c_p \approx 1.49 \times 10^5$ mm/s,则 $t = 7.8$ ms时,塑性波沿块体高度方向传播反射了 5 次,这说明塑性波对应力、应变分布还有一定的影响。

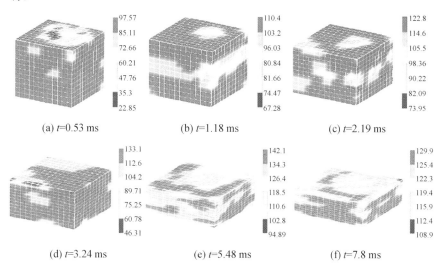

(a) t=0.53 ms (b) t=1.18 ms (c) t=2.19 ms

(d) t=3.24 ms (e) t=5.48 ms (f) t=7.8 ms

图 3.9.4 变形中期和后期块体内部的等效应力分布

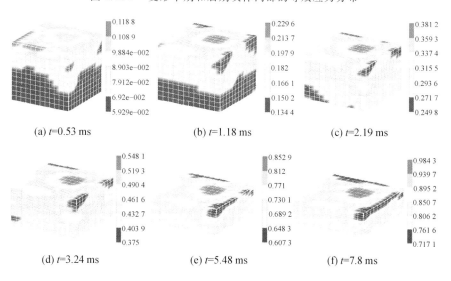

(a) t=0.53 ms (b) t=1.18 ms (c) t=2.19 ms

(d) t=3.24 ms (e) t=5.48 ms (f) t=7.8 ms

图 3.9.5 变形中期和后期块体内部的等效塑性应变分布

3.9.3　材料参数对应力波传播的影响

应力波传播速度与材料参数有关,为了研究材料参数对应力波传播的影响,选择工业纯铅、OFHC 铜和 7039 铝合金 3 种材料进行模拟分析,材料参数和流动应力模型分别见表 3.9.1 和表 3.9.2,它们的弹性模量和质量密度相差较大。

1. 弹性波分析

为了研究弹性波传播,分析变形初期 Z 方向应力 σ_Z 的分布(图 3.9.6),上表面首先受到外力作用,然后逐渐向底面传递,工业纯铅、OFHC 铜和 7039 铝合金块体上表面受到的作用力分别在 t 为 0.61×10^{-4} s,0.26×10^{-4} s 和 0.20×10^{-4} s 时刻传递到底面。弹性波在块体内以一定的速度传播,只有弹性波到达的区域内的质点才受到力的作用。根据传播时间和块体特征尺寸(初始高度)可得到 3 种材料弹性波波速分别为 1.96×10^6 mm/s,4.62×10^6 mm/s 和 6.00×10^6 mm/s。当弹性波传播到块体底面时发生反射,向上表面返回。

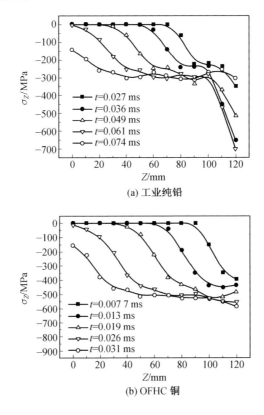

(a) 工业纯铅

(b) OFHC 铜

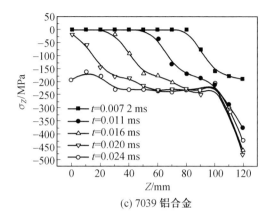

(c) 7039 铝合金

图 3.9.6 变形初期 Z 方向应力 σ_Z 的分布

将表 3.9.1 中材料参数代入式 (3.8.1) 可得 3 种材料的弹性波速理论值 (表 3.9.3),与有限元计算得到的弹性波速基本相等,相对误差在 4.5% 内,说明程序计算结果与理论分析结果一致。

表 3.9.3 弹性波的波速理论值和计算值

材料	E/ρ	弹性波波速 /(mm·s⁻¹)		
		理论值	计算值	相对误差
工业纯铅	1 499.1	1.956×10^6	1.96×10^6	0.2%
OFHC 铜	14 479.9	4.75×10^6	4.62×10^6	2.7%
7039 铝合金	26 642.6	6.28×10^6	6.0×10^6	4.5%

2. 塑性波分析

工业纯铅、OFHC 铜和 7039 铝合金 3 种材料的块体分别在 0.14×10^{-4} s，0.58×10^{-5} s 和 0.86×10^{-5} s 时刻塑性波开始传播,变形初期块体在 Z 轴上节点的等效塑性应变分布,如图 3.9.7 所示,塑性波首先作用于上表面,然后沿着 Z 轴方向传播,当塑性波传播到块体的底面时发生反射。

在 3 个特定时刻,弹性波和塑性波的波阵面位置如图 3.9.8～3.9.10 所示,变形期间塑性波阵面一直落后于弹性波阵面,当弹性波自上而下传播到底面时,工业纯铅、OFHC 铜和 7039 铝合金 3 种材料中的塑性波分别到达 $Z = 20.0$ mm，$Z = 30.0$ mm 和 $Z = 90.0$ mm 的位置。工业纯铅和 OFHC 铜块体上表面产生的塑性波分别在 $t = 0.74 \times 10^{-4}$ s 和 0.37×10^{-4} s 时刻传播到底面 (图 3.9.8(c) 和图 3.9.9(c)),对应的等效塑性应变分布如图 3.9.11(a) 和 3.9.11(b) 所示。7039 铝合金块体在 $t = 0.3 \times 10^{-4}$ s 时刻底面的质点进入塑性变形,从底面产生一个向上传播的塑性波(图 3.9.10(c)),使下端的塑性应变值增加(图 3.9.11(c))。

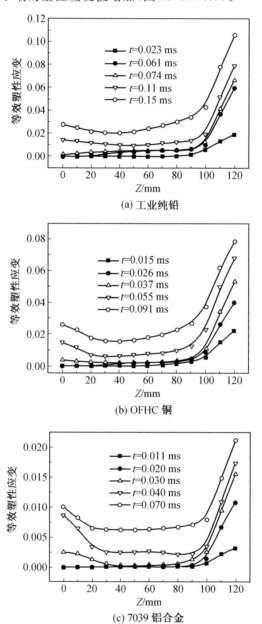

(a) 工业纯铅

(b) OFHC 铜

(c) 7039 铝合金

图 3.9.7　变形初期块体在 Z 轴上节点的等效塑性应变分布

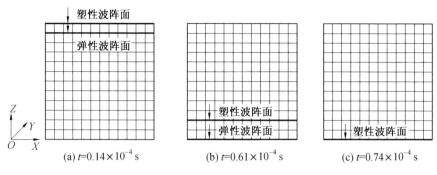

图 3.9.8 工业纯铅内弹性波和塑性波的波阵面位置

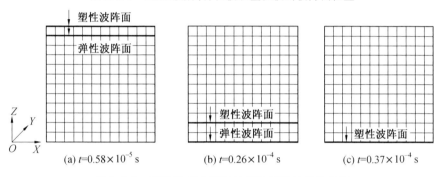

图 3.9.9 OFHC 铜内弹性波前和塑性波前的位置

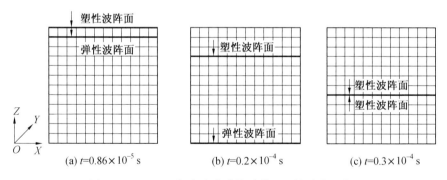

图 3.9.10 7039 铝合金内弹性波前和塑性波前的位置

塑性波波速不是常数,它取决于材料切线模量和质量密度的比值。将表 3.9.1 和表 3.9.2 中材料参数和本构方程代入式(3.8.2)可得 3 种材料塑性波波速(图 3.9.12)。工业纯铅、OFHC 铜和 7039 铝合金 3 种材料塑性波波速范围分别为 $0.39 \times 10^5 \sim 1.224 \times 10^6 \, \mathrm{mm/s}$, $0.67 \times 10^5 \sim 3.81 \times 10^6 \, \mathrm{mm/s}$ 和 $1.38 \times 10^5 \sim 5.16 \times 10^6 \, \mathrm{mm/s}$。塑性波波速随着塑性应变值的增加不断减小,最后趋于一个稳定值。

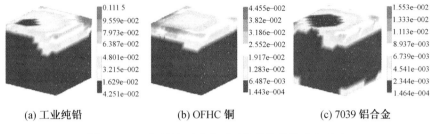

(a) 工业纯铅　　　　　　　(b) OFHC 铜　　　　　　　(c) 7039 铝合金

图 3.9.11　塑性波到达底面时的等效塑性应变分布

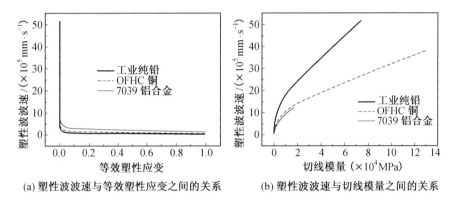

(a) 塑性波波速与等效塑性应变之间的关系　　(b) 塑性波波速与切线模量之间的关系

图 3.9.12　塑性波波速的理论计算值

选择 $t=4.6\times10^{-3}$ s 时刻的等效塑性应变分布,分析变形中后期应力波传播对变形的影响,工业纯铅块体的等效塑性应变分布不均匀,在靠近锤头的上部区域有一个应变集中区(图 3.9.13(a)),塑性应变分布有明显的传递现象;OFHC 铜块体内的等效塑性应变分布比工业纯铅内的均匀,上端的塑性应变比下端稍大些(图 3.9.13(b));7039 铝合金块体内的等效塑性应变分布基本均匀(图 3.9.13(c))。这说明工业纯铅块体的变形受应力波传播影响最大,OFHC 铜次之,铝合金块体的变形受应力波传播影响最小。

相同尺寸的工业纯铅、OFHC 铜和 7039 铝合金块体在一定的落锤打击条件下(打击能量、锤头质量和打击效率)进行高速镦粗时,应力波波速有较大的差别,使得应力波在块体内的传播和反射次数不同,这导致应力波传播对变形的影响程度不同。应力波波速增加时,应力波在块体内发生传播和反射的次数就增加,使得应力波对变形过程的影响减弱。

工业纯铅、OFHC 铜和 7039 铝合金块体分别在 t 为 7.0×10^{-3} s,7.8×10^{-3} s 和 6.7×10^{-3} s 时刻结束变形,此时 Z 方向应力分布基本均匀

（图 3.9.14），这说明随着变形的进行，应力波在块体内经过多次传播和反射，对变形的影响程度减弱，使得应力和应变分布趋于均匀。

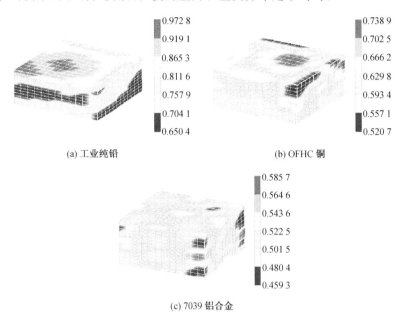

(a) 工业纯铅   (b) OFHC 铜

(c) 7039 铝合金

图 3.9.13 $t = 4.6 \times 10^{-3}$ s 时刻的等效塑性应变分布

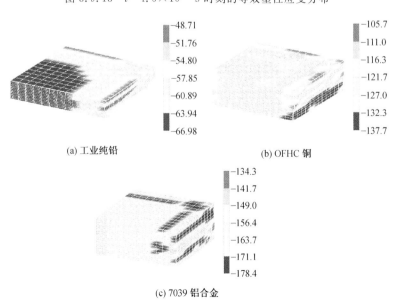

(a) 工业纯铅   (b) OFHC 铜

(c) 7039 铝合金

图 3.9.14   变形结束时的 Z 方向应力分布

参考文献

［1］庄茁. Abaqus/Standard 有限元软件入门指南［M］. 北京：清华大学出版社，1998.

［2］李尚健. 金属塑性成形过程模拟［M］. 北京：机械工业出版社，1999.

［3］ZUKAS J. Introduction to hydrocodes：studies in applied mechanics//Computational Mechanics Associates，Baltimore，02-03 2004［C］. Amsterdam：Elsevier Science，2004，49：33-74.

［4］韩志军，程国强，马宏伟，等. 弹塑性杆在刚性块轴向撞击下的动力屈曲［J］. 应用数学和力学，2006，27(3)：337-341.

［5］李永池，朱林法，胡秀章，等. 黏塑性薄壁管中复合应力波的传播特性研究［J］. 爆炸与冲击，2003，23(1)：1-5.

［6］殷槐金. 高速锤锻造成型的 1Cr12Mo 钢叶片的性能研究［J］. 热处理，2008，23(1)：34-36.

［7］孙宇新，张进，李永池，等. 内爆加载下热塑性管壳的应力波演化与层裂效应研究［J］. 高压物理学报，2005，19(4)：319-324.

第4章　接触界面几何描述及动态边界条件处理

4.1 引　言

金属在塑性成形过程中,工件的几何构形以及工件与模具之间的接触界面随金属的塑性流动而改变,工件的边界节点与模具表面的接触状态不断发生变化,接触面的面积与压力分布随时间变化,由此形成动态接触边界条件。准确、有效地描述工件和模具的几何形状是进行金属塑性成形过程有限元分析的前提。塑性成形过程有限元分析要求所选取的几何描述方法既具有一定的精度,又能在求解过程中方便地进行动态接触边界条件的处理。工件和模具型腔曲面的几何描述方式直接决定了求解过程中动态接触处理算法的具体模式、求解效率和精度,因而在塑性成形过程有限元分析中占有重要地位。

金属体积成形过程是非稳态大变形过程,从力学角度讲,这种接触是边界条件高度非线性的复杂问题[1]。在模拟过程中需考虑如下问题:①复杂模具型腔的描述;②变形体与模具型腔动态的接触状态(接触、脱离);③变形体与模具型腔接触点的运动方式等。

本章在二维问题分析中,尝试性地将高次代数解析法应用于高次曲线形状模具的表达,提出用高次代数方程表达模具形状的方法,采用高次曲线解析方程表达模具形状,分析了高次曲线解析方程表达的模具形状与变形体界面上有限元网格节点相互关系的特点,提出了基于模具形状高次曲线解析方程表达的有限元分析接触判断算法,利用基于高次曲线解析方程表达接触判断算法的有限元分析程序,对采用不同曲线形状的模具进行的圆柱体压缩过程进行了分析,验证了所提出模具形状高次曲线解析方程表达及相应接触判断算法可行性。

针对三维问题分析,提出了B样条方法来描述工件的几何构形和模具型腔曲面方法,采用双3次B样条曲面来描述模具型腔曲面,可以描述十分复杂的模具型腔曲面,易于进行几何形状的调整与控制,描述精度也能接受。并基于工件几何构形和模具型腔曲面的B样条表示方法,对动态边界条件进行判断处理。

4.1.1 模具型面的描述方法

在塑性成形有限元分析中通常采用以下方法描述模具的几何形状：①点阵法；②解析法；③有限元网格法；④参数曲面法。

(1)点阵法。点阵法采用排列规则的模具型腔表面上的点来近似描述模具型腔表面，这种方法虽然使有限元分析求解中的动态接触处理变得容易，但曲面描述精度低，只能描述模具表面的几何信息[2]。

(2)解析法。解析法描述曲面精确，动态接触处理可以演化为简单的方程组求解，适用于简单的模具。对于复杂的模具型腔曲面，用圆柱面、圆锥面等简单的解析曲面去逼近，使得描述复杂曲面的精度很低且复杂度增加，因此，这种方法的使用范围受到限制[3]。

(3)有限元网格法。这种方法把模具表面离散为线性或高次的有限元单元，有限元求解中的动态接触处理问题归结为直线和平面求交或直线和曲面求交，从而使动态接触处理简化。由于有限元单元的数据结构极为简单，故离散成有限元单元的模具型腔表面可以准确地在不同的有限元系统间进行数据交换而不会产生数据丢失。模具表面的有限单元化可以通过一些商用 CAD(如 I—DEAS、Pro/Engineer、Unigraphics、CATIA 等)或商用有限元前处理软件得到[4-6]。这种方法的缺点是几何描述的精度不高。对于成形精度要求较高的成形过程，必须把模具表面离散为密度很大的有限单元，而这样降低了动态接触处理时的求交搜索效率，影响有限元计算速度。其次，这种方法只能得到离散的模具表面的信息，这些信息对于一些成形过程的模拟(如三维锻造过程的热－力耦合计算)是远远不够的，而且由于离散后的模具型腔表面不再是光滑连续的，这将导致法矢的不连续。法矢的不连续很容易在数值模拟计算中产生"死锁"问题而使计算不能正常进行，这类方法常用局部平均化的方法来处理。如图 4.1.1 所示，用有限元三角形网格离散的模具表面，OAB 面和 OBC 面的公共边 OB 的法矢为 OAB 面和 OBC 面的法矢 $\boldsymbol{n}_1$，$\boldsymbol{n}_2$ 的矢量和，同理，在 O 点的法矢即为法矢 $\boldsymbol{n}_1$，$\boldsymbol{n}_2$，$\boldsymbol{n}_3$，$\boldsymbol{n}_4$ 的矢量和。这种局部平均化的算法必然增加有限元的计算时间和复杂程度[5]。

很多有限元分析软件采用了这种方法描述模具表面的几何形状，其原理是模具表面曲面一般采用 3 节点或 4 节点单元表示。一般地，设单元节点数为 n，其位置坐标为 $X_i(i=1,2,\cdots,n)$，模具的单元曲面片可近似表示为

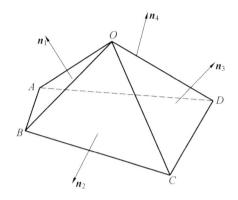

图 4.1.1　曲面三角网格表示的局部平均化

$$P(\xi,\eta) = \sum_{i=1}^{n} N_i(\xi,\eta) X_i$$

式中　　ξ,η——建立在网格曲面片上的曲线坐标；

　　　　$N_i(\xi,\eta)$——形函数[2]。

曲面片上点的位置坐标可按上式计算，法矢的计算可通过对 ξ,η 的偏导矢外积得到[7]。

（4）参数曲面法。采用参数曲面和实体造型相结合的方式进行描述。这种方法通常采用 Bezier 曲面、B 样条曲面或 NURBS 曲面等参数曲面来描述模具型腔的复杂曲面，整个模块采用实体造型方法，从而准确全面地描述模具的几何特征。其中，样条曲面中的 B 样条描述方法解决了整体形状控制与局部控制问题，在曲面描述中得到了广泛应用。采用 B 样条方法对模具型腔曲面进行几何描述，能够提供光滑连续的曲面块和曲面片，为界面节点几何位置的判断和动态接触处理带来了极大方便。同时，这种描述方法可进一步同模具 CAD 相结合，为工件和模具在成形过程中的同步数值分析奠定了基础。这种方法的优点是容易把塑性成形数值模拟软件与 CAD 软件集成起来；缺点是动态接触处理时要计算直线与复杂曲面的交点以及直线与复杂曲面的最短距离，实现难度较大。

4.1.2　接触算法

模具型面的描述方法不同，选取的接触搜索算法也就不同。解析法描述时，采用一次搜索算法；有限元网格法和参数曲面法描述时，采用主从搜索算法[8]。

解析法描述的规则形状模具的接触判断将模具形状分为 3 种情况：直

线、凸弧和凹弧[3]。判断坯料边界节点与模具的关系时,应分别考虑自由边界节点和约束边界节点。

(1) 自由边界节点。

对于自由边界节点,首先判断坯料节点是否在模具内部,如果位于模具内部,则认为此增量步发生了接触。需要将节点沿着模具表面法线调整到模具表面上,并在新位置建立局部坐标系,为下一个增量步的计算施加边界约束条件。自由边界节点与模具为直线、凸弧和凹弧接触判断示意图如图 4.1.2 所示。其中 A,B 是直线(凸弧或凹弧)起点和终点;C 是凸弧或凹弧的曲率中心;n 表示模具外法线矢量;l,m 是模具方向余弦,即法线与坐标轴夹角的余弦。

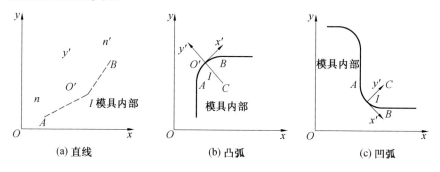

图 4.1.2　模具 3 种形状的接触判断

① 对于直线(图 4.1.2(a)),如果同时满足公式(4.1.1)和公式(4.1.2),则节点接触模具按照式(4.1.3)修正其坐标((x_I,y_I) 是节点 I 修正以前的坐标,(x'_I,y'_I) 是修正以后的坐标),并在新位置建立局部坐标系。

② 对于凸弧(图 4.1.2(b)),如果满足式(4.1.4)和式(4.1.5),则节点接触模具,节点按照式(4.1.6)修正其坐标,并在新位置建立局部坐标系。

③ 对于凹弧(图 4.1.2(c)),如果满足式(4.1.7)和式(4.1.8),则节点接触模具。按照式(4.1.9)修正节点坐标,并在新位置建立局部坐标系。

$$\begin{vmatrix} x_{IA} & y_{IA} \\ x_{BA} & y_{BA} \end{vmatrix} \geqslant 0, \quad \begin{vmatrix} x_{IB} & y_{IB} \\ l & m \end{vmatrix} \leqslant 0 \qquad (4.1.1)$$

$$dh = \frac{\begin{vmatrix} x_{IA} & y_{IA} \\ x_{BA} & y_{BA} \end{vmatrix}}{dl} \leqslant \varepsilon \qquad (4.1.2)$$

式中　$x_{ij} = x_i - x_j, y_{ij} = y_i - y_j$;

ε —— 一个小的正数。

$$\begin{cases} x_I = x_I + l\,\mathrm{dh} \\ y_I = y_I + l\,\mathrm{dh} \end{cases} \tag{4.1.3}$$

$$\begin{vmatrix} x_{AC} & y_{AC} \\ x_{IC} & y_{IC} \end{vmatrix} \leqslant 0, \quad \begin{vmatrix} x_{BC} & y_{BC} \\ x_{IC} & y_{IC} \end{vmatrix} \geqslant 0 \tag{4.1.4}$$

$$\sqrt{x_{IC}{}^2 + y_{IC}{}^2} \leqslant R \tag{4.1.5}$$

$$\begin{cases} x_I' = x_I + \dfrac{R}{\sqrt{x_{IC}{}^2 + y_{IC}{}^2}}(x_I - x_C) \\[3mm] y_I' = y_I + \dfrac{R}{\sqrt{x_{IC}{}^2 + y_{IC}{}^2}}(y_I - y_C) \end{cases} \tag{4.1.6}$$

式中　　R——圆弧半径。

$$\begin{vmatrix} x_{AC} & y_{AC} \\ x_{IC} & y_{IC} \end{vmatrix} \geqslant 0, \quad \begin{vmatrix} x_{BC} & y_{BC} \\ x_{IC} & y_{IC} \end{vmatrix} \leqslant 0 \tag{4.1.7}$$

$$\sqrt{x_{IC}{}^2 + y_{IC}{}^2} \geqslant R \tag{4.1.8}$$

$$\begin{cases} x_I' = x_I - \dfrac{R}{\sqrt{x_{IC}{}^2 + y_{IC}{}^2}}(x_I - x_C) \\[3mm] y_I' = y_I - \dfrac{R}{\sqrt{x_{IC}{}^2 + y_{IC}{}^2}}(y_I - y_C) \end{cases} \tag{4.1.9}$$

局部坐标系建立以后,在下一个增量步中就必须在这个坐标系下施加速度(或位移)边界条件。

(2)约束边界点。

对于约束边界节点,在增量步迭代结束以后,必须对约束力进行校验。如果在局部坐标系下沿 y_I 方向的约束力是正,则在下一个增量步中必须释放这个节点的约束,使之成为自由边界节点。反之,下一增量步此节点还是约束边界节点。但是由于在增量步中只能沿着模具表面切线方向运动,因此,在本载荷步结束时,实际上已经沿着模具切线方向离开模具表面。这在实际金属成形过程中是不可能的,因此必须修正这些节点的坐标位置。

位置修正时首先判断约束边界节点属于哪个模具线素(即节点沿着模具线素法线方向的投影在此线素内),对于直线,根据式(4.1.1)进行判断,然后用式(4.1.3)进行坐标修正;对于凸弧,根据式(4.1.4)进行判断,然后用式(4.1.6)进行坐标修正;对于凹弧,根据式(4.1.7)进行判断,然后用式(4.1.9)进行坐标修正。

然后在新的位置上建立局部坐标系统。下一个增量步中,在这个新的坐标系下施加速度(或位移)边界条件。

4.1.3　代数曲面方法

在欧式空间中,曲线、曲面主要有两种表示方式,即参数曲线、曲面和隐式曲线、曲面。然而,过去人们的研究重点是参数曲面的插值、拼接、样条等问题。参数曲面造型是最熟悉的造型方法,这种方法被用于许多商业化的造型系统中,早在 20 世纪 80 年代几何不变量的研究被引入并应用到参数曲线、曲面的研究中,取得了重要的成果。隐式代数曲面的研究需要运用较深入的代数工具,由于古典的代数几何中构造性的结论很少,故缺乏研究这类问题的有效手段。近些年来,计算交换代数及计算代数几何有了突破性进展,其主要标志是 Groebner 基的提出及广泛应用,吴文俊[13]特征列方法的产生及其在几何定理证明中的成功应用,无异于给隐式代数曲面空间造型技术带来了希望,使得在这方面的研究开始活跃起来,目前隐式曲面造型的应用日益增多。

隐式曲面和参数曲面不同,二者在创建、修改、可视化方面具有不同的技术,并且具有不同的性质和应用领域。通过定义,隐式曲面能够包含一个非常大的曲面集合,在计算机图形中的广泛使用使隐式曲面造型的各种方法得以深入研究。在几何造型和计算机图形学中曲面的表达方式有两种,即参数表达方式和隐函数表达方式。一般情况下,参数表示方法将曲面定义成一个点集 $p(s,t)$,即 $p(s,t) = (x(s,t), y(s,t), z(s,t))$,用隐函数表示一个曲面是定义了一个函数的零值轮廓 $F(p) = F(x,y,z) = 0$。参数方法(如非均匀有理 B 样条等)有许多好的特性,如坐标系统的独立性、单值函数、控制顶点调整容易及能有效求出曲面上的点,因此被广泛地用于计算机图形学。然而隐函数在数学上容易处理,并且对于一些几何造型上的计算机操作特别有用,如融合、扫描、变形、求交、布尔操作及图像渲染等[14]。

近几年,在计算机辅助几何设计与计算机图形学领域中,隐式曲面 $f(x,y,z) = 0$ 得到了越来越多的重视[15],这是因为隐式曲面有许多参数曲面无法比拟的优越性。首先,隐式表示 $f(x,y,z) = 0$ 自然定义了一个封闭的几何形体,这有利于构造一些具有复杂形状的几何实体而无须考虑曲面之间的光滑拼接问题。其次,隐式表示能简单地判断空间的点是否在曲面上或内或外,因而易于解决点的分类问题以及物体间的碰撞检测问题。此外,利用隐式表示可以方便地构造所谓的过渡曲面或混合曲面,这在计算机动画中尤能发挥其优势。

应用隐式曲面构造复杂形体始于 Blinn[16] 及 Wyvill[17] 等的工作,他们提出一种称之为 Meta-Ball 的隐式曲面来构造诸如人体的器官、面部、云雾等较复杂的形体。Bloomenthal 等[18] 则提出了更一般形式的隐式曲面及所谓的卷积曲面来模拟更复杂的形体,此外,Kacic — Alesic 等则提出了用骨架的方法来构造易于变形的几何实体。

代数曲面作为一类特殊的隐式曲面,除了具有隐式曲面的大多数特性之外,其简单的多项式表示,使得它具有更直观的几何表示形式并使计算得到简化,从而更便于应用于实际造型中。

代数曲面最重要的应用之一是用于构造 Blending 曲面或过渡曲面,最早 Rossignac 和 Requicha[19] 提出用滚球法进行过渡曲面的设计。用这种方法得到的过渡曲面次数很高,表达式复杂,而且在滚球半径较大时会出现自交现象。Middleditch 和 Sears 用 Liming 技巧来过渡初始曲面,Rockwood 和 Owen 基于所谓的替代法构造过渡曲面。然而他们的方法得到的过渡曲面次数仍较高。Hoffmann 和 Hopcroft 提出的 Potential 方法,以及伍铁如应用 Groebner 基方法都得到了相对较低次数的过渡曲面。张三元[20] 用低次代数曲面作为三通管造型的过渡曲面,既能构造出非常光顺的过渡曲面,又能对过渡曲面的形状进行调整。

在计算机辅助几何设计与计算机图形学领域中,三次参数曲线一直在参数曲线中扮演着十分重要的角色,这主要是由于三次参数曲线是具有奇异性的次数最低的曲线,这些奇异性包括尖点、拐点和闭圈,所有的二次曲线都是平面曲线,而三次曲线却能表示挠率不为零的空间曲线,有许多文献[21,22] 讨论参数曲线的表示及性质,最近代数曲线曲面的研究也受到了国内外学者的广泛重视[23-27],特别是 Paluszny 等研究一种特殊的平面三次代数曲线及 A — spline 构造,并获得了较好的应用。事实上,所有的平面多项式或有理多项式参数曲线都可化为相同次数的代数曲线。因此,从理论上讲,代数曲线能保持参数曲线的所有性质,并比参数曲线有更多的自由度,与参数曲线相比,相同次数的代数曲线代表的曲线簇更加广泛,如三次代数曲线可以表示连续的简单闭曲线,而三次参数曲线及有理参数曲线则不能表示一条完整的闭曲线[28]。

4.2 模具形状的解析表达

4.2.1 解析曲面表达方法

对于二维问题,模具非规则的形状用曲线表达,为了构造出光滑的、能用统一表达式表达的曲线,即用高次解析曲线来描述模具的过渡曲线,首先确定构造该曲线的边界条件,然后构造曲线。通过改变边界直线方程、控制圆弧半径 r 和形状参数 λ 的值,得到不同形状的曲线。

1. 定义及定理

定义 1　设 $C_1:f(x,y)=0$,$C_2:g(x,y)=0$ 为两条给定的非退化的代数曲线,称之为源曲线。

定义 2　设 $C_3:h(x,y)=0$ 是一条与 C_1 和 C_2 都相交的代数曲线,称之为控制曲线。

定义 3　称如下形式的代数曲线 C 为给定的两源曲线 C_1 和 C_2 的过渡曲线,$C:F(x,y)=h^n(x,y)+\lambda f(x,y)g(x,y)=0$,其中 n 是一个大于 1 的整数,λ 是与 x,y 无关的任意实数。

定理 1　由定义 3 中表示的过渡曲线 C 与曲线 C_1 的交点和控制曲线 C_3 与曲线 C_1 的交点完全相同,曲线 C 与 C_2 的交点和曲线 C_3 与 C_2 的交点重合。

定理 2　当 $n>1$ 时,过渡曲线 C 与源曲线 C_1 在它们的交点上法线相同,过渡曲线 C 与源曲线 C_2 在它们的交点上的法线相同。

2. 构造步骤

(1) 给出边界直线方程。

$$C_1:f(x,y)=a_1x+b_1y+c_1=0 \tag{4.2.1}$$

$$C_2:g(x,y)=a_2x+b_2y+c_2=0 \tag{4.2.2}$$

(2) 选取控制曲线。

从光顺效果考虑,选取圆弧为控制曲线,其方程为

$$C_3:x^2+y^2+2mx+2ny+q=0 \tag{4.2.3}$$

控制圆弧半径为

$$r=\sqrt{m^2+n^2-q} \tag{4.2.4}$$

(3) 过渡曲线的方程。

为了使 F 的次数尽可能低,因为 $n>1$,故取 $n=3$,则有

$$\begin{aligned}C:F(x,y)=&(x^2+y^2+2mx+2ny+q)^3+\\&\lambda(a_1x+b_1y+c_1)(a_2x+b_2y+c_2)=0\end{aligned} \tag{4.2.5}$$

4.2.2　曲面解析表达方法的影响因素

1. 边界直线方程对曲线形状的影响

如取曲线端点坐标 $(-30,60)$,$(20,20)$,控制圆弧半径为 50 mm,将其

代入式(4.2.3)中,得到方程组

$$\begin{cases} 4\,500 - 60m + 120n + q = 0 \\ 800 + 40m + 40n + q = 0 \end{cases} \quad (4.2.6)$$

由此得到 m, n, q 三者的关系为

$$n = 1.25m - 46.25, \quad q = 1\,050 - 90m \quad (4.2.7)$$

由式(4.2.4)和式(4.2.7)得到方程组

$$\begin{cases} \sqrt{m^2 + n^2 - q} = 50 \\ n = 1.25m - 46.25 \\ q = 1\,050 - 90m \end{cases} \quad (4.2.8)$$

求解方程组(4.2.8),得到 $m = -19, n = -70, q = 2\,761$。

控制圆弧方程为

$$x^2 + y^2 - 38x - 140y + 2\,761 = 0 \quad (4.2.9)$$

选择边界两直线方程,由式(4.2.5)得到曲线表达式,边界直线方程不同,过渡曲线的形状也不同。

当边界两直线方程分别为 $x + 30 = 0, y - 20 = 0$ 时,曲线表达式为

$$(x^2 + y^2 - 38x - 140x + 2\,761)^3 + 50(x + 30)(y - 20) = 0$$

曲线形状如图 4.2.1(a) 所示。

当边界两直线方程分别为 $4x + y + 60 = 0, y - 20 = 0$ 时,曲线表达式为

$$(x^2 + y^2 - 38x - 140x + 2\,761)^3 + 50(4x + y + 60)(y - 20) = 0$$

曲线形状如图 4.2.1(b) 所示。

当边界两直线方程分别为 $16x + y + 420 = 0, y - 20 = 0$ 时,曲线表达式为

$$(x^2 + y^2 - 38x - 140x + 2\,761)^3 + 50(16x + y + 420)(y - 20) = 0$$

曲线形状如图 4.2.1(c) 所示。

当边界两直线方程分别为 $64x + y + 1\,860 = 0, y - 20 = 0$ 时,曲线表达式为

$$(x^2 + y^2 - 38x - 140x + 2\,761)^3 + 50(64x + y + 1\,860)(y - 20) = 0$$

曲线形状与控制圆弧的形状如图 4.2.1(d) 所示。

2. 控制圆弧半径对曲线形状的影响

控制圆弧方程、半径表达式分别由式(4.2.3)和(4.2.4)给出,过渡曲线端点坐标不变,为 $(-30,60)$,$(20,20)$,边界直线的方程分别为 $64x + y + 1\,860 = 0, y = 20$,取形状参数 $\lambda = 50$。当直线方程和形状参数 λ 不变时,控制圆弧半径取不同的值,就可以得到不同的过渡曲线。

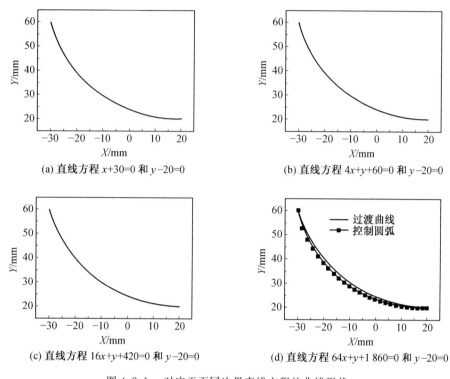

(a) 直线方程 $x+30=0$ 和 $y-20=0$　　　　(b) 直线方程 $4x+y+60=0$ 和 $y-20=0$

(c) 直线方程 $16x+y+420=0$ 和 $y-20=0$　　(d) 直线方程 $64x+y+1\ 860=0$ 和 $y-20=0$

图 4.2.1　对应于不同边界直线方程的曲线形状

当控制圆弧半径为 60 mm,可得到与式(4.2.8)相似的方程组,即

$$\begin{cases} \sqrt{m^2+n^2-q}=60 \\ n=1.25m-46.25 \\ q=1\ 050-90m \end{cases} \qquad (4.2.10)$$

求解方程组(4.2.10),得

$$m=-26.7, \quad n=-79.6, \quad q=3\ 449$$

控制圆弧方程为

$$x^2+y^2-53.4x-159.2y+3\ 449=0$$

曲线表达式为

$$(x^2+y^2-53.4x-159.2y+3\ 449)^3+50(64x+y+1\ 860)(y-20)=0$$

控制圆弧半径为 60 mm 时过渡曲线与控制圆弧的曲线形状如图 4.2.2(a) 所示。

当控制圆弧半径为 70 mm,可得到与式(4.2.8)相似的方程组:

$$\begin{cases} \sqrt{m^2 + n^2 - q} = 70 \\ n = 1.25m - 46.25 \\ q = 1\,050 - 90m \end{cases} \quad (4.2.11)$$

求解方程组(4.2.11),得

$$m = -33.9, \quad n = -88.6, \quad q = 4\,099.2$$

控制圆弧方程为

$$x^2 + y^2 - 67.8x - 177.2y + 4\,099.2 = 0$$

曲线表达式为

$$(x^2 + y^2 - 67.8x - 177.2x + 4\,099.2)^3 + 50(64x + y + 1\,860)(y - 20) = 0$$

控制圆弧半径为 70 mm 时过渡曲线与控制圆弧的曲线形状如图 4.2.2(b)所示。

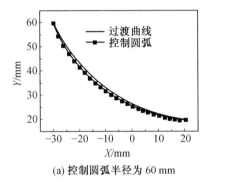 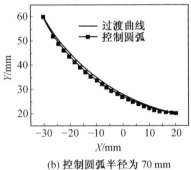

(a) 控制圆弧半径为 60 mm   (b) 控制圆弧半径为 70 mm

图 4.2.2   过渡曲线与控制圆弧的曲线形状

3. 形状参数对曲线形状的影响

不改变控制圆弧方程和边界直线方程,只通过调节形状参数 λ 就可以得到不同的曲线形状。

假设过渡曲线表达式为

$$(x^2 + y^2 - 67.8x - 177.2x + 4\,099.2)^3 + \lambda(64x + y + 1\,860)(y - 20) = 0$$

控制圆弧半径为 70 mm,曲线端点坐标仍为 $(-30,60)$,$(20,20)$,λ 取 $40,50,60,70$,曲线形状和相应的控制圆弧如图 4.2.3 所示。

4.2.3   曲面解析表达方法应用

轴对称盘形件锻造模具形状如图 4.2.4 所示,其中的 1,2,3,4 段为曲线形状,采用所讨论的曲面解析描述方法表示曲线形状。

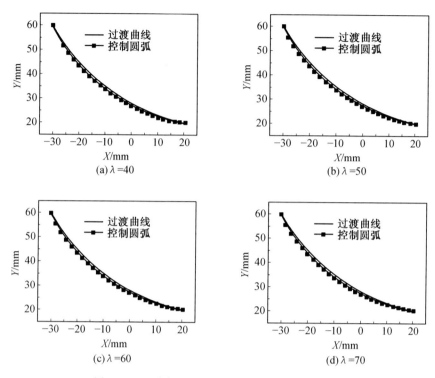

图 4.2.3　对应于不同形状参数 λ 时的曲线形状

对于曲线 1,边界直线方程分别为 $y=98,6x-y-314=0$,曲线端点坐标分别为 $(62,98),(70,106)$,控制圆弧表达式、控制圆弧半径表达式分别由式(4.2.3)和(4.2.4)给出,控制圆弧半径 $r=10$ mm。由式(4.2.3)得到方程组

$$\begin{cases} 124m+196n+q+13\,448=0 \\ 140m+212n+q+16\,136=0 \end{cases} \tag{4.2.12}$$

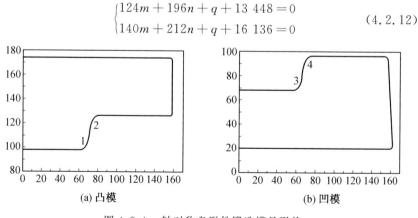

图 4.2.4　轴对称盘形件锻造模具形状

得到 m,n,q 三者的关系为

$$n = -m - 168, \quad q = 72m + 19\,480 \qquad (4.2.13)$$

由式(4.2.4)和式(4.2.13)得到方程组

$$\begin{cases} \sqrt{m^2 + n^2 - q} = 10 \\ n = -m - 168 \\ q = 72m + 19\,480 \end{cases} \qquad (4.2.14)$$

求解方程组(4.2.14),得

$$m = -57.876, \quad n = -110.124, \quad q = 15\,312.928$$

控制圆弧方程为

$$x^2 + y^2 - 115.752x - 220.248y + 15\,312.928 = 0$$

过渡曲线表达式为

$$(x^2 + y^2 - 115.752x - 220.248x + 15\,312.928)^3 +$$
$$\lambda(6x - y + 314)(y - 98) = 0$$

取 $\lambda = 1$,用牛顿迭代法求解过渡曲线方程,就可以得到曲线 1 的形状。

对于曲线 2,边界直线方程分别为 $y = 126$,$6x - y - 314 = 0$,曲线端点坐标分别为 $(72,118)$,$(80,126)$,控制圆弧表达式、控制圆弧半径表达式分别由式(4.2.3)和式(4.2.4)给出,控制圆弧半径 $r = 10$ mm。由式(4.2.3)得到方程组

$$\begin{cases} 144m + 236n + q + 19\,108 = 0 \\ 160m + 252n + q + 22\,276 = 0 \end{cases} \qquad (4.2.15)$$

得到 m,n,q 三者的关系为

$$n = -m - 198, \quad q = 92m + 27\,620 \qquad (4.2.16)$$

由式(4.2.4)和式(4.2.16)得到方程组

$$\begin{cases} \sqrt{m^2 + n^2 - q} = 10 \\ n = -m - 198 \\ q = 92m + 27620 \end{cases} \qquad (4.2.17)$$

求解方程组(4.2.17),得

$$m = -84.124, \quad n = -113.876, \quad q = 19\,880.592$$

控制圆弧方程为

$$x^2 + y^2 - 168.248x - 227.752y + 19\,880.592 = 0$$

过渡曲线表达式为

$$(x^2 + y^2 - 168.248x - 227.752x + 19\,880.592)^3 +$$

$$\lambda(6x - y + 314)(y - 126) = 0$$

取 $\lambda = 1$，用牛顿迭代法求解过渡曲线方程，就可以得到曲线 2 的形状。

对于曲线 3，边界直线方程分别为 $6x - y - 314 = 0$，$y = 68$，曲线端点坐标分别为 $(65,76)$，$(57,68)$，控制圆弧表达式、控制圆弧半径表达式分别由式(4.2.3)和式(4.2.4)给出，控制圆弧半径 $r = 10$ mm。由式(4.2.3)得到方程组

$$\begin{cases} 114m + 136n + q + 7\ 873 = 0 \\ 130m + 152n + q + 10\ 001 = 0 \end{cases} \tag{4.2.18}$$

得到 m, n, q 三者的关系为

$$n = -m - 133, \quad q = 22m + 10\ 215 \tag{4.2.19}$$

由式(4.2.4)和式(4.2.19)得到方程组

$$\begin{cases} \sqrt{m^2 + n^2 - q} = 10 \\ n = -m - 163 \\ q = 22m + 10\ 215 \end{cases} \tag{4.2.20}$$

求解方程组(4.2.20)，得

$$m = -55.17, \quad n = -77.83, \quad q = 9\ 001.26$$

控制圆弧方程为

$$x^2 + y^2 - 110.34x - 155.66y + 9\ 001.26 = 0$$

过渡曲线表达式为

$$(x^2 + y^2 - 110.34x - 155.66x + 9\ 001.26)^3 +$$
$$\lambda(6x - y + 314)(y - 68) = 0$$

取 $\lambda = 1$，用牛顿迭代法求解过渡曲线方程，就可以得到曲线 3 的形状。

对于曲线 4，边界直线方程分别为 $y = 96$，$6x - y - 314 = 0$，曲线端点坐标分别为 $(75,96)$，$(67,88)$，控制圆弧表达式、控制圆弧半径表达式分别由式(4.2.3)和式(4.2.4)给出，控制圆弧半径 $r = 10$ mm。由式(4.2.3)得到方程组

$$\begin{cases} 150m + 192n + q + 14\ 841 = 0 \\ 134m + 176n + q + 12\ 233 = 0 \end{cases} \tag{4.2.21}$$

得到 m, n, q 三者的关系为

$$n = -m - 163, \quad q = 42m + 16\ 455 \tag{4.2.22}$$

由式(4.2.4)和式(4.2.22)得到方程组

$$\begin{cases} \sqrt{m^2 + n^2 - q} = 10 \\ n = -m - 163 \\ q = 42m + 16\ 455 \end{cases} \quad (4.2.23)$$

求解方程组(4.2.23),得

$$m = -76.83, \quad n = -86.17, \quad q = 13\ 228.14$$

控制圆弧方程为

$$x^2 + y^2 - 153.66x - 172.34y + 13\ 228.14 = 0$$

过渡曲线表达式为

$$(x^2 + y^2 - 153.66x - 172.34x + 13\ 228.14)^3 +$$
$$\lambda(6x - y + 314)(y - 96) = 0$$

取 $\lambda = 1$,用牛顿迭代法求解过渡曲线方程,就可以得到曲线 4 的形状。

高次解析曲线方法可以构造出呈一定角度的任意两条边界直线的曲线,边界直线方程、控制圆弧半径和形状参数 λ 对过渡曲线形状都有影响。可以在控制圆弧半径和边界直线方程不变时,通过控制形状参数 λ 得到不同的曲线形状,这一优点适合于模具曲线形状的优化。采用提出的高次解析曲线方法对实际锻造模具曲线进行了表达,结合简单的直线形状表达式,可以完全实现对较为复杂形状的模具的解析表达。

4.3　基于模具形状解析表达的接触判断方法

4.3.1　接触判断的原理

在金属塑性变形有限元分析中,通常将模具看作是刚性的,变形过程中坯料节点不应该进入到模具内部,一旦发现坯料节点进入模具,应立刻将节点沿模具法线调整到模具表面上,接触判断的功能就是来实现这个过程。

接触判断只需对坯料的边界节点进行判断,边界节点分为自由边界节点和约束边界节点。自由边界节点是未与模具接触的节点,约束边界节点是已经与模具接触的节点。

1. 自由边界节点的接触判断

模具的形状为直线,如图 4.3.1 所示,$y = kx + b(k \neq 0)$ 是直线的表达式,其中,n,t 分别是直线的法向和切向;(x_0, y_0) 是节点 i 的坐标,节点 i 与模具接触;(x_0, y_0) 为调整以后节点 i 的坐标。接触处理过程如下:

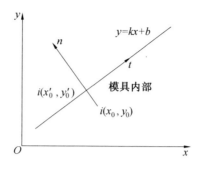

图 4.3.1　模具的形状为直线

（1）判断节点是否接触模具。若满足 $y_0 \leqslant kx_0 + b$，则认为节点与模具接触。

（2）修正接触节点位置。即将节点 $i(x_0, y_0)$ 沿 n 方向修正到 $y = f(x)$ 上。其步骤如下：先求出过 (x_0, y_0) 的 $y = kx + b(k \neq 0)$ 的法线方程 $y = -\dfrac{1}{k}x + (y_0 + \dfrac{1}{k}x_0)$，再通过方程组 $\begin{cases} y = kx + b \\ y = -\dfrac{1}{k}x + (y_0 + \dfrac{1}{k}x_0) \end{cases}$ 求出 $y = kx + b$ 与 $y = -\dfrac{1}{k}x + (y_0 + \dfrac{1}{k}x_0)$ 的交点 (x'_0, y'_0)，则 (x'_0, y'_0) 即为修正以后的节点位置。

（3）在新的节点位置建立局部坐标系，并施加约束。

模具的形状为高次解析曲线，如图 4.3.2 所示。图中，$f(x, y) = 0$ 是一个高次解析曲线表达式；n, t 分别是 (x_0, y_0) 处曲线的法向和切向；(x_0, y_0) 是节点 i 的坐标，节点 i 与模具接触；(x'_0, y'_0) 为调整以后节点 i 的坐标。接触处理过程如下：

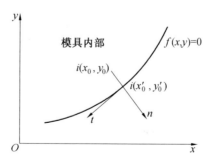

图 4.3.2　模具的形状为高次解析曲线

①判断节点是否接触模具。将节点 $i(x_0, y_0)$ 的横坐标 x_0 代入模具高

次解析曲线方程 $f(x,y)=0$ 中,得到方程 $f(x_0,y)=0$,用牛顿迭代求解此方程,计算出高次解析曲线 $f(x,y)=0$ 上相应于 x_0 的 y 值,如果 $y_0-y\geqslant0$,则节点 i 接触模具;反之,不接触。

② 修正接触节点位置。即将节点 $i(x_0,y_0)$ 沿 n 方向修正到高次解析曲线 $f(x,y)=0$ 上。其步骤如下:先求出过 (x_0,y_0) 的高次解析曲线 $f(x,y)=0$ 的法线,再用牛顿迭代求出法线与高次解析曲线 $f(x,y)=0$ 的交点 (x'_0,y'_0),则 (x'_0,y'_0) 即为修正以后的节点位置。

③ 在新的节点位置建立局部坐标系,并施加约束。

2. 约束边界节点的判断

对于约束边界节点,在增量步迭代结束以后,需要对节点力进行校验。其步骤如下:利用转换矩阵求出局部坐标系下的法向力,如果法向力大于零,则去掉约束,使之成为自由边界节点;反之,仍为约束边界节点。但由于在增量步中只能沿着模具表面切线方向运动,因此在载荷步结束时,实际上已经沿模具切线方向离开了模具表面。这与实际不符,因此在增量步结束时需要修正这些节点的位置,并在新的位置上建立局部坐标系,施加约束,其位置修正方法与自由边界节点相同。

4.3.2 程序结构

在已有有限元分析程序中增加初始接触判断和接触处理两个模块,程序是采用 FORTRAN 语言在 FORTRAN 90 POWERSTATION 平台上实现的。此程序采用模块化结构,便于程序的进一步完善和研究。图 4.3.3 为包括初始接触判断和接触处理模块后的总程序流程。

1. 初始接触判断

初始接触判断的作用是在构造有限元模型时,判断节点和模具的关系(分离或接触)。初始接触判断模块流程如图 4.3.4 所示。其判断步骤如下:

(1) 搜索到一个边界节点,将其坐标 (x_0,y_0) 中的 x_0 代入模具高次解析曲线 $f(x,y)=0$ 中。

(2) 因为高次解析曲线 $f(x,y)=0$ 是六次曲线,需要用牛顿迭代求解 $f(x_0,y)=0$。

(3) 比较求得的 y 和 y_0 的大小,若 $y>y_0$,则节点与模具分离;反之,则接触。

(4) 判断此时节点数是否超过规定的节点总数,若超过,初始接触判断结束;反之,回到步骤(1)继续判断。

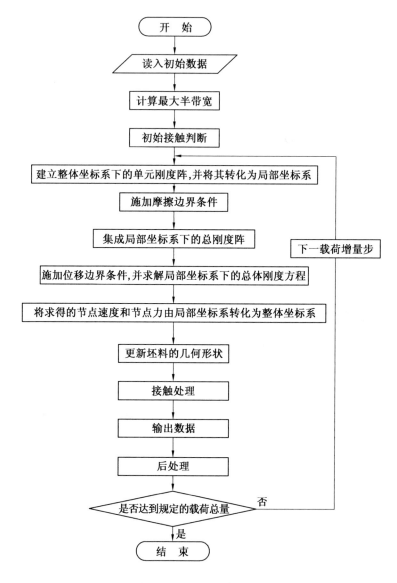

图 4.3.3　总程序流程

2. 接触处理模块

在每一载荷增量步中,迭代结束后都需要对其进行接触判断,如果发现坯料节点进入模具,便将节点沿模具法向调整到模具表面上。接触处理模块流程如图 4.3.5 所示,主要分为 3 个部分,即自由边界节点接触判断、约束边界节点脱离判断及修正接触节点的位置。

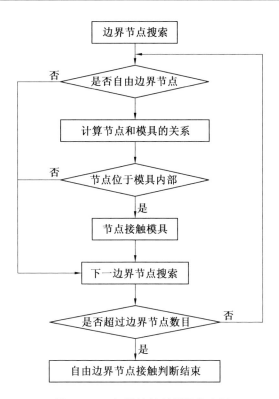

图 4.3.4　初始接触判断模块流程

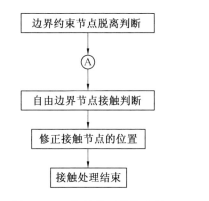

图 4.3.5　接触处理模块流程

3. 自由边界节点接触判断

自由边界节点接触判断模块流程如图 4.3.6 所示。计算节点和模具的关系模块流程如图 4.3.7 所示。其判断步骤如下：

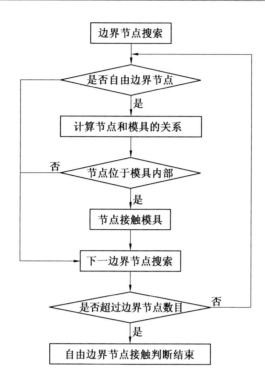

图 4.3.6 自由边界节点接触判断模块流程

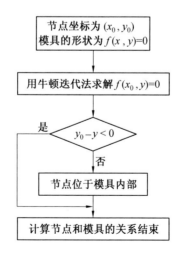

图 4.3.7 计算节点和模具的关系模块流程

（1）搜索到一个边界节点，看它是否是自由边界节点，如果是自由边界节点，则继续进行操作；反之，执行步骤（4）。

（2）将节点坐标(x_0,y_0)中的x_0代入模具高次解析曲线方程$f(x,y)=0$，用牛顿法求解方程$f(x_0,y)=0$。

（3）将求得的y值与y_0进行比较，若$y-y_0\leqslant0$，则节点接触模具，并对节点施加约束；反之，执行步骤（4）。

（4）判断节点数是否超过规定边界节点总数，若超过，则自由边界节点判断结束；反之，继续搜索下一个边界节点，返回步骤（1）继续进行操作。

4. 约束边界节点脱离判断

约束边界节点脱离判断模块流程如图4.3.8所示。其判断步骤如下：

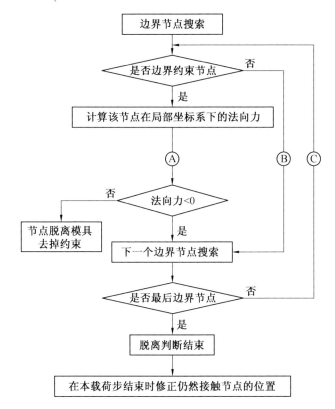

图4.3.8　约束边界节点脱离判断模块流程

（1）搜索到一个边界节点，看它是否是约束边界节点，如果是约束边界节点，则继续进行操作；反之，执行步骤（3）。

（2）计算该约束边界节点在局部坐标系下的法向力,若法向力小于 0,在此增量步中仍为约束边界节点;反之,则节点脱离模具,应解除约束。

（3）判断节点数是否超过规定边界节点总数,若超过,则脱离判断结束;反之,继续搜索下一个边界节点,返回到步骤(1)继续判断。

（4）对所有仍处于接触中的约束边界节点,由于其在增量步结束时,已经沿模具切向运动而离开模具表面,因此需要对其位置进行修正,即将其沿法线方向调整到模具表面上来。

5.修正接触节点的位置

修正接触节点位置模块流程如图 4.3.9 所示,节点沿法线调整到模具上模块流程如图 4.3.10 所示。其修正步骤如下:

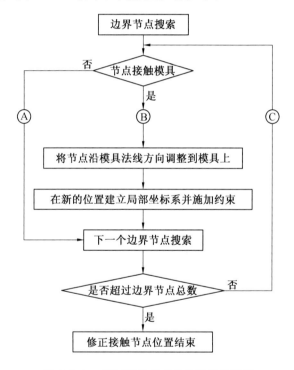

图 4.3.9　修正接触节点的位置模块流程

（1）搜索边界节点,看节点是否接触模具,如果接触,则继续操作;反之,执行步骤(4)。

（2）已知模具高次解析曲线方程 $f(x,y)=0$,求出过点 (x_0,y_0) 的模具法线方程。

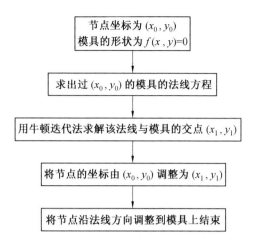

图 4.3.10 节点沿法线调整到模具上模块流程

（3）用牛顿法求出(2)中的法线方程与高次解析曲线方程 $f(x,y)=0$ 的交点(x_1,y_1)，并将接触节点坐标调整为(x_1,y_1)。

（4）判断节点数是否超过规定边界节点总数，若超过，则将节点沿法线方向调整到模具上结束；反之，继续搜索下一个边界节点，返回(1)继续进行操作。

4.4 圆柱体曲面凸模压缩过程有限元分析

4.4.1 有限元分析模型

利用本章提出的模具形状解析表达方法和相应的接触处理方法的有限元分析程序，对采用不同形状曲面凸模的圆柱体压缩过程进行分析，并与商业软件 DEFORM-2D 的计算结果进行比较，验证提出的模具形状解析表达方法和相应的接触处理方法的有效性。

圆柱体曲面凸模压缩过程有限元分析模型如图 4.4.1 所示，坯料为圆柱体，直径 $D=40$ mm，高 $H=10$ mm，坯料网格为四边形单元，单元数为 512，节点数为 561。曲面凸模形状采用解析表达方法。模拟参数见表 4.4.1。

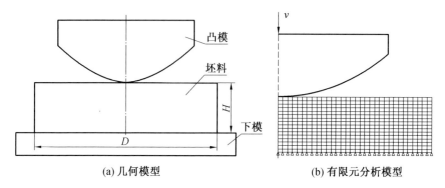

(a) 几何模型　　　　　　　　　(b) 有限元分析模型

图 4.4.1　圆柱体曲面凸模压缩过程有限元分析模型

表 4.4.1　模拟参数

时间步长	本构关系	摩擦因子	坯料速度
0.01 s	$\bar{\sigma} = 10\,\dot{\bar{\varepsilon}}^{0.1}$	0.5	1 mm/s

4.4.2　曲面凸模形状解析表达

曲面凸模形状参数见表 4.4.2,经计算可得 4 种模具形状解析表达式。

形状 1:$(x^2 + y^2 + 10x - 77.5y + 675)^3 + 0.005(y - 10)(x - 15) = 0$

形状 2:$(x^2 + y^2 + 10x - 77.5y + 675)^3 + 0.05(y - 10)(x - 15) = 0$

形状 3:$(x^2 + y^2 + 10x - 77.5y + 675)^3 + 0.005(y - 10)(y - 2x - 2.5) = 0$

形状 4:$(x^2 + y^2 + 10x - 77.5y + 675)^3 + 0.05(y - 10)(y - 2x - 2.5) = 0$

表 4.4.2　曲面凸模形状参数

形状	曲线端点坐标 /mm	控制圆弧半径 /mm	边界直线方程	参数 λ
1	(0,10) (15,17.5)	29.18	$y - 10 = 0, x - 15 = 0$	0.005
2				0.05
3			$y - 10 = 0, 2x - y + 2.5 = 0$	0.005
4				0.05

不同曲面凸模曲线部分形状如图 4.4.2 所示。

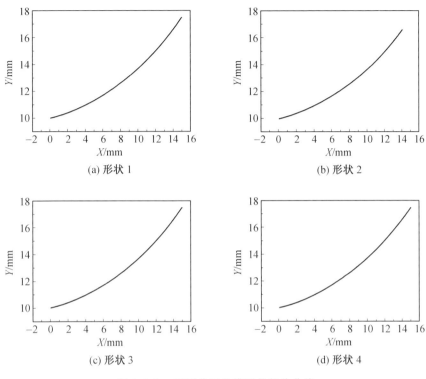

(a) 形状 1　　　　　　　　　　　　(b) 形状 2

(c) 形状 3　　　　　　　　　　　　(d) 形状 4

图 4.4.2　不同曲面凸模形状部分曲线

4.4.3　计算结果分析

1. 曲面凸模形状 1

对于曲面凸模形状 1,曲面凸模行程分别为 2 mm 和 8 mm 时,本书程序和 DEFORM 软件计算得到的网格形状、等效应变分布和等效应力分布分别如图 4.4.3 和 4.4.4 所示,二者计算的等效应力分布和等效应变分布基本一致。等效应变和等效应力分布及其变化分别如图 4.4.5 和图 4.4.6 所示。

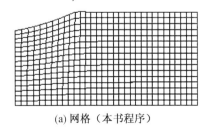

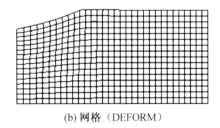

(a) 网格（本书程序）　　　　　　　　　(b) 网格（DEFORM）

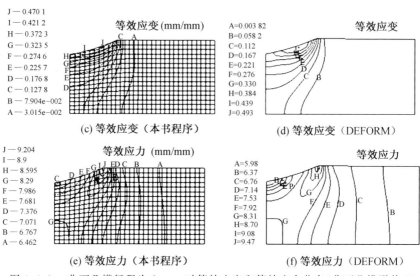

J — 0.470 1
I — 0.421 2
H — 0.372 3
G — 0.323 5
F — 0.274 6
E — 0.225 7
D — 0.176 8
C — 0.127 8
B — 7.904e-002
A — 3.015e-002

等效应变 (mm/mm)

(c) 等效应变（本书程序）

A=0.003 82
B=0.058 2
C=0.112
D=0.167
E=0.221
F=0.276
G=0.330
H=0.384
I=0.439
J=0.493

等效应变

(d) 等效应变（DEFORM）

J — 9.204
I — 8.9
H — 8.595
G — 8.29
F — 7.986
E — 7.681
D — 7.376
C — 7.071
B — 6.767
A — 6.462

等效应力 (mm/mm)

(e) 等效应力（本书程序）

A=5.98
B=6.37
C=6.76
D=7.14
E=7.53
F=7.92
G=8.31
H=8.70
I=9.08
J=9.47

等效应力

(f) 等效应力（DEFORM）

图 4.4.3　曲面凸模行程为 2 mm 时等效应变和等效应力分布（曲面凸模形状 1）

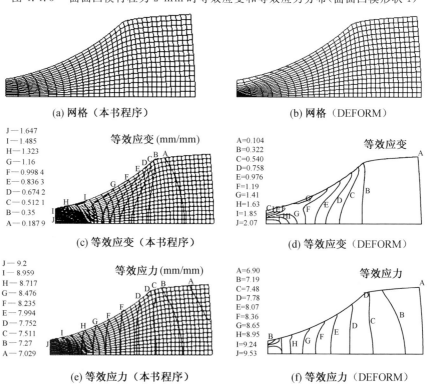

(a) 网格（本书程序）

(b) 网格（DEFORM）

J — 1.647
I — 1.485
H — 1.323
G — 1.16
F — 0.998 4
E — 0.836 3
D — 0.674 2
C — 0.512 1
B — 0.35
A — 0.187 9

等效应变 (mm/mm)

(c) 等效应变（本书程序）

A=0.104
B=0.322
C=0.540
D=0.758
E=0.976
F=1.19
G=1.41
H=1.63
I=1.85
J=2.07

等效应变

(d) 等效应变（DEFORM）

J — 9.2
I — 8.959
H — 8.717
G — 8.476
F — 8.235
E — 7.994
D — 7.752
C — 7.511
B — 7.27
A — 7.029

等效应力 (mm/mm)

(e) 等效应力（本书程序）

A=6.90
B=7.19
C=7.48
D=7.78
E=8.07
F=8.36
G=8.65
H=8.95
I=9.24
J=9.53

等效应力

(f) 等效应力（DEFORM）

图 4.4.4　曲面凸模行程为 8 mm 时等效应变和等效应力分布（曲面凸模形状 1）

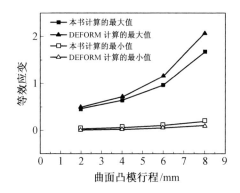

图 4.4.5　等效应变随曲面凸模行程的变化(曲面凸模形状 1)

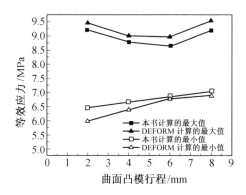

图 4.4.6　等效应力随曲面凸模行程的变化(曲面凸模形状 1)

有限元分析模型和模具的形状不变,坯料仍为轴对称的圆柱体,尺寸不变,模拟参数不变。初始坯料不再是均匀的四边形网格,单元数为 232,节点数为 263,计算模型初始网格形状如图 4.4.7 所示。

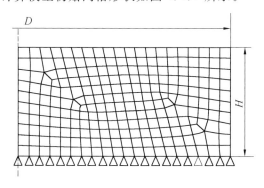

图 4.4.7　计算模型初始网格形状

曲面凸模行程为 4 mm 时的网格形状如图 4.4.8 所示,并于此时对坯料网格进行重划,重划后单元数为 326,节点数为 363。曲面凸模行程为 5 mm 时的网格形状如图 4.4.9 所示。

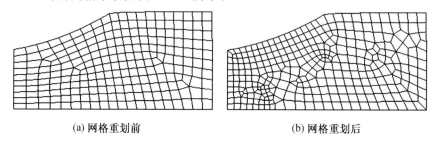

(a) 网格重划前   (b) 网格重划后

图 4.4.8 曲面凸模行程为 4 mm 时的网格形状(曲面凸横形状 2)

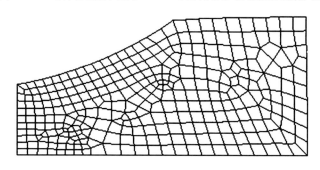

图 4.4.9 曲面凸模行程为 5 mm 时的网格形状(曲面凸横形状 2)

2. 曲面凸模形状 2

对于曲面凸模形状 2,曲面凸模行程分别为 2 mm 和 8 mm 时,本书程序和 DEFORM 软件计算得到的网格形状、等效应变分布和等效应力分布分别如图 4.4.10 和 4.4.11 所示,二者的等效应力分布和等效应变分布基本一致。等效应变和等效应力随曲面凸模行程的变化分别如图 4.4.12 和图 4.4.13 所示。

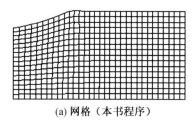 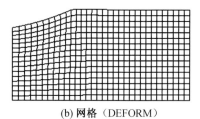

(a) 网格(本书程序)   (b) 网格(DEFORM)

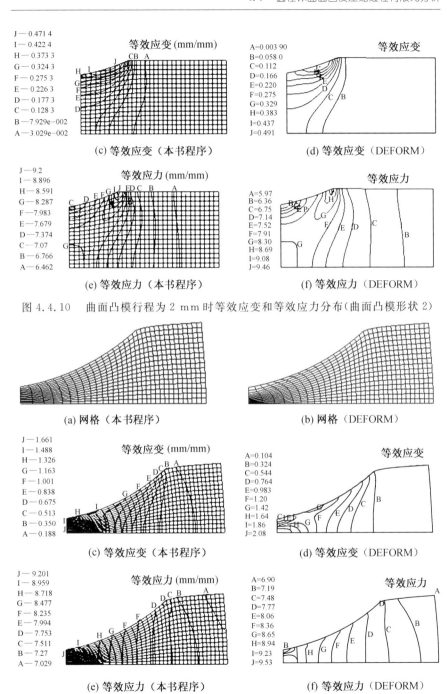

图 4.4.10　曲面凸模行程为 2 mm 时等效应变和等效应力分布（曲面凸模形状 2）

图 4.4.11　曲面凸模行程为 8 mm 时等效应变和等效应力分布（曲面凸模形状 2）

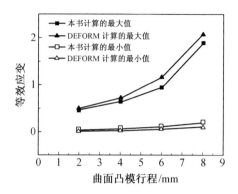

图 4.4.12　等效应变随曲面凸模具行程的变化（曲线凸模形状 2）

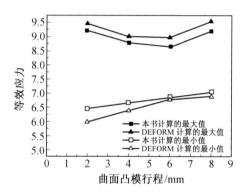

图 4.4.13　等效应力随曲面凸模行程的变化（曲线凸模形状 2）

3. 曲面凸模形状 3

对于曲面凸模形状 3，曲面凸模行程分别为 2 mm 和 8 mm 时，本文程序和 DEFORM 软件计算得到的网格形状、等效应变分布和等效应力分布分别如图 4.4.14 和 4.4.15 所示，二者的等效应力分布和等效应变分布基本一致。等效应变和等效应力随曲面凸模行程的变化分别如图 4.4.16 和 4.4.17 所示。

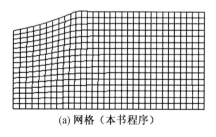

(a) 网格（本书程序）

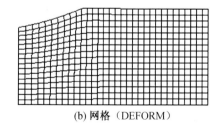

(b) 网格（DEFORM）

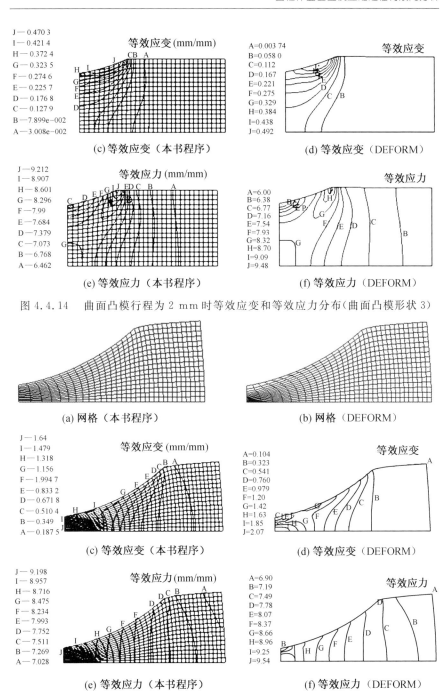

J — 0.470 3
I — 0.421 4
H — 0.372 4
G — 0.323 5
F — 0.274 6
E — 0.225 7
D — 0.176 8
C — 0.127 9
B — 7.899e-002
A — 3.008e-002

等效应变 (mm/mm)

(c) 等效应变（本书程序）

A=0.003 74
B=0.058 0
C=0.112
D=0.167
E=0.221
F=0.275
G=0.329
H=0.384
I=0.438
J=0.492

等效应变

(d) 等效应变（DEFORM）

J — 9.212
I — 8.907
H — 8.601
G — 8.296
F — 7.99
E — 7.684
D — 7.379
C — 7.073
B — 6.768
A — 6.462

等效应力 (mm/mm)

(e) 等效应力（本书程序）

A=6.00
B=6.38
C=6.77
D=7.16
E=7.54
F=7.93
G=8.32
H=8.70
I=9.09
J=9.48

等效应力

(f) 等效应力（DEFORM）

图 4.4.14　曲面凸模行程为 2 mm 时等效应变和等效应力分布（曲面凸模形状 3）

(a) 网格（本书程序）

(b) 网格（DEFORM）

J — 1.64
I — 1.479
H — 1.318
G — 1.156
F — 1.994 7
E — 0.833 2
D — 0.671 8
C — 0.510 4
B — 0.349
A — 0.187 5

等效应变 (mm/mm)

(c) 等效应变（本书程序）

A=0.104
B=0.323
C=0.541
D=0.760
E=0.979
F=1.20
G=1.42
H=1.63
I=1.85
J=2.07

等效应变

(d) 等效应变（DEFORM）

J — 9.198
I — 8.957
H — 8.716
G — 8.475
F — 8.234
E — 7.993
D — 7.752
C — 7.511
B — 7.269
A — 7.028

等效应力 (mm/mm)

(e) 等效应力（本书程序）

A=6.90
B=7.19
C=7.49
D=7.78
E=8.07
F=8.37
G=8.66
H=8.96
I=9.25
J=9.54

等效应力

(f) 等效应力（DEFORM）

图 4.4.15　曲面凸模行程为 8 mm 时等效应变和等效应力分布（曲面凸模形状 3）

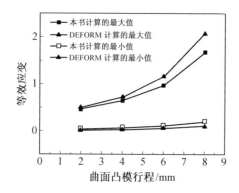

图 4.4.16　等效应变随曲面凸模行程的变化(曲面凸模形状 3)

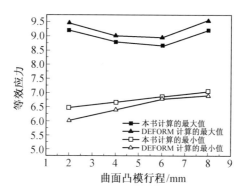

图 4.4.17　等效应力随曲面凸模行程的变化(曲面凸模形状 3)

4. 曲面凸模形状 4

对于曲面凸模形状 4,曲面凸模行程分别为 2 mm 和 8 mm 时,本文程序和 DEFORM 软件计算得到的网格形状、等效应变分布和等效应力分布分别如图 4.4.18 和图 4.4.19 所示,二者的等效应力分布和等效应变分布基本一致。等效应变和等效应力随曲面凸模行程的变化分别如图 4.4.20 和图 4.4.21 所示。

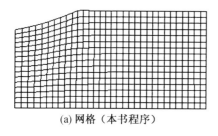

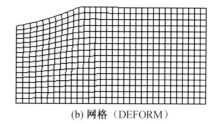

(a) 网格（本书程序）　　　　　　　　　(b) 网格（DEFORM）

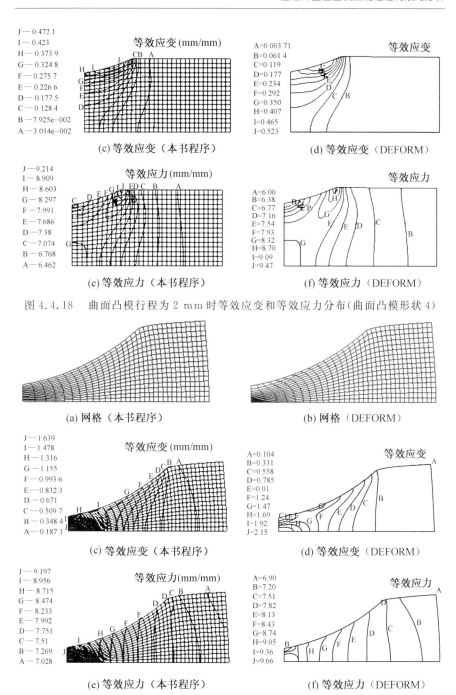

图 4.4.18 曲面凸模行程为 2 mm 时等效应变和等效应力分布（曲面凸模形状 4）

图 4.4.19 曲面凸模行程为 8 mm 时等效应变和等效应力分布（曲面凸模形状 4）

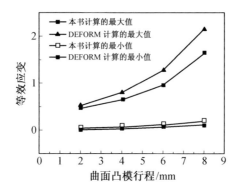

图 4.4.20　等效应变随曲面凸模行程的变化(曲面凸模形状 4)

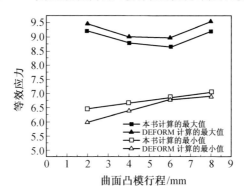

图 4.4.21　等效应力随曲面凸模行程的变化(曲面凸模形状 4)

　　通过对圆柱体压缩过程有限元分析,坯料网格发生重划的情况下,模具形状解析表达方法和相应的接触处理方法也是适用的。

　　高次曲线解析方程表达式受边界直线方程、控制圆弧半径 r 和形状参数 λ 的影响,可以通过调节参数的值得到理想和光滑的不同形状的曲线。在控制圆弧半径和边界直线方程不变时,通过控制参数 λ 得到不同的曲线形状,这一优点适合于模具曲线形状的优化。高次解析曲线方法结合简单的直线形状表达式,可以完全实现对较为复杂形状的模具的解析表达。基于模具形状高次曲线解析方程表达的有限元分析接触判断算法,对于自由边界节点和约束边界节点与高次曲线解析方程表达的模具形状的接触、脱离情况的判别,可以采用解析方法求解,其算法简单,但是由于高次曲线解析方程需要采用迭代求解方法,接触、脱离的判别的精度受迭代求解方法影响。

4.5　空间曲面的几何描述及动态边界条件处理

4.5.1　空间曲面的三次 B 样条描述

采用控制顶点控制的 B 样条曲线、曲面,具有直观的几何特性、形状易于控制等优点,在曲线和曲面的构造及设计中获得了广泛的应用,B 样条方法已经成为模具型腔曲面几何描述的主流方法。

1. 三次均匀 B 样条基本理论

设给定 $n+1$ 个空间有序位置点 $V_i(i=0,1,\cdots,n)$,依次用直线段连接这些点形成一个开多边形,称其为控制多边形(如图 4.5.1 所示),点 $V_i(i=0,1,\cdots,n)$ 称为此控制多边的顶点,简称为控制顶点。

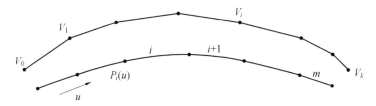

图 4.5.1　B 样条曲线及其控制多边形

顺次把相邻的 $(k+1)(k\leqslant n)$ 个控制顶点 $V_i,V_{i+1},\cdots,V_{i+k}(i=0,1,\cdots,m-1;m=n-k+1)$ 作为一组,做线性组合,即

$$P_i(u)=\sum_{j=0}^{k}N_{j,k}(u)V_{i+j} \quad (0\leqslant u\leqslant 1;i=0,1,\cdots,m-1)$$

$$(4.5.1)$$

式中　　$N_{j,k}(u)$——k 次规范 B 样条基函数,其中每个称为规范 B 样条,其递推定义为

$$\begin{cases} N_{j,0}=1 \quad (u_j\leqslant u\leqslant u_{j+1}) \\ N_{j,0}=0 \quad (其他) \\ N_{j,k}(u)=\dfrac{u-u_j}{u_{j+k}-u_j}N_{j,k-1}(u)+\dfrac{u_{j+k+1}-u}{u_{j+k+1}-u_{j+1}}N_{j+1,k-1}(u) \\ 规定\dfrac{0}{0}=0 \end{cases} \quad (4.5.2)$$

$N_{j,k}(u)$ 中的 j 为序号,k 为次数。对于固定的 i,式(4.5.1)为一段 k 次曲线。这样总共有 m 段曲线依次首尾相连,且在连接点处为 C^{k-1} 阶连续,

称这 m 段曲线连成的整根曲线为 k 次均匀 B 样条曲线。当 $k=3$ 时为三次均匀 B 样条曲线,三次均匀 B 样条曲线具有 C^2 阶连续性,其方程为

$$P_i(u) = \sum_{j=0}^{3} N_{j,3}(u) V_{i+j} \quad (0 \leqslant u \leqslant 1; i=0,1,\cdots,n-3) \quad (4.5.3)$$

用矩阵形式可表示为

$$\boldsymbol{P}_i(u) = \boldsymbol{UBV} \quad (4.5.4)$$

式中

$$\boldsymbol{U} = \begin{bmatrix} 1 & u & u^2 & u^3 \end{bmatrix}$$
$$\boldsymbol{V} = \begin{bmatrix} V_i & V_{i+1} & V_{i+2} & V_{i+3} \end{bmatrix}$$
$$\boldsymbol{B} = \frac{1}{6} \begin{bmatrix} 1 & 4 & 1 & 0 \\ -3 & 0 & 3 & 0 \\ 3 & -6 & 3 & 0 \\ -1 & 3 & -3 & 1 \end{bmatrix} \quad (4.5.5)$$

2. 双三次均匀 B 样条曲面

可以在三次均匀 B 样条曲线的基础上构造双三次均匀 B 样条曲面。设给定空间中的 16 个位置点 $V_{i,j}(i,j=1,2,3,4)$,并按顺序排成一个四阶方阵 $\boldsymbol{V}$ 为

$$\boldsymbol{V} = \begin{bmatrix} V_{1,1} & V_{1,2} & V_{1,3} & V_{1,4} \\ V_{2,1} & V_{2,2} & V_{2,3} & V_{2,4} \\ V_{3,1} & V_{3,2} & V_{3,3} & V_{3,4} \\ V_{4,1} & V_{4,2} & V_{4,3} & V_{4,4} \end{bmatrix} \quad (4.5.6)$$

把四阶方阵中的每列看作是一个特征多边形的 4 个顶点,按式 (4.5.3) 可以构造四条三次均匀 B 样条曲线

$$\begin{bmatrix} P_1(u) & P_2(u) & P_3(u) & P_4(u) \end{bmatrix} =$$

$$\begin{bmatrix} N_{0,3}(u) & N_{1,3}(u) & N_{2,3}(u) & N_{3,3u} \end{bmatrix} \begin{bmatrix} V_{1,j} \\ V_{2,j} \\ V_{3,j} \\ V_{4,j} \end{bmatrix} \quad (4.5.7)$$

当参数 u,w 在区间 $[0,l]$ 上相互独立地变化时,式 (4.5.7) 即为一双三次均匀 B 样条曲面片的方程,用矩阵形式可表示为

$$P(u,w) = \boldsymbol{UBVB}^{\mathrm{T}} \boldsymbol{W}^{\mathrm{T}} \quad (4.5.8)$$

式中　$\boldsymbol{W} = \begin{bmatrix} 1 & w & w^2 & w^3 \end{bmatrix}$;

　　　$\boldsymbol{V}$——B 样条曲面片的控制网格阵;

$V_{i,j}(i,j=1,2,3,4)$——控制网格顶点,简称控制顶点。

双三次均匀 B 样条曲面片由这 16 个控制顶点唯一确定,双三次均匀 B 样条曲面及其控制网格如图 4.5.2 所示。

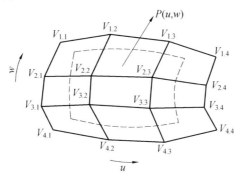

图 4.5.2 双三次均匀 B 样条曲面及其控制网格

实际空间曲面由若干个曲面片连接而成,称为曲面块。设在三维空间内给定 $(n+1)\times(m+1)$ 个位置点,它们排成一个 $(n+1)\times(m+1)$ 阶矩阵 $V_{i,j}(i=0,1,\cdots,n;j=0,1,\cdots,m)$,即

$$\begin{bmatrix} V_{0,0} & V_{0,1} & V_{0,2} & \cdots & V_{0,m} \\ V_{1,0} & V_{1,1} & V_{1,2} & \cdots & V_{1,m} \\ \vdots & \vdots & \vdots & & \vdots \\ V_{n,0} & V_{n,1} & V_{n,2} & \cdots & V_{n,m} \end{bmatrix} \tag{4.5.9}$$

构成一控制网格,相应的双三次 B 样条曲面方程为

$$\boldsymbol{P}(u,w)=P_{i,j}(u,w)=\boldsymbol{UBVB}^{\mathrm{T}}\boldsymbol{W}^{\mathrm{T}}$$
$$(0\leqslant u,w\leqslant 1;i=0,1,\cdots,n-3;j=0,1,\cdots,m-3)$$
$$\tag{4.5.10}$$

它由 $(n-2)\times(m-2)$ 个双三次 B 样条曲面片连接而成,每两个相邻面片之间都具有 C^2 阶连续性。

对确定的双三次 B 样条曲面,其法矢量 N 可由对参数 u 和 w 的偏导矢确定,即

$$\frac{\partial \boldsymbol{P}(u,w)}{\partial u}=\boldsymbol{U}\cdot\boldsymbol{BVB}^{\mathrm{T}}\boldsymbol{W}^{\mathrm{T}} \tag{4.5.11}$$

$$\frac{\partial \boldsymbol{P}(u,w)}{\partial w}=\boldsymbol{UBVB}^{\mathrm{T}}\boldsymbol{W}^{\mathrm{T}} \tag{4.5.12}$$

$$\boldsymbol{N}=\frac{\partial \boldsymbol{P}(u,w)}{\partial u}\times\frac{\partial \boldsymbol{P}(u,w)}{\partial w} \tag{4.5.13}$$

实际构造曲线曲面时,一般有两种情况:一是已知控制顶点构造曲线

曲面,称其为正算过程;另一种是已知曲线或曲面上的点(型值点)构造曲线或曲面,称其为反算过程。

3. 双三次 B 样条曲面控制网格顶点的反算

在工程实践中,往往已知曲面上的一些型值点。因此,必须首先根据型值点来反算出 B 样条曲面控制网格的顶点,然后根据这些控制顶点来构造 B 样条曲面。可采用双向 B 样条曲线反算法来求得双三次 B 样条曲面的控制顶点列 $V_{i,j}(i=0,1,\cdots,n;j=0,1,\cdots,m)$。其步骤如下:

首先对 u 向的 $n+l$ 组型值点,按三次 B 样条曲线的反算方法,得到各条插值曲线的特征多边形顶点 $P_{i,j}(i=0,1,\cdots,n;j=0,1,\cdots,m)$。然后,将 $P_{i,j}$ 看作 w 方向上的 $m+l$ 组型值点列,再按三次 B 样条曲线的反算法得到双三次 B 样条曲面的特征网格顶点 $V_{i,j}(i=0,1,\cdots,n;j=0,1,\cdots,m)$。

对双三次 B 样条曲面,在反算过程中要在每条曲线上增加两个边界条件,主要有切矢边界条件和自由端点边界条件两种。

4.5.2　空间曲面的 B 样条描述实例

基于上述讨论编制了空间曲面的双三次 B 样条描述程序,该程序可以实现复杂工件及其模具型腔曲面的几何描述,可以自动生成模具型腔曲面的四边形和三角形网格。同时可以计算出曲面片的法向矢量,为动态边界条件的处理提供必要的动态几何信息。为了检查初始数据和计算结果的正确性,增加了实时动态显示功能。

图 4.5.3 为空间曲面的 B 样条描述实例。图 4.5.4 为方法兰镦锻成形型模 B 样条曲面描述。由于对称性,因此取模具的 1/4 进行描述。

4.5.3　动态边界条件的处理

1. 单元节点属性的判断

单元节点可以分成两类,即内部节点和边界节点。可以采用下列方法来判断节点的属性:求出每个节点与变形体边界的最短距离 $|d_{min}|$,如果该最短距离满足下列条件,则认为该节点是边界节点,否则为内部节点。

$$|d_{min}| \leqslant \delta \tag{4.5.14}$$

式中　δ——给定的误差,其大小根据求解问题的类型而定。

判断单元节点的初始属性后,将属性记录到数据结构中,以进行边界条件的处理。

2. 边界节点接触模具的判断

有限元分析的每个加载增量步后,都要根据所求得的速度场和模具的

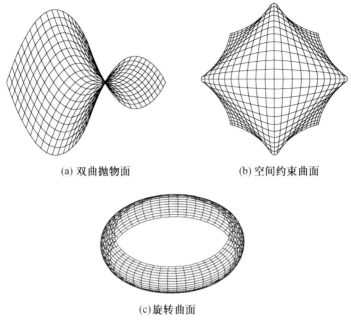

(a) 双曲抛物面   (b) 空间约束曲面

(c)旋转曲面

图 4.5.3 　空间曲面的 B 样条描述实例

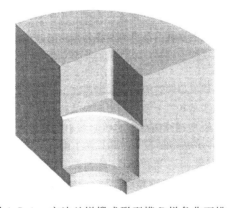

图 4.5.4 　方法兰镦锻成形型模 B 样条曲面描述

运动速度对变形体的构形及模具的位置进行修正。由于变形体与模具之间存在着相互运动,所以修正后的边界节点可能与模具相接触或是脱离模具。这时就要对边界节点的状态进行动态识别,以判断边界节点是自由节点,或处在模具表面,亦或侵入模具。

模具型腔表面可以根据需要以三角形面片来描述。对每个三角形面片,已知的是其 3 个顶点的坐标及其法向矢量。对变形体的任一个边界节

点 k,均可以向描述模具型腔曲面的小三角形面片所在的平面作垂线,进而求得垂足 p。然后判断垂足 p 是否在三角形面片之内,如果在,则连接 p 点和 k 点形成一矢量 $\overrightarrow{pk}$,其方向由 p 指向 k。利用矢量 $\overrightarrow{pk}$ 与 $\boldsymbol{n}$ 的相互关系可以准确地判断出节点 k 与模具型腔曲面之间的相互位置关系,即

(1) $\overrightarrow{pk} \cdot \boldsymbol{n} < \boldsymbol{0}$:节点 k 尚未接触模具。

(2) $\overrightarrow{pk} \cdot \boldsymbol{n} = \boldsymbol{0}$:节点 k 处在模具表面上。

(3) $\overrightarrow{pk} \cdot \boldsymbol{n} > \boldsymbol{0}$:节点 k 侵入模具。

边界节点与模具的三角形面片间的位置关系如图 4.5.5 所示。

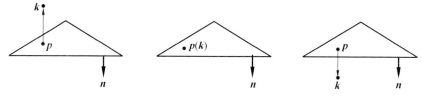

(a) 节点 k 尚未接触模具　　　(b) 节点 k 处在模具表面上　　　(c) 节点 k 侵入模具

图 4.5.5　边界节点与模具的三角形面片间的位置关系

上述即为边界节点与模具型腔曲面之间相互位置关系的动态识别过程。这个过程要在每次加载修正后对每个边界节点都进行一次,以此来判断边界节点的状态,修正其相应的边界条件。对那些侵入模具的节点,应对其位置进行修正,将其"拉"回到模具表面上。

3. 边界节点位置的修正

有限元分析的每个加载增量步后,都要根据所求得的节点速度场对变形体各个节点的几何位置进行相应的修正,修正所应用的公式为

$$\begin{cases} x_{i,t+\Delta t} = x_{i,t} + u_{i,t}\Delta t \\ y_{i,t+\Delta t} = y_{i,t} + v_{i,t}\Delta t \\ z_{i,t+\Delta t} = z_{i,t} + w_{i,t}\Delta t \end{cases} \qquad (4.5.15)$$

式中　　$(x_{i,t}, y_{i,t}, z_{i,t})$—— 节点 i 在 t 时刻的位置坐标;

$(x_{i,t+\Delta t}, y_{i,t+\Delta t}, z_{i,t+\Delta t})$—— 节点 i 在 $t+\Delta t$ 时刻的位置坐标;

$(u_{i,t}, v_{i,t}, w_{i,t})$—— 节点 i 在 t 时刻的速度分量。

对变形体的边界节点按式(4.5.15)进行修正时,很可能出现边界节点侵入到模具内部的情况,实际情形是这些节点应当在模具表面上滑动,可以通过特殊的处理将这些点"拉"回到模具型腔表面上。侵入模具的节点一般有两种情况:第一种情况是节点 i 在 t 时刻是位于模具表面的受约束节点,在位置修正后的 $t+\Delta t$ 时刻侵入到模具内部;第二种情况是节点 i 在

t 时刻是自由节点,在位置修正后的 $t+\Delta t$ 时刻侵入到模具内部。

　　针对以上提及的情况,采用以下方法对侵入模具的节点进行位置修正:求出边界节点 k 在每个三角形面片所在平面的垂足 p,然后利用三角形面积差方法判断所求得的垂足 p 是否在三角形面片内。具体的判断方法如下:设三角形面片的3个顶点为 A,B 和 C,三角形面片的面积为 $S_{\triangle ABC}$,点 p 与3个顶点构成的三角形的面积分别为 $S_{\triangle ABP}$,$S_{\triangle BCP}$ 和 $S_{\triangle ACP}$,如图 4.5.6 所示,分别利用海伦公式求出各三角形的面积,然后将 $S_{\triangle ABP}$,$S_{\triangle BCP}$ 与 $S_{\triangle ACP}$ 之和与 $S_{\triangle ABC}$ 作差,即

$$\Delta S = S_{\triangle ABP} + S_{\triangle BCP} + S_{\triangle ACP} - S_{\triangle ABC} \tag{4.5.16}$$

则有 $\Delta S=0$,p 点在三角形面片内;$\Delta S>0$,p 点在三角形面片外。

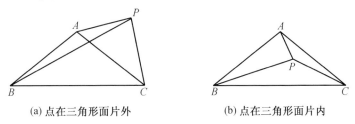

(a) 点在三角形面片外　　　　　　(b) 点在三角形面片内

图 4.5.6　点与三角形面片之间的位置关系

　　如果 p 点在三角形面片内,则利用图 4.5.5 所示的矢量之间的关系来判断该节点与三角形面片之间的相互位置关系:如果边界节点 k 侵入模具,则求出 k 点与 p 点之间的距离并找到使距离最短的垂足 p',以点 p' 的坐标代替边界节点 k 的坐标。至此,边界节点 k 的处理完毕后进入到下一个边界节点的循环,直到所有的节点全部搜索完毕为止。

　　在实际变形过程中,每个加载增量步后,边界节点的位置变化不可能太大,所以在求边界节点 k 在三角形面片所在平面的垂足时,不必对每个面片进行循环求解,而只向与边界节点相邻的面片作垂线求垂足即可,如图 4.5.7 所示,这样可以减少搜索所用的时间。

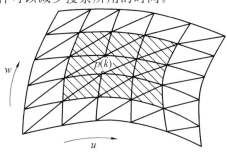

图 4.5.7　边界节点 k 的相邻三角形面片

4. 接触模具节点脱离模具的判断

对于已经接触模具的边界节点,若它要脱离模具,势必有沿模具外法线方向运动的趋势。由于在有限元分析中仍将该边界节点作为触模节点处理,即将它相对于模具表面的法向速度规定为零,所以该点处的约束反力 F 在模具外法线方向的分量 F_n 必为负值,即该约束反力是拉力,同时该边界节点处的法向应力 σ_n 也变为拉应力。所以当某一边界节点满足式(4.5.17)时,就应解除对该边界节点的约束,使之成为自由边界节点。

$$F_n \leqslant 0 \quad \text{或} \quad \sigma_n \geqslant 0 \tag{4.5.17}$$

参考文献

[1] 寇淑清,杨慎华,金文明.三维复杂成形数值模拟边界界面约束处理技术研究[J].中国机械工程,2002,13(2):124-127.

[2] 左旭,陈军,卫原平,等.塑性成形三维数值模拟中的模具几何描述技术[J].锻压技术,1997(6):59-61.

[3] 亦希,徐伟力,林忠钦,等.基于模具解析描述的两维金属成形模拟中的通用接触处理方法[J].机械工程学报,2001,37(4):99-102.

[4] 潘新安,苏学成,李华,等.有限元前处理技术的研究与应用[J].煤矿机械,2007,28(4):68-70.

[5] 刘二勇,董湘怀.LS-DYNA 在板料仿真中的应用[J].锻压装备与制造技术,2007,42(1):77-79.

[6] 王明强,朱永梅,刘文欣.有限元网格划分方法应用研究[J].机械设计与制造,2004(1):22-24.

[7] 冯天飞,施法中,陈中奎.板料冲压成形过程有限元分析中的接触搜索法的优化[J].塑性工程学报,2002,9(1):27-30.

[8] MALONE J G,JOHNSON N L. A parallel finite element contact/impact algorithm for non-linear explicit transient analysis：Part I-The search algorithm and contact mechanics[J]. International Journal for Numerical Methods in Engineering,1994,37(4):559-590.

[9] BATHE K J,CHAUDHARY A. A solution method for planar and axisymmetric contact problemss[J]. International Journal for Numerical Methods in Engineering,1985,21(1):65-88.

[10] 孙希延,李泉永,杨连发.板料拉伸成形数值模拟中的动态接触的处理[J].模具工业,2002(8):10-13.

［11］郑莹,吴勇国,李尚健,等. 板料成形数值模拟进展［J］. 塑性工程学报,1996(4):34-47.

［12］谢世坤,黄菊花,邱智学,等. 基于有限元数值模拟的板料成形接触分析［J］. 南昌大学学报(工科版),2003,25(4):9-13.

［13］吴文俊,王定康. CAGD 中代数曲面拟合问题［J］. 数学的实践与认识,1994(3):26-31.

［14］吴坚,郑康平,任工昌. 用于几何造型的隐式曲面［J］. 陕西科技大学学报,2002,20(1):63-67.

［15］陈发来,陈长松,邓建松. 用分片代数曲面构造管道曲面的过渡曲面［J］. 计算机学报,2000,23(9):911-916.

［16］BLINN J F. A generalization of algebraic surface drawing［J］. Acm Siggraph Computer Graphics,1982,16(3):235-256.

［17］WYVILL B,MCPHEETERS C,WYVILL G. Animating soft objects［J］. Visual Computer,1986,2(4):235-242.

［18］BLOOMENTHAL J,SHOEMAKE K. Convolution surfaces［J］. Acm Siggraph Computer Graphics,2000,25(4):251-256.

［19］ROSSIGNAC J,REQUICHA A. Constant radius blending in solid modeling［J］. Cime Computers in Mechanical Engineering,1984,3(1):65-73.

［20］张三元,梁友栋. G^1 管状曲面的整体造型方法［J］. 计算机辅助设计与图形学学报,1999(1):4-7.

［21］FUDOS I,HOFFMAN C M. Constraint-based parametric conics for CAD［J］. Computer-Aided Design,1996,28(2):91-100.

［22］IMRE J. Cubic parametric curves of given tangent and curvature［J］. Computer-Aided Design,1998,30(30):1-9.

［23］PATTERSON R R. Parametric cubics as algebraic curves［J］. Computer Aided Geometric Design,1988,5(2):139-159.

［24］LI J,HOSCKEK J,HARTMAN E. G^{n-1}-functional splines for interpolation and approximation of curves, surfaces and solids［J］. Computer Aided Geometric Design,1990,7(1):209-220.

［25］HARTMAN E. Blending of implicit surface with functional splines［J］. Computer-Aided Design,1990,22(90):500-506.

［26］PALUSZNY M,PATTERSON R R. Geometric control of G^2-cubic A-splines［J］. Computer-Aided Design,1998,15(3):261-287.

[27] 张三元.隐式曲线曲面的几何不变量及几何连续性[J]. 计算机学报，1999,22(7):774-776.

[28] 张三元,孙守迁,潘云鹤.基于几何约束的三次代数曲线插值[J]. 计算机学报,2001,24(5):509-515.

第 5 章　二维平面网格划分方法

5.1　引　　言

有限元分析中二维网格应用最为广泛的是三角形网格和四边形网格。三角形网格划分技术已趋成熟,但是任意区域的四边形网格划分技术还不够完善。在塑性变形的有限元分析中,由于金属变形量大,同时为了提高有限元计算的精度,常常需要采用四边形网格。本章采用一种间接的四边形网格划分方法,该方法首先划分背景三角形网格,再将背景三角形网格合并为四边形网格。

将传统的 Delaunay 法和推进波前法相结合划分背景三角形网格,通过推进波前法生成内部的节点,再用 Delaunay 法划分最优的等边三角形或接近于等边三角形的网格,从而保证了推进波前法的收敛性。

背景三角形网格合并成四边形网格的过程中,通过计算质量因子来控制三角形单元的合并顺序,保证四边形网格的质量,最后消除残余三角形和凹四边形,获得质量较高的全四边形网格。几种不同区域的网格划分实例证明了所提出方法的可行性,该方法能够划分边界条件适应性好、质量高的四边形网格。

对划分的四边形网格采用拉普拉斯方法进行光顺处理,提高网格质量,改善网格大小差异;对网格节点编号进行优化,减少整体刚度矩阵带宽,提高计算速度。

本章给出了网格重划分的判断准则,基于这一准则进行了网格自动重划分,并实现了状态参量在新旧网格中的传递。有限元计算实例证明,提出的方法可以应用于有限元分析的网格划分及重划分过程。

5.2　网格划分方法研究概述

有限元方法的基本思想是:将连续体离散成有限个单元,得到节点处的数值(如温度、应力、应变、速度、磁场强度等),通过适当的插值函数推得计算区域内任意位置处的所求物理量的近似值。因此,运用有限元方法的第一步就是对计算区域进行离散,生成相应的单元和节点,即网格划分。

网格划分是进行有限元分析的一个非常重要的阶段。一方面,对一个复杂的集合区域进行正确的网格划分,往往需要耗费大量的时间;另一方面,网格划分必须与所分析的问题的性质相适应。有限元的计算结果在很大程度上受到网格的质量(如网格数量、网格疏密程度、单元阶次、网格几何质量、网格布局等[1])的影响。为了满足有限元分析问题的需要,网格划分方法也与时俱进。随着计算机技术的发展,人们运用计算机图形技术划分网格,提出了许多非结构化网格生成技术,大大减少了人力的耗费。但在网格划分过程中有时仍需要人为干预,因此网格划分技术的主要研究目标是提出一种全自动划分方法。根据网格的拓扑几何性质,可以将网格分为两类,即结构化网格和非结构化网格。

结构化网格是指网格区域内所有的内部节点都具有数量相等的毗邻单元。一般来讲,结构化网格单元为四边形(二维)或六面体(三维)。

结构化网格有许多优点:①可以保证边界附近的单元与边界有较好的适应性,用于流体力学和表面应力集中等对边界较为敏感的问题的计算;②网格划分速度快;③网格质量好;④数据结构简单;⑤对曲面或空间的拟合大多数采用数值化或样条插值的方法得到,区域光滑,与实际模型更接近。

结构化网格划分技术的缺点也是明显的,它只能对四边形区域(或经过映射后能转化为四边形的区域)进行划分。对于复杂区域的划分,必须事先人为地将复杂区域划分为若干简单的四边形区域。近年来,随着计算机技术的快速发展,有限元方法日益深入到工程实践,求解区域越来越复杂,结构化网格划分技术就显得力不从心。

与结构化网格相对应,非结构化网格是指网格区域内的内部节点具有数量不等的毗邻单元,即与网格区域内的不同内部节点相连的网格数目不同。根据定义可知,非结构化网格中的部分区域可能形成局部的结构化网格。非结构化网格技术从 20 世纪 60 年代开始得到了发展,主要为了弥补结构化网格不能解决任意形状和任意连通区域网格划分的问题。在非结构化网格划分技术中,只有平面三角形网格的自动划分技术已经比较成熟,平面四边形网格划分技术正在走向成熟;而空间任意曲面的三角形、四边形网格划分技术,三维任意几何实体四面体网格和六面体网格划分技术还没有达到成熟。

5.2.1　三角形网格划分算法

1. Delaunay 三角化方法(Delaunay Triangulation Method,DT)

运用 Delaunay 准则进行三角形网格划分是迄今为止最成熟的网格划分算法之一。Delaunay 准则可表述为:对于给定的平面点集进行三角化,其中每个三角形的外接圆不包含点集中其他任何点,如果满足 Delaunay 准则,那么所有三角形的最小内角之和取得最大值,而所有三角形的最大内角之和取得最小值,Delaunay 准则示意图如图 5.2.1 所示。

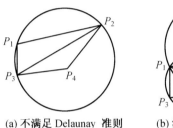

(a) 不满足 Delaunay 准则　　　　(b) 满足 Delaunay 准则

图 5.2.1　Delaunay 准则示意图

Delaunay 准则是由数学家 Boris N. Delaunay 于 1934 年提出的,但是直至 20 世纪 80 年代初才由 Charles Lawson[2] 和 Dave Watson[3] 运用该准则提出平面点集的三角化方法。随着有限元技术的迅猛发展,Timothy Baker[4],Nigel Weatherill[5] 和 Paul－Louis George[6] 各自将该算法运用于平面区域三角形网格自动划分。

DT 最主要的优点之一就是它自动避免了生成小内角的长扁单元,事实上,Lawson 和 Watson 根据定义已经表明生成的三角形是局部等角的,这意味着当每两个相邻三角形组成一凸四边形时,这两个三角形中的最小内角一定大于交换凸四边形对角线后所形成的另两个三角形中的最小内角,据此可见该方法特别适用于有限元分析的网格划分。

虽然 DT 在 2D 平面区域问题中取得了相当大的成功,但在 3D 情形下,基于最大－最小角判据的对角线交换规则不再成立,而基于外接圆判据的三角化一般也不再能保证划分网格的质量,这是 DT 的本质弱点。另外,虽然 DT 提供了一种较好的方法将空间点集三角化,但 Delaunay 判据本身并不能指导怎样在空间布点,因此,必须寻找一种较好的布点方法,既要求点的分布满足密度控制需要,又要求三角化的结果形状尽可能好[7]。

2. 推进波前法(Advancing-front Method)

推进波前法是目前最流行的网格划分方法之一,推进波前法示意图如

图 5.2.2 所示。该方法的基本要点是：首先离散待划分域的边界，二维待划分区域的边界离散后是首尾相连的线段的集合，三维待划分域的边界离散后是拓扑相容的三角形面片的集合，这种离散后的域边界称为前沿；然后从前沿开始依次插入一个节点，并连接生成一个新的单元；更新前沿，把新生成的边界加入前沿中，删除旧边界，这样前沿即可向待划分域的内部推进。这种插入节点、生成新单元、更新前沿的过程循环进行，当前沿为空时表明整个域划分结束。

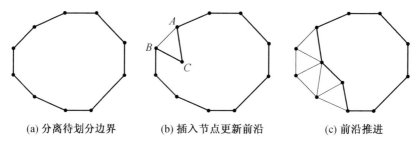

(a) 分离待划分边界　　　　(b) 插入节点更新前沿　　　　(c) 前沿推进

图 5.2.2　推进波前法示意图

生成非结构网格的推进波前法最早是由 S. H. Lo[8] 在 1985 年提出的，应用于平面区域三角形网格全自动划分，并取得了很好的效果，后来 Peraire[9] 将这种方法进行推广，用于二维自适应网格划分。此后，Lohner[10] 把这种技术推广到任意形状区域的三维四面体网格划分。

推进波前法的思路简单明了，只要给定区域边界就能生成网格，保证了计算边界的完整性，且具有很好的增加节点的方法，能够在生成节点的同时生成单元，这样就可以在生成节点时对节点的位置加以控制，从而控制单元形状、尺寸以达到质量控制、局部加密及网格过渡的要求。但是这种方法在生成新单元时需要进行大量的相交判断、包含判断，以及为了保证单元的质量而进行的距离判断等，因此这种方法工作量较大、效率较低，且收敛性难以保证[11]。

5.2.2　四边形网格划分算法

1. 映射法

早期的有限元网格划分基本上都依赖于映射法，所以网格通称为结构化网格。映射法的基本步骤如图 5.2.3 所示。将目标区域手工分成许多个有利于映射操作的简单子区域，然后定义映射函数，将非规则区域映射成一个规则区域，然后在规则区域上进行网格划分，再将规则区域上的网格点反映射到原来的非规则区域上形成网格划分[12]。

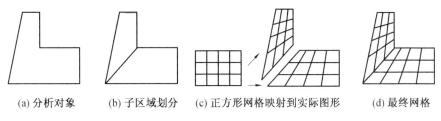

(a) 分析对象　　　(b) 子区域划分　　(c) 正方形网格映射到实际图形　　(d) 最终网格

图 5.2.3　映射法示意图[13]

该方法的优点在于:方法简单、效率高,生成网格也比较规则,能够用于曲面网格的划分。而弊端在于要事先根据所要产生的网格将目标区域分割成一系列可映射的子区域,这一工作通常需要人工完成,自动化程度低,不适合网格全自动划分。另外,如何设计映射函数也是一个比较复杂的问题,如果设计不好则容易造成网格的重叠或空洞[14]。

2. 间接法

间接法是指在平面区域内先划分三角形网格,然后通过某种算法,将三角形网格转化为四边形网格。

最简单的间接生成四边形网格的方法是三角形分解法(图 5.2.4),先划分三角形网格,在每个三角形的形心处插入一个节点,连接该点与三角形 3 条边的中点,把一个三角形分成 3 个四边形,从而得到四边形网格[15]。这类方法能保证划分的网格为全四边形网格,但随着大量不规则节点的引入,导致最后划分的单元质量较差。

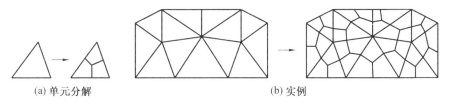

(a) 单元分解　　　　　　　　　　　(b) 实例

图 5.2.4　三角形分解成四边形网格

对此,一种变通的做法是:将相邻的一对三角形单元合并成一个四边形单元,由此得到一种四边形单元和三角形单元混合的网格(图 5.2.5)。

该方法减少了四边形网格划分的难度,即将划分对象先划分为三角形,再将其合并为四边形网格,其中一种重要的方法为前沿法,前沿法是由 Zhu[16] 等提出的,需要进行前沿拆分、合成和求交,同时有少量的残余三角形。为此有很多学者对其进行了改进,为了尽可能地减少残留三角形的数量,Lo 提出了一种启发性的算法[17],根据所划分四边形网格质量自动控制三角形合并顺序,可以得到只含有少量三角形的网格。Owen[18] 将单元分

119

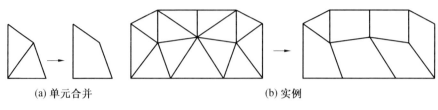

(a) 单元合并　　　　　　　　　　　　　　　　(b) 实例

图 5.2.5 三角形合并成四边形网格

解和交换技术与三角形合并算法结合,提高了四边形的数量和质量。此后,在 Lo 的基础上,Lee[19] 又提出了一种包含三角形分解法的推进前沿三角形合并算法,从几何区域的边界开始,向内一层层地合并三角形单元,若遇到不能合并的三角形单元,则将该单元细分成 3 个四边形单元。运用这个算法可保证划分后的单元全为四边形单元。闵卫东[20] 等提出了前沿算法的线性改进算法;胡向红[21] 等提出了区域生成算法,避免了残余三角形的产生。

3. 四(八)叉树法(Quadtree-Octree Method)

四(八)叉树法最早由 Mark Shepherd 科研小组提出[22,23]。四叉树法采用树形数据结构,其基本思想如图 5.2.6 所示。先找出问题域的最小包络矩形,再把矩形细分为 4 个全等的子矩形,依次判断每个子矩形与问题域的关系,根据子矩形与问题域的包络关系来决定取舍或是否继续细分下去。八叉树法是四叉树法向三维空间的推广,每个立方体被四分成 8 个小立方体。

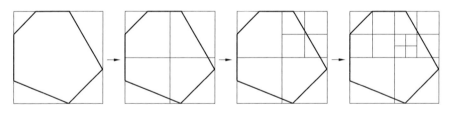

图 5.2.6 四(八)叉树法示意图

四(八)叉树方法已经取得了相当大的成功,它适用于任何复杂的二维和三维区域问题,而且算法效率几乎与单元节点数呈线性增长,其网格划分易于实现密度控制,易于进行自适应分析,也易于同实体造型系统相结合。但其缺点也是明显的,进行网格划分时,需要进行大量的边界相交计算,并且在边界上不能和预先划分的边界网格匹配;划分的网格依赖于物体在空间的定向,物体在空间中的初始位置严重影响网格的形状;网格边界单元质量差,程序实现相当复杂,所需内存较大,不利于实现并行处理等。因此,四(八)叉树方法应用得并不广泛,有的研究工作把它作为背景网格,起密度控制的作用。

4. 铺路法(paving)

铺路法(图 5.2.7)是由 Blacker 和 Stephenson[24] 提出的。其基本思想是:从几何区域的边界出发,由外向里逐层地划分四边形单元,直至区域内被四边形单元铺满。

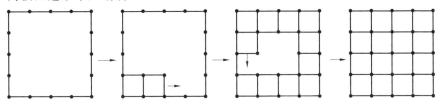

图 5.2.7　铺路法示意图

铺路法的具体步骤如下:

(1)以现行边界为波前,沿区域的边界按铺路规则铺砌一层单元,然后经过优化划分形状接近于矩形的四边形单元,并进行封闭判断,满足封闭条件则转入步骤(4)。

(2)如果本层单元无重叠现象发生,则将波前推进一层,继续步骤(1),否则,转入步骤(3)。

(3)进行波前的交叉处理,得到更新的区域边界,转到步骤(1)。

(4)进行封闭处理。

铺路法可以在复杂区域上划分四边形网格,但认真分析后,可以发现铺路法存在严重的局限性。在网格划分过程中,需要进行四边形单元之间的相交、缝合等处理,需要进行大量的角度和长度计算,耗时很长,而且会有不规则的单元存在,因此不是一种高效的网格划分算法。

5.2.3　网格优化和节点编号优化

在一般情况下,用上述算法划分的网格并不是最优的,其中包含有一些质量较差的单元,需要对网格进行优化加以改善。网格优化技术大致可分为两类,即几何优化(Smoothing)和拓扑优化(Clean-Up)。几何优化是指仅调整网格中节点的位置,提高单元的几何质量,而节点之间的连接关系保持不变;与此相对,改变节点之间的连接关系的网格优化技术则称为拓扑优化。

1. 几何优化

大部分的几何优化算法都是以某种顺序遍历网格中的节点,逐个调整节点位置,提高单元质量。一种最简单也是最有效的几何优化方法就是拉普拉斯光顺算法(Laplacian Smoothing)[25,26],它用迭代法将每个内部非固定节点移至由其邻接节点构成的多边形的形心位置。

2. 拓扑优化

拓扑关系是指网格节点的连接关系,拓扑关系的调整是指改变节点之间的连接关系,也包含增加或删除网格中的节点。二维三角形网格中的对角线交换算法以及三维四面体网格中的 $FACE \rightarrow EDGE$ 和 $EDGE \rightarrow FACE$ 算法是典型的拓扑关系调整的例子。拓扑关系的调整是基于节点与相邻的周围连接节点的数目。三角形单元的最佳形状是等边三角形,其内角为 $60°$,因而在三角形网格中,一个非边界节点所连接的相邻节点数目以 6 最为理想,这样可以使得这一节点的周围单元在此点的平均内角为 $60°$。同理,四边形单元的最佳形状是正方形,其内角为 $90°$,因而在四边形网格中,一个非边界节点所连接的相邻节点数目以 4 最为理想,这样可以使得这一节点的周围单元在此点的平均内角为 $90°$。对于边界节点则可以根据节点的两条边线的内夹角计算决定。对于三角形和四边形混合网格,也可以将上述思想推广使用。

3. 节点编号优化

有限元分析中,最后归结为求解一个大型的线性方程组,求解高阶线性代数方程组需要耗费计算机大量的内存和计算时间。若考虑求解的经济性,就需要仔细分析方程组的特点以及选择合适的求解方法。

有限元整体刚矩阵中的稀疏结构,通常是非零项集中在对角线的附近。各子矩阵在整体刚矩阵中的位置和数字与物体离散方法和节点编号次序有密切关系。对于一个给定的结构来说,任意的编号方式固然都得到同样大小的整体刚矩阵和同样数目的非零项。然而,不同的编号方式导致非零项在整体刚矩阵中的不同排列。在实际求解过程中,可以采用某种编号方式,使得整体刚矩阵中的非零项排列在紧靠对角线的两边,形成带状分布;同时考虑这种系数矩阵的对称性特点,这样可以大大节省计算机的存储单元和减少运算时间。

在进行网格划分时,通常初始划分网格和确定节点序号是按照某种规律进行,这样有利于计算机自动划分网格。一般来说,划分出来的网格和节点所形成的有限元整体刚度矩阵复杂,需要对网格节点进行重新排序。从 20 世纪 60 年代到现在,出现了一些节点编号优化的算法[27-31]。

5.3　间接法划分四边形网格

本节介绍一种间接四边形网格划分方法,首先划分背景三角形网格,再将背景三角形网格转化成四边形网格。背景三角形网格是用推进波前法和 Delaunay 法相结合的方法划分,通过波前法生成内部的最优节点,再用 Delaunay 法划分最优的等边三角形或接近于等边三角形的网格。用前沿法将有公共边的三角形单元合并为四边形单元,在合并三角形单元时,通过计算质量因子控制三角形单元的合并顺序,保证合并后四边形网格的质量,最后通过消除残余三角形和消除凹四边形获得全四边形网格。

5.3.1　背景三角形网格划分

目前流行的二维网格生成算法是推进波前法和 Delaunay 三角划分法。推进波前法将节点生成与网格划分同时进行,能较好地控制边界单元的质量,但在实践中往往比较复杂,且无法保证算法的收敛性。Delaunay 三角划分能保证划分的三角形网格质量较好,但是不能保证区域边界的完整性。考虑到这两种方法的特点,本节采用两者结合的方法,首先用推进波前法生成内部节点,然后用 Delaunay 法划分三角形网格。其算法的基本流程如下:

①输入区域的几何形状,所有外部边界以逆时针方向描述。

②生成外部的区域边界点。

③用推进波前法生成内部节点。

④用 Delaunay 三角化方法划分三角形网格。

1. 边界输入

将图形区域的几何形状分解成封闭环,对于非直线边界线(圆、圆弧、曲线)用直线拟合,对区域的所有外部边界逆时针方向描述,如图 5.3.1 所示。

2. 边界节点生成

在边界上合理地设置新节点,是网格划分算法中关键的一步。这是因为新节点的位置和间距反映了单元尺寸信息在划分区域上的分布,直接影响最后划分网格的疏密分布和质量。边界线上新节点的设置,必须满足以下两个条件:①保证区域的边界布置新节点个数为偶数;②新节点在边界线上的间隔必须均匀,以保证单元尺寸渐变过渡。

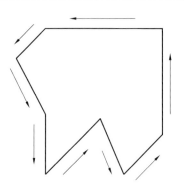

图 5.3.1　待划分网格区域边界描述[33]

按照边界线两端的单元尺寸，计算边界线上需设置新节点的数目。假设边界线两端的单元尺寸为 d_A, d_B，不失一般性，可以假设 $d_A < d_B$，边界线长度为 l。定义边界线上的节点间隔值 $d(x)$ 是线性函数[34]，即

$$d(x) = d_A + d_B x / l \quad (0 \leqslant x \leqslant l) \tag{5.3.1}$$

$d(x)$ 是分段线性的连续函数，那么所设置的节点数目为

$$N^* = \int_0^l \frac{\mathrm{d}x}{d(x)} = \begin{cases} \dfrac{l}{d_B - d_A} \ln \dfrac{d_B}{d_A} & (d_A < d_B) \\ \dfrac{1}{d_A} & (d_A = d_B) \end{cases} \tag{5.3.2}$$

选择正整数 N，使得 $N-1 < N^* \leqslant N$，N 即为边界线上所需设置节点的个数。记 $x_0 = 0, x_N = l$，然后在 $[0, l]$ 中插入 $N-1$ 个内节点 x_1，$x_2, \cdots, x_{N-1}$，于是，x_0 和 x_N 的间隔度为 $\gamma_{ON} = N^*$，如果节点在边界线上的分布是渐变的，那么 $[0, l]$ 中相邻节点都应该取相同的间隔度 $\gamma = N^*/N$。所以，节点 x_i 的坐标应该满足

$$\int_0^{x_i} \frac{\mathrm{d}x}{d(x)} = i\gamma \quad (0 \leqslant i \leqslant N) \tag{5.3.3}$$

记 $\alpha = d_A, \beta = (d_B - d_A)/l$，则 x_i 的分布为

$$x_i = \begin{cases} \dfrac{\alpha}{\beta}(e^{i\beta\gamma} - 1) & (\beta > 0, 0 \leqslant i \leqslant N) \\ i\alpha\gamma & (\beta = 0, 0 \leqslant i \leqslant N) \end{cases} \tag{5.3.4}$$

按式(5.3.2)计算得到节点数目 N，但并不一定满足 N 的奇偶性要求，如果 N 为奇数，最简单的做法是令 $N = N+1$，以满足奇偶性要求，之所以这样做，是基于宁可加密节点而不愿减少节点的考虑。下面举例予以说明。

设有线段 AB，A 点坐标为 0，B 点坐标为 6，长度 $l = 6, d_A = 1, d_B = 2$，对其渐变地布点，由式(5.3.2)计算得 $N^* = 4.159$，取 $N = 5$，由式(5.3.4)

计算得到节点的坐标如图 5.3.2 所示。

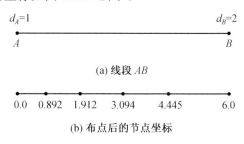

(a) 线段 AB

(b) 布点后的节点坐标

图 5.3.2　在线段 AB 上渐变布点

3. 内部节点生成

一般来说，网格质量是内部节点分布的函数，因此，网格划分过程中这个阶段是非常重要的，下面采用推进波前法生成内部节点。推进波前生成内部节点的流程如图 5.3.3 所示。其算法的步骤如下：

（1）将边界线段分配到生成前沿上。从线段 AB 开始，假设要生成等腰三角形 ABC，沿着 AB 左边的垂直平分线提出候选点 C，用 AB 作为基边，高为 MC，如图 5.3.4 所示。计算出点 C 的坐标为

$$\begin{cases} x_C = x_M - \sqrt{3} \times (y_M - y_A) \\ y_C = y_M + \sqrt{3} \times (x_M - x_A) \end{cases} \tag{5.3.5}$$

（2）检查节点 C 是否满足以下 3 个条件：① 点 C 在边界线段 AB 的左边；② 点 C 在区域内部；③ AC 和 CB 与前沿线段集合 Ω 不相交。如果点 C 满足以上 3 个条件，则执行步骤（3）；否则，点 C 被排除，从前沿移走 AB 后，移入下一条线段。

检查节点 C 是否满足这 3 个条件的方法如下：

判断节点 C 是否在边界线段 AB 的左边。当区域边界以逆时针方向移动时，应须保证预生成点在边界 AB 的左边。如果点 C 在边界线段 AB 的左边，则三角形 ABC 逆时针方向的面积 Δ 是正的，Δ 的计算式为

$$\Delta = \frac{\| \boldsymbol{A} \times \boldsymbol{B} \|}{2} = \frac{\begin{vmatrix} x_C & y_C & 1 \\ x_A & y_A & 1 \\ x_B & y_B & 1 \end{vmatrix}}{2} > 0 \Leftrightarrow \text{点 } C \text{ 在 } AB \text{ 的左边}$$

$$\tag{5.3.6}$$

判断节点 C 是否在区域内部。为了去掉区域之外的点，需要判断点 C 与二维区域的关系。本章采用射线法来判断点 C 与区域的关系。其具体方法如下：假想由该点沿 X 轴正方向发出一条射线，计算该射线与区域边

125

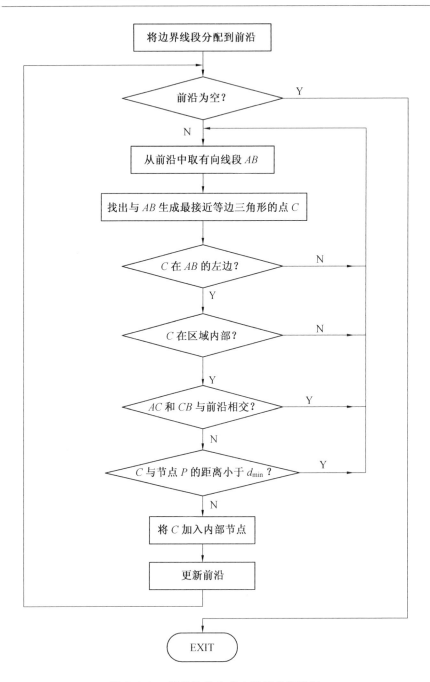

图 5.3.3　推进波前生成内部节点流程图

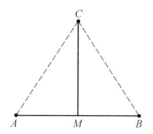

图 5.3.4   预生成点 C 的位置

界的交点个数,若与区域边界不相交,则该点在区域的外部;若与区域边界相交,这时要判断交点的个数,如果交点个数为奇数,该点位于区域内部,如果交点个数为偶数,该点位于区域外部。

用 $AC \bigcap \Omega \in \{AC, \{A, C\}\}$ 和 $CB \bigcap \Omega \in \{CB, \{C, B\}\}$ 来判断线段 AC 和 CB 是否满足与前沿线段集合 Ω 不相交的条件,这两个表达式同时满足时返回值为真,即两条线段不与任何其他的前沿线段相交;否则,返回值为假,即为相交[35]。

(3)检查点 C 与边界节点和内部节点 P 的距离。如果点 C 离其他内部节点或边界节点 P 太近就会生成质量不好的三角形。因此,规定一个最小节点间距 $d_{\min}$,计算点 C 与其他内部节点或边界节点 P 的距离。如果一点与点 C 的距离小于最小的节点间距 $d_{\min}$,节点 C 被排除,AB 从前沿移走,下一条线段移上来。

(4)生成预设节点 C 后,从前沿移走 AB 边,新的边 AC 和 CB 添加到前沿上,点 C 被添加到内部节点中。

这个过程不断循环直至前沿上没有边界线段。

4. 三角形网格划分

生成内部节点之后,用 Delaunay 法来划分三角形单元,检查每条线段试图选择一个节点,以使三角形的外接圆最小,且三角形不与前沿相交。该算法的流程如图 5.3.5 所示。

为了描述算法,引入 S. H. Lo[36] 提出的 Delaunay 三角形和非 Delaunay 三角形的概念:

定义 1(Delaunay 三角形)   三角形外接圆上和外接圆内均不含有其他节点,称为 Delaunay 三角形。

定义 2(非 Delaunay 三角形)   有其他节点位于三角形外接圆上或外接圆内,称为非 Delaunay 三角形。

定义 3(Delaunay 边)   构成 Delaunay 三角形的边称为 Delaunay 边。

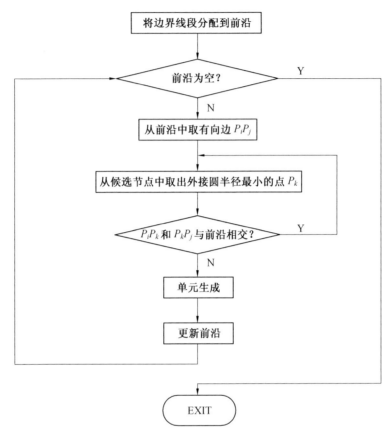

图 5.3.5　三角网格划分流程

定义 4(非 Delaunay 边)　构成非 Delaunay 三角形的边称为非 Delaunay 边。

具体算法的步骤如下：

(1) 输入边界，并将其以有向边的形式组织成前沿队列(外边界以逆时针方向组织)，并全部计为非 Delaunay 边。

(2) 从前沿队列取出有向边 P_iP_j，从内部节点和前沿节点选择候选点，候选节点应位于有向边 P_iP_j 左侧邻域内，可取邻域为 $3 \times length$(其中 $length$ 为 P_iP_j 的长度)。将候选节点坐标及其与 P_i，P_j 外接圆半径值一并计入当前候选节点数组中。

(3) 从当前候选节点数组中取出外接圆半径最小的点 P_k，若 P_iP_j 为 Delaunay 边，直接转入步骤(4)。若 P_iP_j 为非 Delaunay 边，需要进行前沿交叉干涉判断，若 P_iP_k，P_kP_j 与前沿不相交，则转入步骤(4)；否则从当前候选数组中删除此点,重新取点,直到取到一个点 P_k,使得 P_iP_k, P_kP_j 与前沿不相交。

(4)单元生成。将 $\triangle P_iP_kP_j$ 计入三角形数组,若 $\triangle P_iP_kP_j$ 为 Delaunay 三角形,有向边 P_iP_k, P_kP_j 记为 Delaunay 边;若 $\triangle P_iP_kP_j$ 为非 Delaunay 三角形,有向边 P_iP_k, P_kP_j 记为非 Delaunay 边,同时修改节点和单元的数组。

(5)更新前沿队列。首先从队列中删除有向边 P_iP_j,然后判断点 P_k 的类型,若为当前内部节点数组中的节点,将有向边 P_iP_k, P_kP_j 及其 Delaunay 属性一并记入前沿队列中;若 P_k 点为前沿上的点,判断有向边 P_iP_k, P_kP_j 是否与前沿中已有的有向边重合。若出现重合,说明 P_iP_k 或 P_kP_j 本身处于前沿上;若不重合,则将 P_iP_k 或 P_kP_j 及其 Delaunay 属性加入前沿队列中。

(6)判断前沿队列是否为空,若是,则结束,否则转步骤(2)。

5. 三角形网格划分实例

用 FORTRAN 语言编程实现推进波前法和 Delaunay 三角化方法进行三角划分的算法。以矩形区域为例实现三角形网格的划分,并对节点、单元进行编号,如图 5.3.6 所示。通过控制边界节点密度对平面内的网格密度进行控制,矩形边界域生成的渐变网格如图 5.3.7 所示。这种渐变的边界布点方式能够划分质量好的渐变三角形网格,在网格划分时还可根据需要调整平面网格的密度。该算法对不同几何形状的区域进行网格划分的实例如图 5.3.8 和图 5.3.9 所示。实例证明,无论是在规则区域还是不

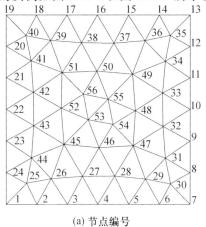

(a) 节点编号

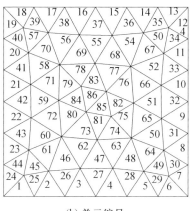

(b) 单元编号

图 5.3.6　平面区域网格划分,并对节点和单元进行编号

规则区域,该算法都可以实现质量高、边界适应性好的三角形网格划分。

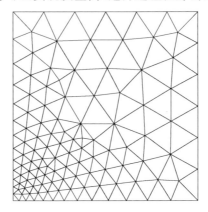

图 5.3.7　单元密度渐变网格

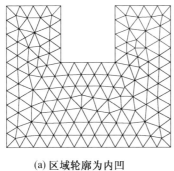

(a)区域轮廓为内凹

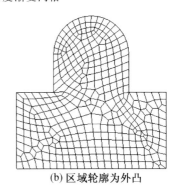

(b)区域轮廓为外凸

图 5.3.8　规则区域三角形网格划分实例

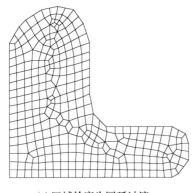

(a)区域轮廓为圆弧过渡

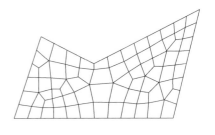

(b)区域轮廓带有尖角

图 5.3.9　不规则区域三角形网格划分实例

5.3.2 四边形网格划分

1. 三角形网格转化为四边形网格

为了评价网格质量,采用三角形和四边形网格质量因子概念[37]。定义 $\triangle ABC$ 的质量因子 α 为

$$\alpha = 2\sqrt{3} \ \frac{S_{\triangle ABC}}{\mid AB \mid^2 + \mid BC \mid^2 + \mid CA \mid^2} \tag{5.3.7}$$

α 的值取为 $0 \sim 1$,其值越大,表明三角形质量越好。当三点共线时,$\alpha = 0$;当为正三角形时,$\alpha = 1$。

基于三角形的质量因子,可以定义四边形的质量因子。一个四边形沿着两对角线可分为 4 个三角形,设这 4 个三角形分别对应 4 个 α 值,且 $\alpha_1 \geqslant \alpha_2 \geqslant \alpha_3 \geqslant \alpha_4$,四边形的质量因子可定义为

$$\beta = \frac{\alpha_3 \times \alpha_4}{\alpha_1 \times \alpha_2} \tag{5.3.8}$$

β 值越大,表明四边形质量越好。凹四边形的 β 值小于 0,凸四边形的 β 值为 $0 \sim 1$,矩形的 β 值为 1,当四边形退化为三角形时 β 为 0。

通过计算质量因子控制三角形网格的合并顺序,提高合并后四边形网格的质量。在图 5.3.10 中,当前三角形 TC 可分别与左边的三角形 TL 或右边的三角形 TR 合成四边形,这时取质量因子 β 较大的四边形。

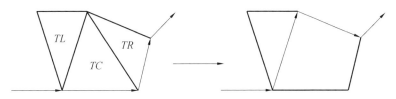

图 5.3.10 合并三角形为四边形

三角形合并为四边形过程实际上是一个重复迭代的过程,如何控制在整个网格生成中的顺序,是能否划分高质量网格单元的关键。该算法的流程如图 5.3.11 所示。其算法的步骤如下:

(1)将已划分的三角形网格编号存储在数组 A 中。

(2)将边界边加入到前沿中,形成初始的前沿,找出初始前沿所对应的前沿三角形,并计入数组 S。

(3)从前沿数组 S 中取出一三角形 $S[m]$,从三角形数组 A 中找出与 $S[m]$ 相邻的三角形 $A[k]$。

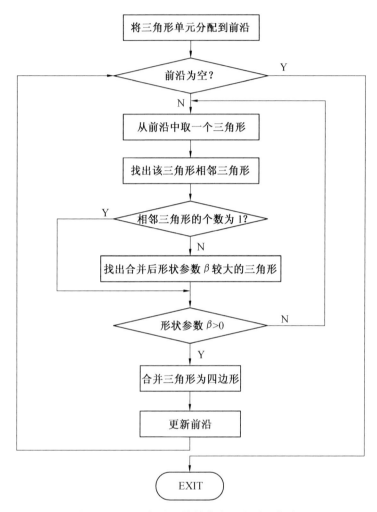

图 5.3.11　三角形网格转化为四边形网格流程

（4）计算三角形 $S[m]$ 和 $A[k]$ 合并后的形状参数 β，如果 β 大于 0，则将这两个三角形合并成四边形。如果前沿三角形 $S[m]$ 可分别与两个三角形合成四边形，计算形状参数后，取合并后形状参数 β 较大的三角形进行合并。

（5）判断前沿三角形 $S[m]$ 和其相邻三角形 $A[k]$ 是否在已删除的三角形数组中，如果存在，则转入下一个三角形，否则，转向步骤（4）。

（6）将三角形 $S[m]$ 和 $A[k]$ 保存到已删除的三角形数组中，并将这两个三角形从三角形数组中删除，然后将其合并成一个四边形单元。

（7）整个前沿更新，完成一轮推进，直至没有可合并的三角形。

图 5.3.12 为通过上述方法对一矩形区域三角形网格合并为四边形网格的结果,该方法可以将大部分三角形网格合并为四边形网格。

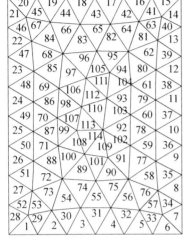 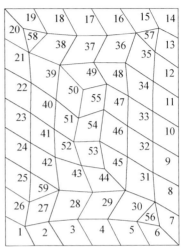

(a) 三角形网格   (b) 四边形和三角形混合网格

图 5.3.12   三角形网格部分合并为四边形网格

2. 残余三角形消除

推进波前法将三角形网格合并成四边形网格后会遗留一些三角形单元,生成的为四边形单元和三角形单元的混合网格,为了得到全四边形网格就得消除这些残余三角形单元。采用找出最近三角形,通过交换边的方式消除遗留的三角形。该算法的具体描述如下:

(1)在遗留三角形队列选择一个三角形 $T1$,搜索与 $T1$ 距离最近的三角形 $T2$,搜索过程如图 5.3.13 所示。搜索流程如下:

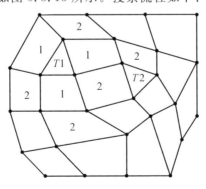

图 5.3.13   搜索 $T1$ 的最近三角形

① 将残余三角形存储在数组 ST 中。

② 找出与三角形 $T1$ 相邻(有公共边)的四边形,将其存储在数组 $N[m_n, n]$ 中,其中 n 为层数;m_n 为第 n 层中相邻四边形的个数。

③ 判断数组 $N[m_n, n]$ 中的四边形是否与 $ST[k]$ 中的三角形相邻,如果相邻,则将 $ST[k]$ 赋值给 $T2$,并停止查询,转向(2)。

④ 找出与数组 $N[m_n, n]$ 中四边形的邻接四边形,计入数组 $N[m_{n+1}, n+1]$ 中。

⑤ 判断数组 $N[m_{n+1}, n+1]$ 中的四边形是否与 $ST[k]$ 中的三角形相邻,如果相邻则停止查询,转向(2)。否则重复步骤④、⑤,继续查找直到找到某个四边形与 ST 中某一三角形 $ST[k]$ 相邻,$ST[k]$ 记为 $T2$。

(2)采用倒序查询来找出 $T1$ 过渡到 $T2$ 经过的最短四边形移动路径(图 5.3.14)。其算法的步骤如下:

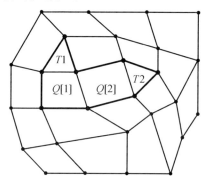

图 5.3.14　$T1$ 过渡到 $T2$ 的最短路径

① 建立一数组 Q 来存储 $T1$ 到 $T2$ 的最短移动路径。

② 找出 $N[m_n, n]$ 中与 $T2$ 相邻的任一四边形,将其存储为 $Q[n]$,其中 n 为最后层数。

③ 将 $n-1$ 赋值给 n。

④ 找出 $N[m_n, n]$ 中与 $Q[n+1]$ 相邻的任一四边形,将其存储为 $Q[n]$。

⑤ 重复③、④,直到 $n=1$ 为止。

(3)通过交换边的方式将 $T1$ 通过 $Q[n]$ 逐渐向 $T2$ 靠拢,最终合并成一个四边形,如图 5.3.15 所示。

(4)重新进行节点和单元排序。

(5)搜索下一个三角形,重复(1)到(3),直至没有剩余三角形为止。

通过上述方法消除残余三角形(图 5.3.16),图 5.3.16(a)中 57 和 58 为最近三角形,最短路径为 35,36,37,38;56 和 59 为最近三角形,最短路径

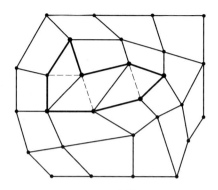

图 5.3.15 $T1$ 通过 $Q[n]$ 逐渐向 $T2$ 靠拢

为 $30,29,28,27$。消除残余三角形后的结果如图 5.3.16(b) 所示。

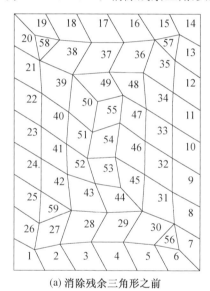

(a) 消除残余三角形之前

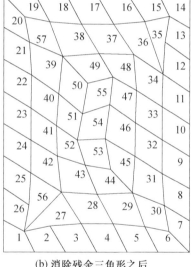

(b) 消除残余三角形之后

图 5.3.16 消除残余三角形前后的网格

2. 凹四边形消除

凹四边形的存在严重影响四边形网格的质量,为了提高四边形网格的质量,就要把网格中的凹四边形消除掉。

本章采用如下方法(图 5.3.17):遍历所有四边形,当遇到凹四边形时,将大于 $180°$ 内角对应的节点 $N2$ 移到其对面的节点 $N1$ 上,删除该凹四边形,并重新定义 $N1$ 周围的其余四边形[38]。

消除残余三角形后存在凹四边形单元如图 5.3.18(a) 所示。其编号为 $27,35,56$,通过上述方法将凹四边形消除后的结果如图 5.3.18(b) 所示。

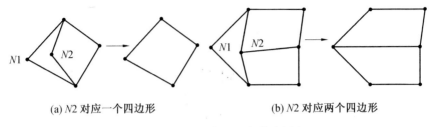

(a) N2 对应一个四边形　　　　　　(b) N2 对应两个四边形

图 5.3.17　消除凹四边形示意图

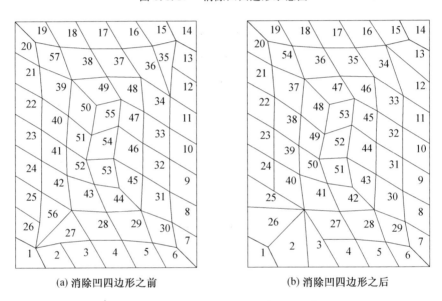

(a) 消除凹四边形之前　　　　　　　(b) 消除凹四边形之后

图 5.3.18　消除凹四边形前后的网格

5.3.3　光顺处理

网格划分后,可以通过光顺处理,协调网格疏密分布,减少畸形单元的数量。本节中选用拉普拉斯光顺算法,在保证单元拓扑结构不变的情况下,通过调整内部节点的位置来提高网格的质量。将与某节点相连的所有节点构成的多边形的形心取代该节点,迭代公式为

$$\begin{cases} x_i = \dfrac{1}{N_i} \sum\limits_{\substack{j=1 \\ j \neq i}}^{N_i} x_j \\[4mm] y_i = \dfrac{1}{N_i} \sum\limits_{\substack{j=1 \\ j \neq i}}^{N_i} y_j \end{cases} \qquad (5.3.9)$$

式中　　N_i—— 与节点 i 所连接的节点总数；

　　　　j—— 与 i 相连的节点；

　　　　x_i , y_i—— 节点 i 的横坐标和纵坐标值。

由矩形区域内四边形网格划分可知，本章提出的算法虽然可以划分全四边形网格，但是也会存在少量质量不好的单元，此时采用拉普拉斯光顺法进行优化。

对四边形网格进行光顺处理后的结果如图 5.3.19(b) 所示。光顺处理之前网格中单元的最大内角和最小内角分别为 $\alpha_{max} = 179°, \alpha_{min} = 35°$。经拉普拉斯光顺处理后的网格中单元的最大内角和最小内角分别为 $\alpha_{max} = 135°, \alpha_{min} = 42°$，且光顺后网格更加均匀。比较以上数据，可明显地看出所采用的网格几何优化方法的有效性。

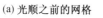
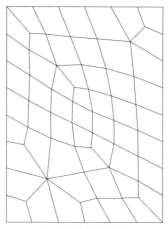

(a) 光顺之前的网格　　　　　　　　　　(b) 光顺之后的网格

图 5.3.19　光顺处理前后的网格

5.3.4　节点编号优化

进行有限元分析时，求解刚度方程式一般为

$$\{p\} = [K] * \{S\} \tag{5.3.10}$$

式中　$[K]$—— 整体刚度矩阵，整体刚度矩阵的阶数通常都很高，而且随着节点数的增加，刚度矩阵的阶数也增加。而计算机的存储容量都是有限的，因此必须采取一些措施来节省计算机的存储容量。一个好的网格节点编号和单元编号不仅能够节省存储容量，而且能够提高计算速度。

鉴于上述原因,在有限元前处理系统中,必须对有限元网格的节点、单元进行合理编号,使其最大限度地满足计算程序的需要。整体刚度矩阵一般具有带状分布规律,即整体刚度矩阵$[K]$的非零元素都分布在以对角线为中心的斜带形区域内,这种矩阵称为带形矩阵。在半个斜带形区域中,包括主对角线的元素在内,每行具有元素个数为半带宽,用 B 表示,半带宽计算公式为

$$B = (D+1) \times f \qquad\qquad (5.3.11)$$

式中　　D——同一单元内节点编号的最大差值;

　　　　f——节点的自由度数,对于平面问题自由度为 2。

利用带形矩阵的特点以及矩阵的对称性,在计算机中可以只存储上半带或下半带元素,这种存储方式称为半带存储。半带宽 B 的值越小,则存储量越少。半带宽 B 决定于同一单元内节点编号的最大差值 D。D 与节点编号的编排方式有关,在同一网格中,如果采用不同方式来编排节点编号,则相应的半带宽 B 也不同。因此,对划分的网格进行节点编号优化、降低同一个单元内的节点编号差是有限元网格生成所应考虑的一个重要环节,是提高方程求解效率的一个重要手段。

本节采用改进的 AKHRAS 和 DHATT 方法来进行节点编号优化。这种方法是根据某节点的相邻单元节点差或相邻单元节点编号最大值和最小值之和来决定该节点在重新编号中的顺序,如果该节点的相邻单元的节点差较大,则该节点的重编号后的编号也较大。

根据以下 3 个条件对网格节点进行重新编号[39]:①在节点相关数(相邻节点数)相同的情况下,随着节点序号的增加,相关节点序号之和 Sum 呈递增状态排列;②随着节点序号的增加,相关节点平均和 $Ponderation$(相关节点序号之和 Sum 除以相关节点数),呈递增状态排列;③随着节点序号的增加,相关节点的最大和最小序号之和 pan 呈递增状态排列。

程序的主要结构功能和执行步骤如下:

(1)从数据文件读取要优化网格的节点数、单元数及单元节点序号(按逆时针顺序排列),建立一元节点数组 Ens。

(2)按照节点排列顺序,循环寻找每个节点周围单元相邻的节点,建立各节点的相邻节点序号数组 LLS(数组中包含本身节点序号)。

(3)对相邻节点序号数组 LLS 从小到大进行排列,在每个节点序号数组中压缩相同节点序号,使之成为单值递增排列,并计算相邻节点个数(包括该节点本身),建立节点相邻个数数组 Ch。

(4)计算每个节点的相关节点中的最大节点序号和最小节点序号之

和,建立数组 $Span$,按照节点顺序排列,判别数组 $Span$ 是否按从小到大顺序排列(相邻节点 $Span$ 可以相等),若是,则执行步骤(5);否则,在单元节点数组 Ens 中,调换相邻节点序号,返回步骤(2),重新执行。

(5)计算每个节点的相关节点序号之和,建立数组 Sum,在相关节点数相同的情况下,按照节点顺序排列,判别数组 Sum 是否按从小到大顺序排列(相邻节点 Sum 可以相等),若是,则执行步骤(6);否则,在单元节点数组 Ens 中,调换相邻节点序号,返回步骤(2),重新执行。

(6)计算每个节点的相关节点序号平均之和,即 Sum 除以相关节点数,建立数组 $Ponderation$。按照节点顺序排列,判别数组 $Ponderation$ 是否按从小到大顺序排列(相邻节点 $Ponderation$ 可以相等),若是转向步骤(7);否则,在单元节点数组 Ens 中,调换相邻节点序号返回步骤(2),重新执行。

(7)如果对重新编号后的网格节点不满意,重复步骤(1)~(4),对节点重新进行编号直到满意为止。

程序对光顺后的网格节点编号进行优化。图 5.3.20(a)为初始网格节点编号(同单元内节点编号的最大差值为 28,半带宽为 56);图 5.3.20(b)为经过重新编号后的网格(同单元内节点编号的最大差值为 12,半带宽为 24),半带宽从最初的 56 减小到 24,说明此种方法还是十分有效的。

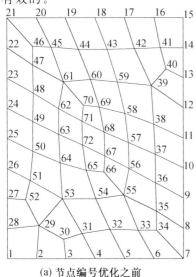
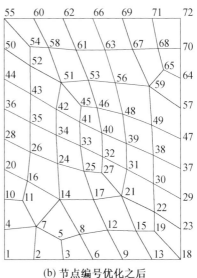

(a) 节点编号优化之前　　　　　　(b) 节点编号优化之后

图 5.3.20　节点编号优化前后网格节点编号

5.3.5 四边形网格划分实例

不同平面区域四边形网格划分的实例分别如图 5.3.21 和图 5.3.22 所示,其背景三角形网格分别对应于图 5.3.8 和图 5.3.9。四边形网格的密度取决于背景三角形网格的密度,可以通过控制背景三角形网格的密度控制四边形网格的密度。图 5.3.23(a)所示为对一矩形区域的上边界加密后生成的三角形网格,图 5.3.23(b)所示为转化后的四边形网格。

通过以上实例可知,采用上述网格划分方法,无论是规则区域还是不规则区域,都可以得到质量较高的四边形网格,可以通过三角形的密度对四边形的密度进行控制。

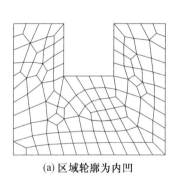 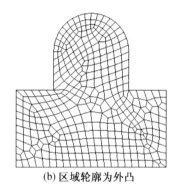

(a) 区域轮廓为内凹   (b) 区域轮廓为外凸

图 5.3.21　内凹、外凸区域四边形网格划分

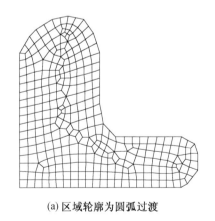 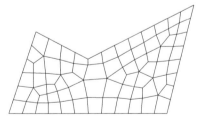

(a) 区域轮廓为圆弧过渡   (b) 区域轮廓带有尖角

图 5.3.22　不规则区域四边形网格划分

四边形网格划分方法能划分边界适应性好、质量高的全四边形网格,并能够通过控制边界节点密度实现对网格密度的控制。背景三角形网格

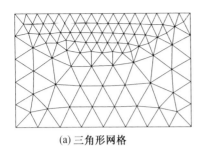
(a) 三角形网格

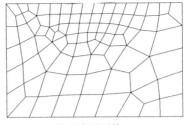
(b) 四角形网格

图 5.3.23　背景三角形网格密度决定四边形密度

采用推进波前法和 Delaunay 法相结合的方法划分,既克服了推进波前法效率低的问题,又避免了 Delaunay 法不能保证边界完整性的问题,为高质量的四边形网格划分打下了基础。拉普拉斯光顺法可以显著提高网格的质量,并且使相邻网格密度大小差异得到改善。对网格节点编号进行优化,减小了整体刚度矩阵带宽,提高了计算速度。

5.4　网格重划分

利用有限元方法计算大变形问题时,随着计算过程中变形量的增大,网格会逐渐畸变。若把已经畸变的网格作为求解的参考状态,会导致不精确的解,甚至无法继续进行计算。为了使计算顺利进行,并得到满足精度要求的解,必须严格控制单元的变形程度和单元密度的布置,防止出现计算特性不好的单元。因此,在每个加载步结束后、下一个加载步开始之前,必须进行网格质量判断,确定是否需要进行网格重新划分,再继续进行计算。

网格重划分技术包含以下的内容:①网格重划分的判断准则;②网格重划分的方法;③将与变形有关的场变量从旧网格系统传递到新网格系统。

5.4.1　网格重划分的判据

采用通过等参元的概念可知,在实现等参变换时,所有单元必须满足

$$\det(\boldsymbol{J}) > 0 \tag{5.4.1}$$

式中　$\boldsymbol{J}$——坐标变换的雅可比矩阵。

在 4 节点的等参元中假设 θ_i 为四边形中任意一内角,则上述条件等价于

$$0° < \theta_i < 180° \tag{5.4.2}$$

实际计算中,为了保证计算精度,应尽量使四边形单元的形状接近正

方形,通常取

$$30°<\theta_i<150° \tag{5.4.3}$$

作为网格有效性的判据,当该条件不满足时即认为网格已经发生严重畸变,需要重新划分网格[40]。

5.4.2　网格重划分

以圆柱体镦粗变形问题为例(图 5.4.1),根据网格重划分判据对畸变的网格进行重划分,网格重划分方法与网格初始划分方法相同。重划前网格的单元数为 208,节点数为 237,单元内角为 22°~158°。重划分后网格单元数为 486,节点数为 534,内角都在 50°~130°范围内。

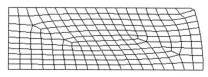

(a) 重划分前的网格

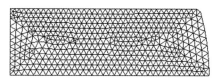

(b) 重划分后的三角形网格

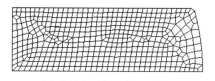

(c) 重划分后的四边形网格

图 5.4.1　圆柱体镦粗过程重划分前后的网格

由网格重划分实例可知,采用本书论述的方法对网格进行重划分处理后,网格质量明显提高,且边界轮廓适应性好。

5.4.3　场变量传递

网格重新划分后,为了保证分析的连续性,必须将旧网格的场变量传递到新网格上,需要传递的信息有节点速度场、变形历史积累的场变量(如等效应变、等效应力和等效应变速率)等。信息传递必须准确、可靠,否则会使后续计算失去意义,导致整个计算失败。

本书采用的场变量传递方法是将新的网格系统中的各节点在旧网格系中所处的单元求出后,根据其在旧单元内的局部坐标插值求出该节点的参量值,利用等参元的性质就可求出新网格系统内任一点的相应的各参量值。以下逐步加以讨论。

(1) 将旧网格系统(图 5.4.2)内的状态参量由高斯积分点 g 转到旧网

格节点 i,j,k,l 上[41]。

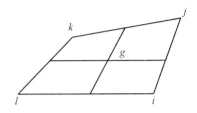

图 5.4.2   旧网格系统

实现时采用方法简单且精度高的面积加权法。设 g 点被 m 个单元包围,则该点处的状态参量值 q_g 为

$$q_g = \sum_{i=1}^{m} q_{ig} A_{ig} / \sum_{i=1}^{m} A_{ig} \tag{5.4.4}$$

式中 q_{ig}——i 点处的状态参量值;

　　　　m—— 包围点 g 的单元的个数;

　　　　A_{ig}—— 包含节点 i,g 的单元的面积。

(2)包含测试。测试新网格节点处于旧网格系统的哪个网格中,常用的算法有以下几种:① 交点数目的判定法,过节点的任何射线与某多边形边界交点的数目为偶数,则节点在该多边形之外;② 内角和判定法,一点在一凸多边形内的充要条件是由此点与多边形顶点相连所夹内角和为 $360°$;③ 解析几何法,先通过建立单元每条棱的直线方程,然后利用一点在直线的上或下(左或右)来决定此点是否在单元内。

本书采取计算三角形面积的方法进行包含测试(图 5.4.3)。算法的具体描述如下:

① 将旧网格上每个四边形单元的节点编号 P_1,P_2,P_3,P_4 按逆时针排列。

② 新网格节点 P 与四边形 $P_1P_2P_3P_4$ 的 4 条边结合组成 4 个三角形 $\triangle P_1P_2P,\triangle P_2P_3P,\triangle P_3P_4P,\triangle P_4P_1P$。

③ 采取计算三角形逆时针方向面积的方法,判断点 P 是否在四边形的内部。若 $\triangle P_1P_2P,\triangle P_2P_3P,\triangle P_3P_4P,\triangle P_4P_1P$ 逆时针方向的面积都为正,则点 P 在四边形 $P_1P_2P_3P_4$ 的内部,否则,点 P 在四边形 $P_1P_2P_3P_4$ 的外部。三角形逆时针方向面积的计算参照式(5.3.6)。

(3)新网格节点的局部坐标和场变量计算。假定已搜索出新网格节点 k 位于旧单元 Ω_e 内,求出点 k 在 Ω_e 中的局部坐标 (ξ,η),再按插值公式求出点 k 的场变量值。

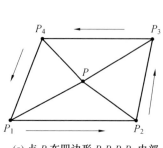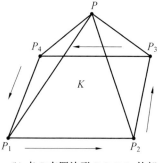

(a) 点 P 在四边形 $P_1P_2P_3P_4$ 内部　　　(b) 点 P 在四边形 $P_1P_2P_3P_4$ 外部

图 5.4.3　新网格节点与旧网格的关系

新节点在旧网格单元的局部坐标 (ξ,η)，可通过求解关于 (ξ,η) 的一元一次方程组得到：

$$\begin{cases} x_k = \sum_{i=1}^{4} N_i(\xi,\eta)x_i \\ y_k = \sum_{i=1}^{4} N_i(\xi,\eta)y_i \end{cases} \tag{5.4.5}$$

式中　　(x_k,y_k)——点 k 的整体坐标；

(ξ,η)——点 k 的局部坐标；

N_i——形函数，是关于 (ξ,η) 的函数；

(x_i,y_i)——点 k 所在单元节点的整体坐标，$i=1,2,3,4$。

方程 (5.4.5) 有两组解，其中 $|\xi|<1$，$|\eta|<1$ 是一组所要求的解。

求出局部坐标 (ξ,η) 后，计算出形函数 N_i，则新节点 k 的应变、应变速度、速度等场变量值可以通过插值法求出。以应变为例，计算公式为

$$\varepsilon_k = \sum_{i=1}^{4} N_i\varepsilon_i \tag{5.4.6}$$

式中　　ε_k——新节点 k 的应变；

ε_i——k 所在旧单元节点的应变，$i=1,2,3,4$。

（4）新网格系单元参量的计算。一旦新网格节点的参量值求出后，单元内任一点的参量值便可以由插值法求出。以应变为例，有

$$\boldsymbol{\varepsilon} = \sum_{i=1}^{4} N_i\varepsilon_i \tag{5.4.7}$$

式中　　$\boldsymbol{\varepsilon}$——新网格单元内任一点的应变；

ε_i——新网格单元节点的应变，$i=1,2,3,4$。

圆柱体镦粗过程网格重划分前后等效应变的分布如图 5.4.4 所示,该方法可以较为准确地在新旧网格之间进行场变量的传递。

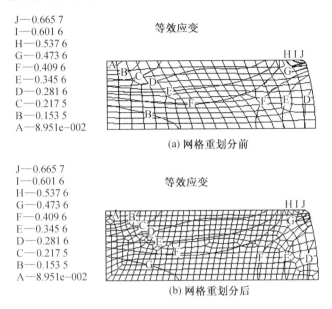

J—0.665 7
I—0.601 6
H—0.537 6
G—0.473 6
F—0.409 6
E—0.345 6
D—0.281 6
C—0.217 5
B—0.153 5
A—8.951e-002

等效应变

(a) 网格重划分前

J—0.665 7
I—0.601 6
H—0.537 6
G—0.473 6
F—0.409 6
E—0.345 6
D—0.281 6
C—0.217 5
B—0.153 5
A—8.951e-002

等效应变

(b) 网格重划分后

图 5.4.4　圆柱体镦粗过程网格重划分前后等效应变的分布

根据四边形网格重划分的判据实现网格重划分过程,通过实例分析证明了间接的四边形网格划分方法的有效性。用面积坐标插值法把旧单元的场变量值转换到新网格单元能达到较高的精度,通过场变量转化前后等效应变分布实例分析证明了其有效性。

5.5　圆柱体平砧镦粗过程有限元分析

本节将提出的间接的四边形网格划分及重划分方法应用于圆柱体镦粗变形过程有限元分析,将变形过程中坯料及网格变化情况与塑性成形商品化软件 DEFORM－2D 计算结果进行对比。

5.5.1　模型建立

1. 材料参数

计算选用的材料为纯铅,假设材料为刚塑性材料模型,材料参数见表 5.5.1,室温的本构关系[42] 表示为

$$\bar{\sigma} = K\varepsilon^{n}\dot{\varepsilon}^{m} \tag{5.5.1}$$

式中　　K——与材料有关的常数；

　　　　n——硬化指数；

　　　　m——应变速率指数；

　　　　$\bar{\sigma}$——材料的真实流动应力；

　　　　ε——应变；

　　　　$\dot{\varepsilon}$——应变速率。

表 5.5.1　材料参数

材料	密度 /(g·cm^{-3})	K/MPa	n	m
铅	11.34	38.139 1	0.274 2	0.031 84

2. 有限元分析模型

圆柱体镦粗过程有限元分析模型如图 5.5.1 所示。坯料为圆柱体，直径 $D=18$ mm，高 $H=10$ mm，由于圆柱体的几何形状、载荷等边界条件的对称性，为了减少计算量，因此取其 1/2 作为分析对象。采用提出的间接四边形网格划分方法进行初始网格划分，划分后的网格单元数为 208，节点数为 237。设定摩擦因数为 0.1，行程为 3 mm，步长为 0.02 mm，上模运动速度为 1 mm/s。

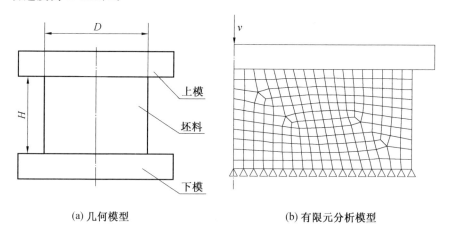

(a) 几何模型　　　　　　　　　　(b) 有限元分析模型

图 5.5.1　圆柱体镦粗过程有限元分析模型

3. 有限元分析

圆柱体镦粗过程坯料的形状和网格变化有限元分析结果如图 5.5.2 所示。随着坯料变形程度 $\Delta H/H_0$（H_0 为圆柱体初始高度，ΔH 为高度减小量）的增大，网格的畸变程度随之增大，在与上下模接触面和自由表面的交界处，网格畸变程度最大。在镦粗过程中，金属材料沿径向向外流动，在坯料和上模具接触的面上金属的变形量较小，形成一个变形死区，而且坯料变形后会在"赤道处"出现鼓形，这是由于存在摩擦力，对金属流动具有一定的约束作用。

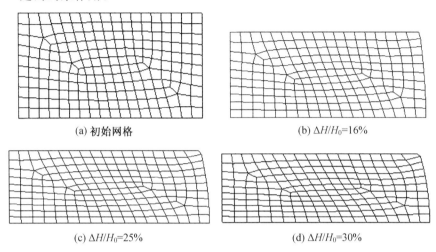

(a) 初始网格　　　　　　　　　　　　　　(b) $\Delta H/H_0$=16%

(c) $\Delta H/H_0$=25%　　　　　　　　　　　(d) $\Delta H/H_0$=30%

图 5.5.2　圆柱体镦粗过程坯料的形状及网格变化有限元分析结果

当 $\Delta H/H_0$ 为 30% 时，网格已经发生了严重畸变(图 5.5.3)，单元最大内角为 160°，最小内角为 20°，导致了计算结果不准确，此时需要重新划分网格，以确保计算的准确性。分 3 种情况对网格进行重划分：按边界密度不变进行网格重划分，重划分后单元的最大内角为 145°，最小内角为 40°，如图 5.5.4 所示；按边界局部加密后进行网格重划分，划分后单元的最大内角为 140°，最小内角为 45°，如图 5.5.5 所示；按边界整体加密进行网格重划分，划分后单元的最大内角为 130°，最小内角为 50°，如图 5.5.6 所示。

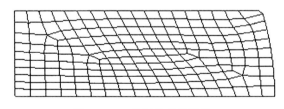

图 5.5.3　重划分前的网格

网格经重划分处理后质量明显提高。根据 3 种情况网格重划分对比可知，边界节点整体加密和局部加密后划分的网格质量要比按边界节点不变划分后的网格质量好，这是因为金属的大塑性变形导致边界节点分布不

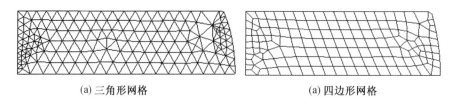

(a) 三角形网格　　　　　　　　　　　　　　(a) 四边形网格

图 5.5.4　边界密度不变重划分后的网格

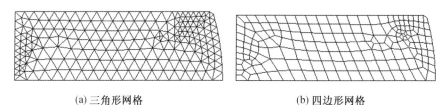

(a) 三角形网格　　　　　　　　　　　　　　(b) 四边形网格

图 5.5.5　边界局部加密重划分后的网格

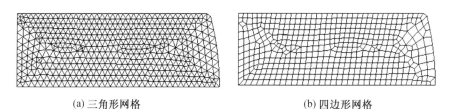

(a) 三角形网格　　　　　　　　　　　　　　(b) 四边形网格

图 5.5.6　边界整体加密重划分后的网格

均匀,如果按边界密度不变重划分后,网格就不能渐变过渡,且质量差。因此,在进行网格重划分时要根据边界轮廓重新进行布点。

根据 5.3 中间接法划分四边形网格的算法对 3 种情况重划后的网格进行场变量的传递。以等效应变为例进行分析,网格重划分前后等效应变分布分别如图 5.5.7 和图 5.5.8 所示,重划分前后等效应变的分布情况一致,网格重划分对计算精度影响很小。

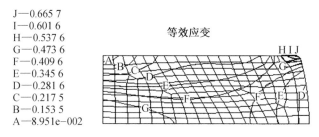

J—0.665 7
I—0.601 6
H—0.537 6
G—0.473 6
F—0.409 6
E—0.345 6
D—0.281 6
C—0.217 5
B—0.153 5
A—8.951e-002

等效应变

图 5.5.7　网格重划分前的等效应变

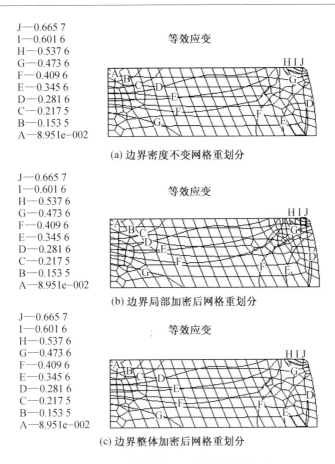

J—0.665 7
I—0.601 6
H—0.537 6
G—0.473 6
F—0.409 6
E—0.345 6
D—0.281 6
C—0.217 5
B—0.153 5
A—8.951e−002

等效应变

(a) 边界密度不变网格重划分

J—0.665 7
I—0.601 6
H—0.537 6
G—0.473 6
F—0.409 6
E—0.345 6
D—0.281 6
C—0.217 5
B—0.153 5
A—8.951e−002

等效应变

(b) 边界局部加密后网格重划分

J—0.665 7
I—0.601 6
H—0.537 6
G—0.473 6
F—0.409 6
E—0.345 6
D—0.281 6
C—0.217 5
B—0.153 5
A—8.951e−002

等效应变

(c) 边界整体加密后网格重划分

图 5.5.8   网格重划分后的等效应变分布

网格重划分和场变量转化后继续进行有限元计算,图 5.5.9 为按边界密度不变进行网格重划分后的网格和坯料变化情况,其 $\Delta H/H_0$ 的最大值为 45%。图 5.5.10 为按边界局部加密进行网格重划分后的网格和坯料变化情况,其 $\Delta H/H_0$ 的最大值为 50%。图 5.5.11 为按边界整体加密进行网格重划分后的网格和坯料变化情况,其 $\Delta H/H_0$ 的最大值为 58%。通过 3 种情况坯料的最大压缩量对比可知,边界整体加密后和局部加密进行重划分后坯料的最大压缩量较大,边界密度不变进行的重划分坯料最大压缩量较小。也就是在网格重划分之前进行边界重新布点再进行重划分的网格质量要更好,这样在整个成形过程中坯料需要重划分的次数也越少。

5.5.2   本算法计算结果与 DEFORM−2D 计算结果的比较

采用本章算法与 DEFORM−2D 软件分别对圆柱体镦粗过程进行有

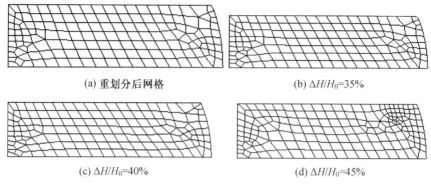

(a) 重划分后网格　　　　　　　　　　(b) $\Delta H/H_0=35\%$

(c) $\Delta H/H_0=40\%$　　　　　　　　　　(d) $\Delta H/H_0=45\%$

图 5.5.9　边界密度不变进行网格重划分后的网格和坯料变化情况

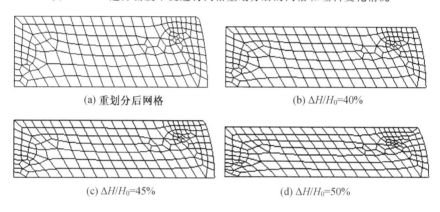

(a) 重划分后网格　　　　　　　　　　(b) $\Delta H/H_0=40\%$

(c) $\Delta H/H_0=45\%$　　　　　　　　　　(d) $\Delta H/H_0=50\%$

图 5.5.10　边界局部加密进行网格重划分后的网格和坯料变化情况

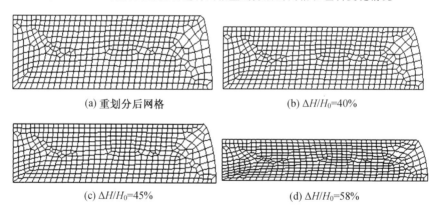

(a) 重划分后网格　　　　　　　　　　(b) $\Delta H/H_0=40\%$

(c) $\Delta H/H_0=45\%$　　　　　　　　　　(d) $\Delta H/H_0=58\%$

图 5.5.11　边界整体加密网格重划分后的网格和构形

限元分析,图 5.5.12、图 5.5.13 分别为两种算法进行镦粗过程有限元计算时网格变化情况,本书算法划分的初始网格单元数为 208,DEFORM－2D

划分的初始网格单元数为 210。通过当 $\Delta H/H_0$ 为 16％ 时对两种计算结果坯料构形的对比，本算法有限元计算结果与 DEFORM－2D 有限元计算结果吻合。两种有限元分析结果对比见表 5.5.2。

　　$\Delta H/H_0$ 为 16％ 时两种计算结果等效应变分布如图 5.5.14 所示，两种算法等效应变分布一致，且等效应变最大值相差不大。

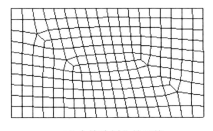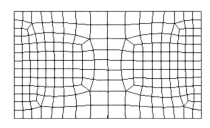

(a) 本算法划分的网格　　　　　　　　(b) DEFORM-2D 划分的网格

图 5.5.12　　初始网格

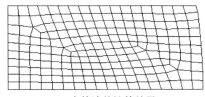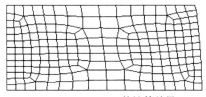

(a) 本算法的计算结果　　　　　　　　(b) DEFORM-2D 的计算结果

图 5.5.13　　$\Delta H/H_0$ 为 16％ 时的网格和构形

表 5.5.2　　两种有限元分析结果对比

压缩量	16％		
	上边界 /mm	下边界 /mm	等效应变最大值
本书算法计算结果	9.566 3	9.922 4	0.323
Deform－2D 计算结果	9.565 8	9.924 3	0.377

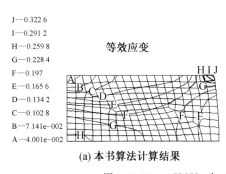

(a) 本书算法计算结果　　　　　　　　(b) DEFORM-2D 计算结果

图 5.5.14　　$\Delta H/H_0$ 为 16％ 时的等效应变分布

5.6　圆柱体曲面凸模压缩过程有限元分析

5.6.1　模型建立

1. 材料参数

计算选用的材料为纯铅,假设材料为刚塑性材料模型,在室温范围内纯铅的本构关系参考式(5.5.1),材料参数见表 5.5.1。

2. 有限元模型

圆柱体曲面凸模压缩过程有限元分析模型如图 5.6.1 所示,坯料为圆柱体,直径 $D = 40$ mm,高 $H = 10$ mm,由于圆柱体的几何形状、载荷等边界条件的对称性,为了减少计算量,取坯料的 1/2 作为计算模型。采用提出的间接四边形网格划分方法进行初始网格划分,划分后的网格单元数为 232,节点数为 263。设定摩擦因数为 0.1,冲头行程为 5.5 mm,步长为 0.01 mm,上模运动速度为 1 mm/s。

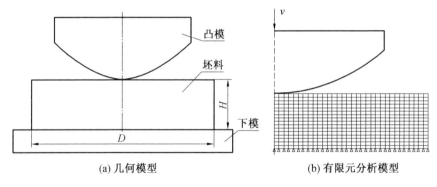

(a) 几何模型　　　　　　　　　　(b) 有限元分析模型

图 5.6.1　圆柱体曲面凸模压缩过程有限元分析模型

5.6.2　有限元分析

圆柱体曲面凸模压缩过程有限元网格和构形变化如图 5.6.2 所示。随着坯料变形程度的增大,网格的畸变程度随之增大,轴线附近的网格和与模具接触的网格畸变最大,主要表现在单元长细比(单元长细比 = 最长边长 / 最短边长)上。在局部变形过程中,金属材料沿径向向外流动,中轴线附近金属变形量最大。当凸模行程为 4 mm 时,单元的最大长细比为 3,此时进行网格重划分。图 5.6.3 所示为重划分后的网格,重划分后网格密度增加,单元数为 326,节点数为 363,在轴线附近的网格质量明显提高,单元长细比接近 1,网格在坯料与上模曲面接触处的轮廓符合得很好。

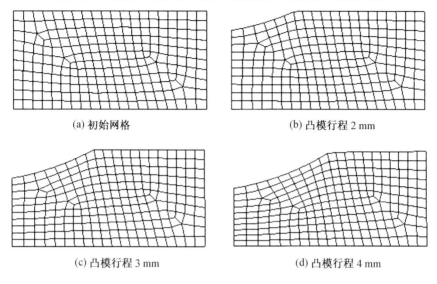

(a) 初始网格　　　　　　　　　　　(b) 凸模行程 2 mm

(c) 凸模行程 3 mm　　　　　　　　(d) 凸模行程 4 mm

图 5.6.2　圆柱体曲面凸模压缩过程有限元网格和构形变化

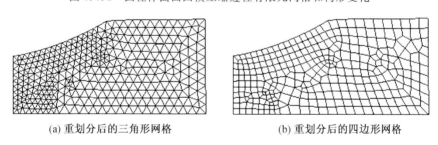

(a) 重划分后的三角形网格　　　　　(b) 重划分后的四边形网格

图 5.6.3　圆柱体曲面凸模压缩过程有限元网格重划分

　　根据 5.4 节的网格重划分算法对重划分后的网格进行场变量的传递。这里以等效应变为例进行分析,网格重划分前后等效应变分布如图 5.6.4 所示,网格重划分前后等效应变的分布基本一致,也就是旧网格单元的场变量值传递到新网格单元能达到较高的精度。

　　网格重划分和场变量转化后继续进行计算,计算过程中网格和构形情况如图 5.6.5 所示,构形变化和重划分前保持一致,也就是网格重划分对计算精度影响很小,计算结果是可靠的。

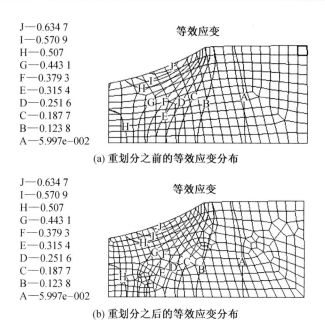

J——0.634 7
I——0.570 9
H——0.507
G——0.443 1
F——0.379 3
E——0.315 4
D——0.251 6
C——0.187 7
B——0.123 8
A——5.997e-002

等效应变

(a) 重划分之前的等效应变分布

J——0.634 7
I——0.570 9
H——0.507
G——0.443 1
F——0.379 3
E——0.315 4
D——0.251 6
C——0.187 7
B——0.123 8
A——5.997e-002

等效应变

(b) 重划分之后的等效应变分布

图 5.6.4　圆柱体曲面凸模压缩过程有限元网格重划分前后等效应变分布

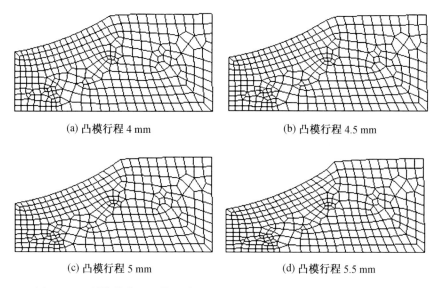

(a) 凸模行程 4 mm

(b) 凸模行程 4.5 mm

(c) 凸模行程 5 mm

(d) 凸模行程 5.5 mm

图 5.6.5　圆柱体曲面凸模压缩过程有限元网格重划分后网格和构形情况

参考文献

［1］于浩.Autocad 平台下的三角形及四边形网格的生成和相应的网格生成期的研制［D］.杭州：浙江大学，2004.

［2］LAWSON C L. Software for C1 surface interpolation［J］. Mathematical Software Ⅲ，1977：161-194.

［3］WATSON D F. Computing the n-dimensional delaunay tessellation with application to Voronoi polytopes［J］. Computer Journal，1981，24(24)：167-172.

［4］BAKER T J. Automatic mesh generation for complex three-dimensional regions using a constrained delaunay triangulation［J］. Engineer with Computers，1989，5(3-4)：161-175.

［5］WEATHERILL N P，HASSAN O. Efficient three-dimensional delaunay triangulation with automatic point creation and imposed boundary constraints［J］. International Journal for Numerical Methods in Engineering，1994，37(12)：2005-2039.

［6］GEORGE P L，HECHT F，SALTEL E. Automatic mesh generator with specified boundary［J］. Computer Methods in Applied Mechanics and Engineering，1991，92(3)：269-288.

［7］胡恩球，张新访，向文，等.有限元网格生成方法发展综述［J］.计算机辅助设计与图形学学报，1997，9(4)：378-383.

［8］LO S H. A new mesh generation scheme for arbitrary planar domains［J］. International Journal of Numerical Methods in Engineering，1985，21(8)：1403-1426.

［9］PERAIER J，VAHOATI M，MORGAN K，et al. Adaptive remeshing for compressible flow computations［J］. Journal of Computational Physics，1987，72(2)：449-466.

［10］LOHNER R，PARIKH P. Generation of three-dimensional unstructured grids by the advancing-front method［J］. International Journal for Numerical Methods in Fluids，1988，8(10)：1135-1149.

［11］关振群，宋超，顾元宪，等.有限元网格生成方法研究的新进展［J］.计算机辅助设计与图形学学报，2003，15(1)：1-14.

［12］任华.有限元自适应网格生成技术解析［J］.新余学院学报，2006，11

(2):102-105.

[13] 郭晓霞.四边形有限元网格划分方法——二分法的改进[J]. 塑性工程学报,2005,12(5):96-100.

[14] 张玉峰,朱以文.有限元网格自动生成的典型方法与研究前瞻[J]. 武汉大学学报,2005,38(2):54-59.

[15] 冯道雨,陈尚法,陈胜宏.复杂区域四边形网格生成的一种改进方法[J]. 岩土力学,2004,25(6):917-921.

[16] ZHU J Z,ZIENKIEWICZ O C,HINTON E,et al. A new approach to the development of automatic quadrilateral mesh generation[J]. International Journal of Numerical Methods in Engineering,1991,32(4):849-866.

[17] LO S H. Generating quadrilateral elements on plane and over curved surfaces[J]. Computers and Structures,1989,31(3):421-426.

[18] OWEN S J,STATEN M L,CANANN S A, et al. Advancing front quad meshing using triangle transformations:IMR1998//Proceedings of the seventh International Meshing Roundtable,Dearborn, October 26-28,1998[C]. Sandia:National Laboratories,1998:409-428.

[19] LEE C K,LO S H. A new scheme for the generation of a graded quadrilateral mesh[J]. Computers & Structures,1994,52(5):847-857.

[20] 闵卫东,唐泽圣.三角形网格转化为四边形网格[J]. 计算机辅助设计与图形学学报,1996,8(1):1-6.

[21] 胡向红,陈康宁.由区域生成算法实现四边形网格划分[J]. 计算机辅助设计与图形学学报,2004,16(1):29-34.

[22] SHEPHARD M S. Approaches to the automatic generation and control of finite element meshes[J]. Applied Mechanics Reviews, 1988,41(4):169-185.

[23] YERRY M,SHEPHARD M. A modified quadtree approach to finite element mesh generation[J]. Computer Graphics & Applications IEEE,1983,3(1):39-46.

[24] BLACKER T D, STEPHENSON M B. Paving:a new approach to automated quadrilateral mesh generation[J]. International Journal for Numerical Methods in Engineering ,1991,32(4):811-847.

[25] FIELD D A. Laplacian smoothing and delaunay triangulations[J]. Communications in Applied Numerical Methods,1988,4(6):709-712.

[26] HERRMANN L R. Laplacian-isoparametric grid generation scheme [J]. Journal of the Engineering Mechanics Division,1976,102(5):749-907.

[27] CUTHILL E,MCKEE J. Reducing the bandwidth of sparse symmetric matrices:ACM1969 // Proceeding of the 24th National Conference of the Association for Computing Machinery,New York,August 26-28,1969[C]. California:Association for Computing Machinery,1969:157-172.

[28] EVERSTINE G C. A comparison of three resequencing algorithms for the reduction of matrix profile and wavefront[J]. International Journal for Numerical Methods in Engineering,1979,14(6):837-853.

[29] AKHRAS G,DHATT G. An automatic node relabelling scheme for minimizing a matrix or network bandwidth[J]. International Journal for Numerical Methods in Engineering,1976,10(4):787-797.

[30] LIVESLEY R K,SABIN M A. Algorithms for numbering the nodes of finite element meshes[J]. Computer Systems in Engineering,1991,2(1):103-114.

[31] GIBBS N E,POOLE W G,STOCKMEYER P K. An algorithm for reducing the bandwidth and profile of a sparse matrix[J]. Siam Journal on Numerical Analysis,1976,13(2):236-250.

[32] El-HAMALAWI A. A 2D combined advancing front-Delaunay mesh generation scheme[J]. Finite Elements in Analysis and Design,2004,40(9-10):967-989.

[33] 田春松,胡健伟.平面区域渐变三角形网格的自动生成[J].数值计算与计算机应用,1993,14(4):303-311.

[34] 宋超,关振群,顾元宪.二维自适应网格生成的改进 AFT 与背景网格法[J].计算力学学报,2005,22(6):694-699.

[35] LO S H. Delaunay triangulation of no-convex planar domains[J]. International Journal for Numerical Methods in Engineering,1989,28(11):2695-2707.

［36］KINNY D,GEORGEEF M,RAO A. A methodology and modeling technique for systems of BDI agents[J]. Lecture Notes in Computer Science,1996,1038:56-71.

［37］赵熠,赵建军,张新访.前沿法生成四边形网格的改进方法[J].计算机工程与应用,2002,38(9):64-66.

［38］刑渊,董林峰.有限元网格节点优化排序方法研究[J].计算力学学报,1999,16(3):366-369.

［39］李俊,游理华.塑性有限元数值模拟的重划网技术[J].机械研究与应用,1998,11(2):28-29

［40］黄菊花,董湘怀,肖祥芷.板料成形有限元模拟网格重划及其应用[J].锻压机械,2002,(2):47-49

［41］李淼泉.浅谈铅的本构关系及作为模拟材料的局限性[J].材料科学与工艺,1987,6(3):102-107.

第6章 单元类型选择及六面体网格划分方法

6.1 引　言

体积成形是一个大变形过程,有限元计算时通常需进行多次网格重划分,而网格重划分需要耗费大量的时间且每次都会损失一定的精度。同时,塑性变形过程是一个非线性问题,需进行迭代求解,计算效率问题更为突出。体积成形有限元分析时必须进行多次工件与模具间的动态接触边界处理,每次的处理都会使工件的有限元模型产生一定的体积损失而影响计算精度。3种问题的处理都与单元类型选择密切相关,选择合理的单元类型,就可以用较少的网格重划分次数、较少的高斯积分点数来达到较高的计算精度和计算效率。

六面体单元由于变形特性好、计算精度高等优点而在很多的三维有限元分析领域得到了广泛的应用。在金属体积成形的三维有限元分析中,要求单元既要有一定的"刚性"(即抗畸变能力)以避免频繁的网格重划分,又要有一定的"柔性"(即良好的变形特性)以准确地模拟金属的塑性变形过程,还必须有较高的计算精度。在体积成形三维有限元模拟中常采用4节点四面体单元和8节点六面体单元,许多研究者认为采用六面体单元进行体积成形过程三维有限元模拟可采用较少的网格重划分次数以达到较高的计算精度,故六面体单元是金属体积成形过程三维有限元模拟的首选单元[1,2]。

本章对体积成形数值模拟中的单元类型选择进行了分析,论述了六面体单元是体积成形过程三维有限元分析的首选单元。提出了B样条曲面描述与三维Delaunay三角划分相结合的三维形体中轴面的形成与分解技术,实现了三维形体的全自动Delaunay三角划分,形成了三维形体的中轴面,研究了三维形体的中轴面分解技术,解决了六面体网格自动生成方法中的分区问题。中轴面分解技术与B样条曲面拟合插值法结合起来,提出了基于形状特征识别的有限元六面体网格自动划分方法。三维形体的边界通过双三次B样条曲面描述,采用基于形状特征的中轴面分解技术形成子域,在子域内采用B样条曲面拟合插值法自动生成六面体网格,采用网格密度加权因子对网格密度进行控制。采用基于边界形状特征的六面体网格重划技术,对法兰镦锻过程进行了有限元分析,较好地解决了金属塑性成形三维有限元分析中的网格重划问题。

6.2　单元类型选择

对塑性成形进行力学解析的最精确方法是联解塑性应力状态和应变状态的基本方程,它们是微分平衡方程、变形几何方程、本构方程、边界条件和其他约束条件等。但实际上,由于塑性成形问题往往是具有复杂边值和初值条件的偏微分方程问题,导致其解析解难以获得。因此,工程中常采用数值方法对其进行求解,有限元法便是其中的一种常用方法。

采用有限元法对问题进行求解时,最重要的一个基本问题就是要保证解的存在性和稳定性。限于篇幅,本节只针对刚塑性有限元方法进行讨论。

稳定性问题是保证数值方法合理性的关键所在,不可压缩介质问题广义变分原理中变分解存在唯一的充要条件由 Babuska 和 Brezzi 首先给出,称为 B−B 条件[4-5],其可以表述如下。

对于任意的位移向量 $\boldsymbol{u}$,存在一个正常数 β,使得

$$\max_{\boldsymbol{\sigma}} \frac{\langle \boldsymbol{\sigma}, \boldsymbol{Du} \rangle}{\|\boldsymbol{\sigma}\|} \geqslant \beta \|\boldsymbol{u}\| \qquad (6.2.1)$$

式中　　$\langle \boldsymbol{\sigma}, \boldsymbol{Du} \rangle$——应力向量 $\boldsymbol{\sigma}$ 和应变向量 $\boldsymbol{Du}$ 的内积;

　　　　$\|\boldsymbol{u}\|$——向量 $\boldsymbol{u}$ 的范数,表达式见式(6.2.2);

　　　　$\|\boldsymbol{\sigma}\|$——应力向量 $\boldsymbol{\sigma}$ 的范数,其表达式形式同 $\|\boldsymbol{u}\|$。

$$\|\boldsymbol{u}\| = \left(\int_V \boldsymbol{u}^{\mathrm{T}} \boldsymbol{u} \mathrm{d}V \right)^{1/2} \qquad (6.2.2)$$

刚塑性有限元是位移有限元的一种,其解的存在性由如下的变形能椭圆性条件保证。对于任意的位移向 $\boldsymbol{u}$,存在一个正常数 C,使得

$$\int_V E(\boldsymbol{u}) \mathrm{d}V \geqslant C \|\boldsymbol{u}\|^2 \qquad (6.2.3)$$

式中　$E(\boldsymbol{u})$——变形势能密度。

B−B 条件是一种极值形式的不等式约束,不便直接应用于有限元解的稳定性分析。因此,在有限元计算中通常把稳定性问题归结为对单元机动模式的控制问题,即变分解的零能模式(Zero Energy Mode,ZEM)问题[6],可表述如下。

对于单元泛函数 $\Pi(\boldsymbol{\sigma}, \boldsymbol{u})$,如果对任意的应力向量 $\boldsymbol{\sigma}$,都存在一个非零

的位移增量 Δu 使得下式成立,则称 Δu 为位移零能模式 ZEM(u)。

$$\Delta \Pi(\Delta u) = \Pi(\boldsymbol{\sigma}, u_\circ + \Delta u) - \Pi(\boldsymbol{\sigma}, u_\circ) = 0 \qquad (6.2.4)$$

式中　　$u_\circ$——不含刚体位移的单元形变位移向量。

如果对任意的应力向量 $\boldsymbol{\sigma}$,式(6.2.4)成立时都有 $\Delta u = 0$,那么单元无零能模式。在有限元计算中,所有单元必须通过零能模式和自锁检查,即沙漏控制(Hourglass Control)问题。

在刚塑性有限元迭代增量步内,式(6.2.4)与下式是等价的:

$$\int_V \overline{\sigma}\, \dot{\overline{\varepsilon}}(\Delta u)\, \mathrm{d}V = 0 \qquad (6.2.5)$$

式中　　$\overline{\sigma}$——单元的等效应力;

$\dot{\overline{\varepsilon}}$——单元的等效应变速率。

由式(6.2.5)可以导出 $\dot{\overline{\varepsilon}}(\Delta u) = 0$,利用等效应变速率表达式和变形几何方程进一步得到

$$\boldsymbol{\varepsilon} = \boldsymbol{B}\Delta u = 0 \qquad (6.2.6)$$

式中　　$\boldsymbol{B}$——应变速率矩阵,其元素为

$$[\boldsymbol{B}_i] = \begin{Bmatrix} \dfrac{\partial N_i}{\partial x} & 0 & 0 \\[2mm] 0 & \dfrac{\partial N_i}{\partial y} & 0 \\[2mm] 0 & 0 & \dfrac{\partial N_i}{\partial z} \\[2mm] \dfrac{\partial N_i}{\partial y} & \dfrac{\partial N_i}{\partial x} & 0 \\[2mm] 0 & \dfrac{\partial N_i}{\partial z} & \dfrac{\partial N_i}{\partial y} \\[2mm] \dfrac{\partial N_i}{\partial z} & 0 & \dfrac{\partial N_i}{\partial x} \end{Bmatrix} \qquad (6.2.7)$$

式中　　N_i——单元的形状函数。

由式(6.2.7)可知,4 节点四面体单元(线性单元)的应变速率矩阵 $\boldsymbol{B}$ 为常数矩阵,因此在式(6.2.6)中只有当 $\boldsymbol{B}$ 为满秩矩阵时才有 $\Delta u = 0$,即单元无零能模式。可见,采用这种四面体单元时,对每个单元都必须判断 $\boldsymbol{B}$ 是否为满秩矩阵。对于 10 节点四面体单元(二次单元)和 8 节点六面体单元,$\boldsymbol{B}$ 是节点坐标的函数,由于节点坐标(x, y, z)的任意性,因此式(6.2.6)成立时一定有 $\Delta u = 0$,单元自然满足无零能模式要求。

基于上述分析,为保证单元满足无零能模式要求,三维有限元分析中的四面体单元至少为二次的,但这样增加了接触算法的复杂性,降低了计算效率。

6.3 四面体单元和六面体单元的计算对比分析

6.3.1 计算方案

选用两个典型实例进行三维有限元分析:实例1为矩形块体镦粗,坯料尺寸为 19.05 mm×19.05 mm×4.76 mm,压缩变形程度为 68%,计算模型如图 6.3.1 所示。实例2为圆管镦锻方法兰,坯料尺寸为 ϕ28.00 mm×15.40 mm,壁厚为 5.00 mm,压缩变形程度为 51.1%,计算模型如图 6.3.2所示。两个实例均采用8节点六面体单元(HEX8)和4节点四面体单元(TET4)分别进行计算。

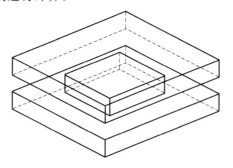

图 6.3.1 矩形块体镦粗的计算模型

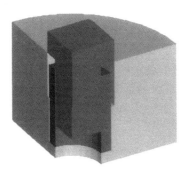

图 6.3.2 圆管镦锻方法兰的计算模型(见彩图)

计算条件为:计算机硬件条件相同;坯料材料均为 20 钢;均采用

Newton－Raphson法进行迭代计算,初始减速因子和步长增量相同;均采用反正切摩擦模型,摩擦因子为0.1;忽略温度的影响,采用刚塑性有限元方法计算。

6.3.2 计算结果

矩形块体镦粗有限元计算得到的等效应变分布(1/4)如图6.3.3所示,圆管镦锻方法兰有限元计算得到的等效应变分布(1/4)如图6.3.4所示。

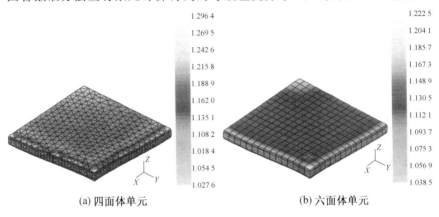

(a) 四面体单元 (b) 六面体单元

图 6.3.3 采用不同单元时的等效应变分布(实例1)(见彩图)

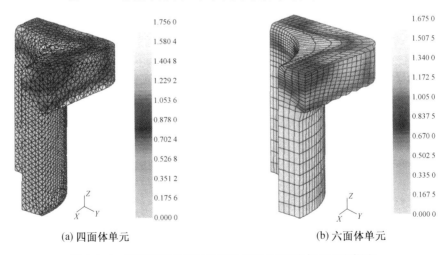

(a) 四面体单元 (b) 六面体单元

图 6.3.4 采用不同单元时的等效应变分布(实例2)(见彩图)

有限元计算中进行比较的项目有迭代计算的收敛速度、网格重划分次数及计算结束后的总体积损失等。表6.3.1为其计算结果,两个实例中六面体单元均优于四面体单元。由于有限元离散化时需要较多的四面体单元,有限元计算中要进行多次的接触判断,因此采用四面体单元时的计算时间较长。四面体单元可以看成是退化的六面体单元,不能承受六面体单元那样大的变形,计算过程中需要进行多次网格重划分,每次重划分都会使工件产生一定的体积损失,因此在网格重划分和体积损失方面六面体单元均优于四面体单元。

表 6.3.1　三维有限元分析采用不同单元的计算结果

单元类型 计算结果	矩形块体镦粗		圆管镦锻方法兰	
	四面体单元	六面体单元	四面体单元	六面体单元
单个增量步 平均计算时间/s	44.3	26.4	1726	972
单个增量步 平均迭代次数	2.46	2.0	5.67	2.64
网格重划分次数	1	0	4	2
总体积损失	0.81%	0.59%	0.66%	0.33%

6.3.3　计算结果与实验结果的对比

为了进一步说明六面体单元的优越性,本小节把实例 1 的有限元计算结果与实验结果进行了比较。图 6.3.5(a)为不同压下量时的载荷对比,图 6.3.5(b)为压下量为 50% 时赤道平面的构形对比,采用六面体单元的计算结果更接近实验结果。

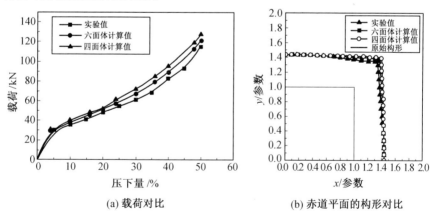

(a) 载荷对比　　　　　　　(b) 赤道平面的构形对比

图 6.3.5　实例 1 的计算结果与实验结果的对比

6.4 六面体网格划分方法

六面体网格的典型划分方法主要有以下几种。

6.4.1 映射单元法

映射单元法是六面体网格划分中最早使用的方法之一。这种方法先把三维形体交互地分成几个大的 20 节点六面体,然后使用形函数映射技术把各个六面体区域映射为很多细小的 8 节点六面体单元。该方法易于实现,可以划分规整的结构化网格,缺点是当三维形体的表面是十分复杂的自由曲面时,该方法的逼近精度不高,且人工分区十分麻烦、难以实现自动化。近年来,一些研究者采用整体规划技术(Integer Programming Technique)来进行自动分区[7],但该技术很难对复杂形体(如塑性加工中的复杂锻件)进行自动分区。

文献[8]详细研究了基于映射单元法的六面体网格自动划分技术,通过加权因子来控制自然坐标的分割,获得了不同密度的网格。对原域为单连通凸区域的简单形体以及原域为复连通凹区域的复杂形体,该种方法均可划分为质量较高的六面体网格(图 6.4.1)。

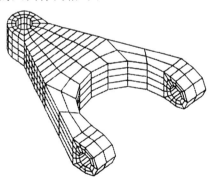

图 6.4.1 映射单元法划分的六面体网格[8]

这种方法的发展方向是:实现简单、规则形状形体的自动分区;与 CAD 造型系统相结合来提高手工分区的交互性,能方便地对复杂形体进行分区。

6.4.2 基于栅格法

基于栅格法预先产生网格模板,然后将形体加到其上,并在形体内部尽可能多地填充正方体网格,最后在形体边界上根据边界的具体特征更改网格的形状和相互连接关系,使边界六面体单元尽可能地逼近形体的边界形状。文献[9]采用这种方法划分了六面体网格,并将其应用到锻造过程有限元分析中。这种方法能实现完全自动化划分,网格划分速度也非常快,但其最大的弱点是边界单元的质量较差。在体积成形有限元分析中,边界单元比较容易发生畸变,应用这种方法往往会导致频繁的网格重划分,由此降低了有限元分析的精度和计算效率。该方法的另一个缺点是所划分的单元尺寸相近,网格密度很难得到控制。

1998 年发布的 MARC/HexMesh 模块基于栅格法,并对这种方法进行了改进,使得初始填充在形体内部的单元尺寸较大、形体边界的单元尺寸较小,这样可以较好地控制网格密度。Tekkaya[2,10] 将基于栅格法与改进八叉树法相结合来划分六面体网格,首先根据工件的边界来区分内部单元和边界单元,然后应用局部网格细化和均匀化处理技术改进了边界单元的质量,如图 6.4.2 所示。应用这种方法划分的六面体网格,对十字轴锻造过程进行了模拟。在内部网格满足可接受的网格质量的前提下,只对边界网格进行了部分网格重划,这是因为边界单元要比内部单元的退化程度大得多,由此在保证计算精度的条件下提高了计算效率。

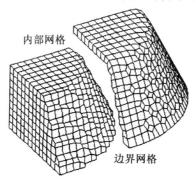

图 6.4.2　基于栅格法划分的六面体网格

这种方法的发展方向是:控制形体内部的初始规则网格的尺寸,以对最终形成的网格进行密度控制;采用网格结构重组(包括拆分和合并单元)和网格优化算法来提高边界单元的质量。

6.4.3　几何变换法

几何变换法由二维四边形网格经过旋转、扫描、拉伸等几何变换来形成六面体网格,几何变换后删除重节点及四边形,进行单元及节点的重新编号[11]。所划分的六面体网格如图 6.4.3 所示。优点是比较容易实现，在当今大多数的大型 CAD 软件前置处理中均有此功能。但是，这种方法只适用于形状简单的三维形体。

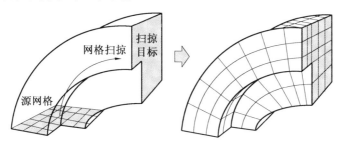

图 6.4.3　几何变换法划分的六面体网格

这种方法的发展方向是：使四边形有限元网格能够以自由曲线为路径进行扫描；尽量减少人机交互的步骤。

6.4.4　改进八叉树法

改进八叉树法的基础是三维形体的八叉树表示，但做了两点改进：一是限定离散深度以使所有单元的尺寸相近；二是将形体边界上的正方体修改为与边界相交的多面体。改进八叉树法的优点是自动化程度高；缺点是复杂形体的边界单元质量不高。Yerry 等[12]提出并实现了这种方法，首先将物体边界简化为 42 种可能的八叉元，然后对边界单元进行了相应的处理。著名的有限元分析软件 MARC/AutoForge 模块中采用了这种方法，划分成的六面体网格如图 6.4.4 所示。

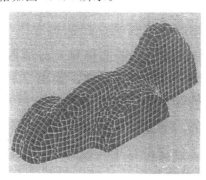

图 6.4.4　改进八叉树法划分的六面体网格

这种方法的发展方向是：与基于栅格法结合使用来提高边界单元的质量；减少有限元分析过程中的畸变单元。

6.4.5 模块拼凑法

Yang 等[13,14]把变形体分为一定数量的子模块,对每一类形状简单的子模块规定一种六面体网格划分方法,整个变形体的有限元网格即可由这些子模块内的网格拼凑而成,如图 6.4.5 所示。但是,实际生产中的工件(尤其是模锻件)的形状往往非常复杂,很难对其进行子模块的自动划分,采用专家系统的方法往往也是不可行的。因此,这种方法只能针对形状相对简单和变化较少的工件来划分六面体网格。

这种方法的发展方向是:完善子模块专家系统库,使其能适应更复杂形状工件的子模块自动划分。

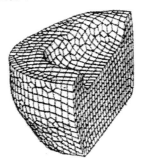

图 6.4.5 模块拼凑法划分的六面体网格

6.4.6 单元转换法

由于多种四面体网格自动划分算法已经到达实用化的程度,在自动划分四面体网格后,可以把一个直边 4 节点四面体单元分成 4 个六面体单元[15],这样可以把四面体网格自动地转化为六面体网格,如图 6.4.6 所示。这种方法的缺点是得到的网格是杂乱无章的非结构化六面体网格,网格的质量不高。为了较好地逼近复杂物体的曲面边界,需要生成较多的直边四面体单元,因而也将得到数量极多的六面体单元,这会使得有限元分析的时间过长。对同时具有内外复杂边界的三维问题(如内部有空洞缺陷的复杂锻件分析),该方法是实现六面体网格自动生成的一种比较有效的方法。文献[16]对单元转换法进行了改进,将 10 节点曲边四面体转换为六面体,并采用非线性约束优化算法提高了六面体网格的单元质量。

这种方法的发展方向是:减少不必要的四面体单元的数量,采用网格结构重组技术以剔除不必要的单元,采用约束优化算法提高六面体单元的质量。

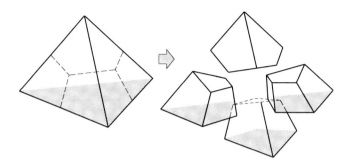

图 6.4.6 单元转换法划分的六面体网格

6.4.7 B样条曲面插值拟合法

B样条曲面插值拟合法基于三维形体的边界曲面B样条表示,采用插值拟合曲面来生成六面体网格[17]。在几何构形确定的情况下,这种方法即可自动生成六面体网格,通过调整B样条基函数中的参数即可控制网格密度,划分的六面体网格如图 6.4.7 所示。其优点是边界曲面逼近好,形体的几何描述与网格生成的数学方法一致;缺点是局部网格的处理比较困难,这是整体域剖分所带来的问题。

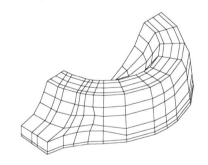

图 6.4.7 B样条曲面插值拟合法划分的六面体网格

6.4.8 波前法

Blacker 和 Meyers[18]于 1993 年提出了波前法,该方法实际上是二维四边形网格逐层推进生成法[19](Paving Algorithm)在三维空间上的拓展。在三维形体内部,各个六面体单元的边与边、面与面之间的相互关系十分复杂,并且只有满足一定条件的形体表面上的节点才能划分完全的六面体网格,故这种方法的实现具有很高的难度,划分的网格如图 6.4.8 所示。该方法划分的六面体网格的单元质量(尤其是边界单元的质量)是很高的,但该方法的实现仍需解决一些技术细节上的问题。

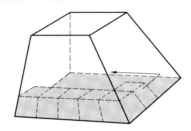

图 6.4.8 波前法生成的六面体网格

这种方法的发展方向是：优化形体表面的布点，避免在向形体内部逐层推进时产生尺寸过小和形状不合理的单元，避免单元间的裂缝。

6.4.9 中轴面分解法

中轴面分解法首先将三维形体分解成一定数量的简单子域，然后在每个子域内采用中点分割方法划分六面体网格[20]。在将形体分解成子域过程中采用中轴面(Medial Surface)分解技术，并采用整体规划技术来确定每条边的分割数，进而控制六面体网格的密度[7]。根据形体的中轴面可以确定必要的子域，子域可以定义分割基元[21]。这种方法也可拓展应用于带有凹边或凹顶点的形体及退化情况，从而实现复杂形体(如带有孔、凹角等)的六面体网格的划分[22]。该方法划分的六面体网格单元质量很高并且疏密有致，如图 6.4.9 所示。

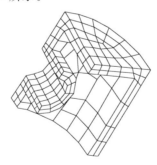

图 6.4.9 中轴面分解法划分的六面体网格

这种方法的发展方向是：实现复杂形体的全自动中轴面分解，尽可能形成容易网格化的子域，提高边界单元的质量，避免产生形状不好的单元。

6.5 基于三维 Delaunay 三角划分的中轴面分解技术

中轴线(面)分解技术是近 20 年来发展起来的基于形状特征的分解技术,通过物体的中轴线(面),可以从物体的几何描述中自动地识别并提取出重要的形状特征以及它们之间的拓扑连接关系。利用提取出来的几何信息和拓扑信息,可以将物体分解成形状相对简单的子域,然后在子域内根据要求采用不同的方法来生成所需的网格。

Delaunay 三角划分因其良好的几何性质、易于实现、适用于任意复杂物体等特性,在网格划分领域中得到了广泛应用。应用 Delaunay 三角划分技术,可以得到物体的中轴线(面),这是因为边界上的点集足够密时,Delaunay 三角形(四面体)的外接圆(球)是形体内部最大半径内接圆(球)一个很好的近似。

本节研究并实现了边界点集的全自动三维 Delaunay 三角划分,并采用网格数量关系和实时显示技术对网格的正确性进行了检测。在此基础上,形成了三维形体的中轴面,并对三维形体中轴面分解中的问题进行了详细的分析;同时,给出了三维形体的 Delaunay 三角划分和中轴面分解实例。

6.5.1 三维 Delaunay 三角划分

1. 三维 Delaunay 三角划分的定义和基本性质

设三维欧氏空间 E^3 上有点集 $\boldsymbol{V} = \{V_1, V_2, \cdots, V_N\}$,$N \geqslant 4$,这些点不能都在一个平面上,且没有 5 个或 5 个以上的点在同一个球面上。令 $d(V_i, V_j)$ 表示点 V_i 到 V_j 的距离,$V(i)$ 表示距离点 V_i 较之距离其他任何点更近的点的集合,即

$$V(i) = \{x \in E^3 \mid d(x, V_i) \leqslant d(x, V_j), i = 1, 2, \cdots, N,$$
$$j = 1, 2, \cdots, N, \forall j \neq i\} \tag{6.5.1}$$

则 $V(i)$ 是一个区域,V_i 称为点的 Voronoi 多面体,它实际上是 V_i 与其他 $N-1$ 个点的连线的垂直平分面所形成的 $N-1$ 个半空间的交。点集内所有点的 Voronoi 多面体构成点集的 Voronoi 图,三维 Voronoi 图的直线对偶图称为点集的三维 Delaunay 三角划分,点集的 Voronoi 图和 Delaunay 三角划分如图 6.5.1 所示。

根据上述定义很容易知道,三维 Delatmay 三角划分内每个四面体的

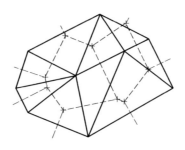

图 6.5.1　二维点集的 Voronoi 图（虚线）和 Delaunay 三角划分（实线）

外接球内部不包含点集中的任何其他点，这称为三维 Delaunay 三角划分的球准则（Sphere Criterion），满足球准则的 Delaunay 三角划分是唯一的。一般来讲，n 维点集的 Delaunay 三角划分生成 n 维单体并且其外接球面上只包含 $n+1$ 个点。如果四面体 $ABCD$ 的外接球包含另外一点 E，则可以使用面交换（Face Swapping）技术得到满足球准则的 Delaunay 三角划分[23]。A,B,C,D 和 E 为不共面的 5 点，如果 5 点中没有 4 点在同一平面上，并且 E 点在四面体 $ABCD$ 的外接球上（图 6.5.2(a)），则可以用四面体 $ABDE,ACDE$ 和 $BCDE$ 来代替原来的四面体 $ABCD$ 和 $ABCE$，即面 ABC 变成了 3 个面 ADE、BDE 和 CDE（图 6.5.2(b)）。如果 A,B,D,E 在同一个平面上，并且 E 点在四面体 $ABCD$ 的外接球上（图 6.5.2(c)），则可以用四面体 $ACDE$ 和 $BCDE$ 代替四面体 $ABCD$ 和 $ABCE$，即面 ABC 变成了面 CDE。如果省略了 C 点，则相当于二维网格中的对角边交换（Diagonal Edge Swapping），将对角边 AB 交换成 DE，如图 6.5.2(d) 所示。

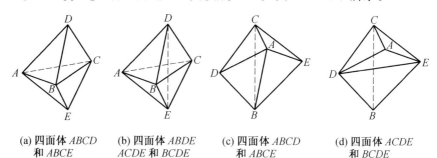

图 6.5.2　三维 Delaunay 三角划分中的面交换

2. 四面体网格中的数量关系

网格的正确性是进行有限元分析的基础，二维网格可以用直观的显示来辅助检查其正确性，三维网格则缺乏有效的显示技术。四面体网格可以采用检测相邻四面体的相交覆盖情况和数量关系来辅助检查其正确性[24]。

下面简要讨论四面体网格中的点、边、面、单元之间的数量关系,这些关系可用于辅助检查网格的正确性。这里只给出相应的定理或推论,并不给出具体证明,可根据多面体的欧拉公式和四面体网格的特点来证明定理的正确性。

设定 V, V_b, V_i 分别为节点数、边界点数和内部点数,E, E_b, E_i 分别为边数、边界边数和内部边数,F, F_b, F_i 分别为面数、边界面数和内部面数,T 为四面体数,H 为穿透的孔洞数。

定理 6.5.1   四面体网格满足下列数量关系:

(1) $F_b = 2V_b - 4 + 4H$;(2) $E_b = 3V_b - 6 + 6H$;(3) $4T = F_b + 2F_i$。

定理 6.5.2   无穿透孔洞的四面体网格有关系:$V - E + F = T + 1$。

推论 6.5.1   四面体网格满足关系:$V - E + F = T + 1 = H$。

推论 6.5.2   四面体网格满足关系:$V_i - E_i + F_i = T - 1 + H$。

推论 6.5.3   四面体网格满足关系:

(1) $F_i = V_b - 2V_i + 2E_i - 4 + 4H$;(2) $T = V_b - V_i + E_i - 3 + 3H$。

推论 6.5.4   对于无内点的凸域四面体网格,有关系:

$$V_b - 3 \leqslant T \leqslant \frac{1}{2}(V_b - 3)(V_b - 2)$$

定理 6.5.3   四面体网格有关系:$E_i \geqslant 3V_i$。

推论 6.5.5   四面体网格有关系:

(1) $F_i \geqslant V_b + 4V_i - 4 + 4H$;(2) $T \geqslant V_b + 2V_i - 3 + 3H$;

(3) $F \geqslant 3V_b + 4V_i - 8 + 8H$;(4) $E \geqslant 3V_b + 3V_i - 6 + 6H$。

6.5.2   三维 Delaunay 三角划分的实现算法

1. 算法概述

本节采用的 Delaunay 三角划分的实现算法首先根据形体的 B 样条曲面描述来生成节点,随后构造一个超四面体作为初始三角划分,使得点集中的点全部包含在这个四面体内,然后将点集中的点动态地逐个插入到三角划分中,最后删除形体之外的四面体,得到形体的三维 Delaunay 三角划分。以下为算法的框架:

算法 6.5.1   任意复杂形体的全自动三维 Delaunay 三角划分。

(1) 根据所定义形体的 B 样条曲面描述来生成节点。

(2) 构造一个包含所有节点的超四面体作为初始三角划分。

(3) 动态地将形体上的节点逐个插入到 Delaunay 三角划分中。

（4）删除形体之外的四面体。

（5）采用实时显示和数量关系检测四面体网格的正确性。

（6）得到最终的 Delaunay 三角划分。

2. 插入算法

首先要形成一个超四面体作为初始三角划分，然后将节点逐个插入到 Delaunay 三角划分中。超四面体必须使点集中的点全部包含在它的内部，可以用以下方法来构造一个这样的四面体。先计算节点集的最小坐标值 $(X_{min}, Y_{min}, Z_{min})$ 和最大坐标值 $(X_{max}, Y_{max}, Z_{max})$，然后以点 $L(X_{min}, Y_{min}, Z_{min})$ 和 $T(X_{max}, Y_{max}, Z_{max})$ 为对角线的两端点构造一个长方体，设其中心点为 P_0、外接球的半径为 R。则可以构造一个正四面体，使其内切球的球心为 P_0、半径为 R。该四面体的 4 个顶点的坐标分别为

$$\begin{cases} P_0 + (-\sqrt{6}R, & -\sqrt{2}R, & -R) \\ P_0 + (0, & 2\sqrt{2}R, & -R) \\ P_0 + (\sqrt{6}R, & -\sqrt{2}R, & -R) \\ P_0 + (0, & 0, & 3R) \end{cases} \tag{6.5.2}$$

插入节点时，首先要寻找待插入节点 P 的插入多面体。插入多面体是三角划分中外接球内部包含点 P 的所有四面体组成的插入区域。可以先找到外接球中包含点 P 的所有四面体，然后移去相关的四面体，留下一个包含点 P 的插入多面体。最后，点 P 与插入多面体的面形成新的四面体。

在逐个插入节点时，有必要进行体积检查，即检查删除的四面体的体积之和是否与新生成的四面体体积之和相等，以提高算法的可靠性。给定四面体 T 的 4 个顶点的坐标，其体积值为顶点坐标矩阵行列式的绝对值的 $1/6$。

$$V_T = \frac{1}{6} \begin{vmatrix} x_1 & y_1 & z_1 & 1 \\ x_2 & y_2 & z_2 & 1 \\ x_3 & y_3 & z_3 & 1 \\ x_4 & y_4 & z_4 & 1 \end{vmatrix} \tag{6.5.3}$$

式中　V_T——四面体的体积；

　　　x_i, y_i, z_i——四面体 4 个顶点的坐标，$i=1,2,3,4$。

综上所述，三维 Delaunay 三角划分中的节点动态插入算法如下：

算法 6.5.2　三维 Delaunay 三角划分中的节点动态插入算法。

BEGIN

　FOR i＝1···No_of_Points

```
BEGIN
    FOR j＝1…No_of_Tetrahedron
    BEGIN        // 计算四面体 $T_j$ 的外接球 $C_j$
        IF $C_j$      // 包含点 $i$ HEN
            BEGIN     // 将 $T_j$ 的面加入到面列表中,将 $T_j$ 加入到删
                         除四面体列表中,将四面体 $T_j$ 的标记设定
                         为"DELETION"
            END
    END      // 删除四面体列表中所有标记为"DELETION"的四
              面体,从面列表中删除所有删除四面体的公共
              面。通过点 $i$ 与面列表中的面组合形成新的四面
              体,将这些四面体加入到四面体列中
    END
END
```

3. 形体之外四面体的删除

删除在形体外的四面体,首先要在面列表中删除这些四面体的面,然后在四面体列表中删除这些四面体。

判断一个四面体 T 是否在形体内,采用以下方法:

(1) 若 T 的 4 个顶点中至少有一个是内部节点,则 T 在形体内。

(2) 若 T 的 4 个顶点中至少有一个是超四面体的顶点,则 T 在形体外。

(3) 当 T 的 4 个顶点都是边界点时,若 T 的外接球球心在形体内,则 T 在形体内;若 T 的外接球球心在形体外,则 T 在形体外。

判断一个点 (x_0,y_0,z_0) 是否在形体内可以采用以下方法。首先,求平面 $Z=z_0$ 与形体的交线。然后,求出在平面 $Z=z_0$ 上的直线 $Y=y_0$ 与这些交线的交点。若这些交点中 X 坐标大于 x_0 的交点数为奇数,则点 (x_0,y_0,z_0) 在形体之内;若为偶数,则点 (x_0,y_0,z_0) 在形体之外。

4. 三维 Delaunay 三角划分实例

根据上面的算法,开发了三维 Delaunay 三角划分程序 TETMESH。图 6.5.3(a) 为 B 样条曲面描述得到的长方体,图 6.5.3(b) 为进行 Delaunay 三角划分后的消隐图。圆管的 B 样条曲面描述结果如图 6.5.4(a) 所示,Delaunay 三角划分后未消隐的结果如图 6.5.4(b) 所示,消隐后的结果如图 6.5.4(c) 所示。正方法兰的 B 样条曲面描述结果如图 6.5.5(a) 所示,Delaunay 三角划分后消隐的结果如图 6.5.5(b) 所示。

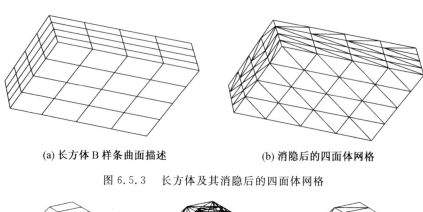

(a) 长方体 B 样条曲面描述　　　　　　　(b) 消隐后的四面体网格

图 6.5.3　长方体及其消隐后的四面体网格

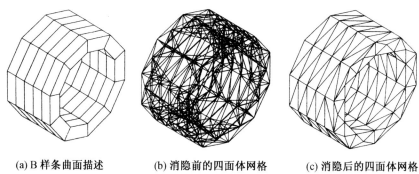

(a) B 样条曲面描述　　　(b) 消隐前的四面体网格　　　(c) 消隐后的四面体网格

图 6.5.4　圆管及其消隐前、后的四面体网格

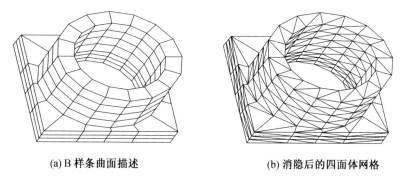

(a) B 样条曲面描述　　　　　　　　　(b) 消隐后的四面体网格

图 6.5.5　正方法兰及其消隐后的四面体网格

　　3 个三维 Delaunay 三角划分实例的点、边、面、体的数量见表 6.5.1,很容易验证它们满足前面的定理 6.5.1、推论 6.5.1、推论 6.5.2 和推论 6.5.3,表明得到的 Delaunay 三角划分通过了数量关系的正确性检查。

表 6.5.1 四面体网格中点、边、面、体的数量

参数	图 6.4.3(b)	图 6.4.4(c)	图 6.4.5(b)
节点数 V	98	140	272
边界点数 V_0	98	140	272
内部点数 V_1	0	0	0
边数 E	421	710	1 262
边界边数 E_b	288	420	816
内部边数 E_1	133	290	446
面数 F	552	1000	1708
边界面数 F_b	192	280	544
内部面数 F_1	360	720	1 164
四面体数 T	228	430	718
穿透的空洞数 H	0	1	1
定理 6.5.1	满足	满足	满足
推论 6.5.1	满足	满足	满足
推论 6.5.2	满足	满足	满足
推论 6.5.3	满足	满足	满足

6.5.3 二维物体的中轴线分解

二维物体的中轴线提供了物体中与网格划分有关的拓扑信息和几何信息,可以用来将复杂的二维物体分解成形状好的、可进行网格划分的子域。

1. 二维物体的中轴线

二维物体的中轴线(Medial Axis)是物体内部最大半径内接圆滚过物体内部时圆心的轨迹,如图 6.5.6 所示。最大半径内接圆是指物体内部没有其他内接圆可以完全包容它,由此一个最大半径内接圆肯定至少与两个物体图元相接触。

对与物体边界 B 相关的中轴线 S 可定义一个函数 $r: s \rightarrow \mathbf{R}^+$,其中 $\mathbf{R}^+$ 为非负实数集合。对任何一个 $p \in S$ 有 $r(P) = d(P, B)$,函数 $r(p)$ 称为中轴的半径函数(Radius Function,RF),$d(p, B)$ 为点 p 到边界 B 的欧几

里得距离,即 $d(\boldsymbol{p}, B) = \min\{d(\boldsymbol{p}, \boldsymbol{P}) : \boldsymbol{P} \in B\}$。

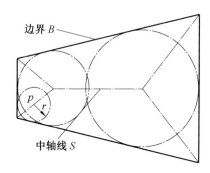

图 6.5.6　二维物体的中轴线

一个圆可以通过 3 个参数来完整描述,即圆心的 x, y 坐标和圆的半径,故一个圆有 3 个自由度。与内接圆相接触的两个物体图元使用其中的两个自由度,因此内接圆的圆心应该位于具有一个自由度的一条线上,这条线称为中轴线的边(Medial Axis Edge),两个物体图元称为中轴线的边的定义图元(Defining Entity)。如果一个最大半径内接圆与 3 个物体图元相接触,则此内接圆的圆心称为中轴线的支化点(Branch Point)。3 个物体图元中的任意两个可以定义中轴线的一条边,因此支化点通常是 3 条中轴线的边的交点。中轴线的半径函数给出了圆心在中轴线上的最大内接圆的半径,中轴线及其半径函数包含了原始物体的完整信息,可以通过它们来重建这个物体。

另外,可以有一个内接圆与 4 个物体图元相接触的情况,如正方形的内接圆,这个圆的圆心也是一个支化点,只不过它的定义图元是 4 个而不是 3 个,这种情况称为退化(Degeneracy)情况。

计算中轴线的一种方法是首先在物体边界上浓密地布点,然后执行 Delaunay 三角划分。Delaunay 三角形的外接圆是空的,物体内的内接圆也是空的(不包边界上的任何点)。因此,如果边界上的点足够密集,则 Delaunay 三角形的外接圆是物体内部内接圆的一个很好的近似。物体边界可采用 B 样条方法来进行几何描述,随后利用描述结果在边界上布点,布点后执行 Delaunay 三角划分,最后通过 Delaunay 三角形的外接圆来形成物体的中轴线。其形成过程如图 6.5.7 所示。

在二维物体的中轴线中有 3 种类型的支化点:中间(IM,Intermediate)、终止(F,Final)和初始(I,Initial)支化点,如图 6.5.7(e)所示。中间支化点是 3 条或更多中轴线的边的交点;终止支化点是中间支化点的特例,中轴线的半径函数在此处达到局部最大值;初始支化点是半径函数在中轴线上取局部极小值的位置,该点指明了二维物体的狭长部位。因此,通过几何描述中轴线的边、支化点与中轴线的半径函数即可描述相应的二维物体。

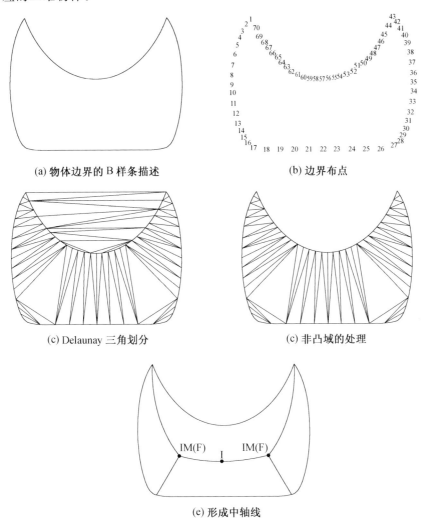

(a) 物体边界的 B 样条描述　　　　　　　(b) 边界布点

(c) Delaunay 三角划分　　　　　　　(c) 非凸域的处理

(e) 形成中轴线

图 6.5.7　二维物体中轴线的形成过程

2. 二维物体的中轴线分解及网格划分

二维物体的中轴线分解就是利用二维物体的中轴线将其分解成拓扑上简单的三角形子域或四边形子域,三角形子域产生在中轴线与物体边界轮廓顶点相关的中轴线的边和物体的凹顶点处。

给定二维物体的中轴线,可以将中轴线的每条边映射到与其关联的边界单元上,映射过程可以通过投影方法来实现。首先计算中轴线的支化点在边界单元上的投影点,然后连接支化点与投影点即可形成一条切割边,最后利用形成的所有切割边将物体分解成三角形子域或四边形子域。如果产生狭长的三角形子域(即包含很小的锐角),则可以将其包含在相邻的四边形子域中而形成一个大的四边形子域。在分解过程中,要采用相应的技术移除凹角、修正狭长子域,这在文献[25]、[26]中进行了较详细的论述。

将二维物体分解成拓扑上简单的子域后,随后就要选择合适的方法来划分所需的网格,三角形网格可采用 Delaunay 三角划分法、位移法和前沿法等,四边形网格可采用映射单元法、基于栅格法和改进四叉树法等。本例采用的是 B 样条曲线拟合插值法,首先根据网格密度来确定物体边界及子域边界上的插值点,然后采用 B 样条方法插值拟合出子域边界及其内部的曲线而形成网格阵,最后对网格阵的 B 样条曲线相应地求交,即可形成四边形网格。由中轴线分解得到的子域如图 6.5.8(a)所示,划分的四边形网格如图 6.5.8(b)所示。

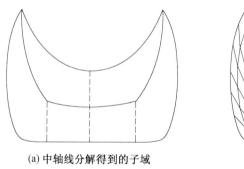 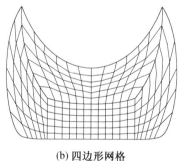

(a) 中轴线分解得到的子域　　　　　　　　(b) 四边形网格

图 6.5.8　二维物体的中轴线分解得到的子域及其四边形网格

6.5.4　三维形体的中轴面分解

类似二维物体的中轴线,中轴面提供了有关形体中的拓扑信息和几何信息,利用这些信息可以将三维形体分解成形状相对简单的子块,然后利用相应的网格划分技术在这些子块内划分所需的网格。

1. 三维形体的中轴面

三维形体的中轴面(Medial Surface)是最大半径内接球滚过形体内部

时球心的轨迹,如图 6.5.9 所示。最大半径内接球是指没有其他的内接球可以完全包容它,它至少与 2 个物体图元相接触。中轴面也称为形体的骨架(Skeleton)或对称面(Symmetric Surface)。

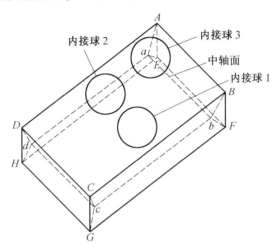

图 6.5.9 长方体及其中轴面

可以将中轴线的定义拓展到三维情况来类似地定义形体的中轴面。如果最大半径内接球与两个物体图元相接触,则这样的内接球有两个自由度,球心的集合构成一个面,称为中轴面的面(Medial Surface Face),如图 6.5.10(a)所示。如果最大半径内接球与 3 个物体图元相接触,则这样的内接球有一个自由度,球心的集合构成一条边,称为中轴面的边(Medial Surface Edge),如图 6.5.10(b)所示。如果最大半径内接球与 4 个物体图元相接触,则这个内接球的球心形成一个点,称为中轴面的顶点(Medial Surface Vertex),如图 6.5.10(c)所示。最大半径内接球也可能有多个点与一个面相接触的情况,此时称为退化情况。例如,圆柱的中轴面退化为一条线,如图 6.5.11(a)所示;球的中轴面退化为一个点,如图 6.5.11(b)所示。

在图 6.5.9 中,内接球 1 与面 ABCD 和 EFGH 相接触,它的球心在中轴面 abcd 上;内接球 2 与面 ABCD,AEHD 和 EFGH 相接触,它的球心在中轴面的边 ad 上;内接球 3 与面 ABCD,AEHD,ABFE 和 EFGH 相接触,它的球心在中轴面的顶点 a 处。

中轴面指明了物体图元间的邻接关系,其半径函数(RF)定义了中轴面上的每个点到形体边界的距离,反映了形体边界上的显著特征(如凹角等)。因此,通过中轴面及其半径函数可以精确地重建原始形体。

181

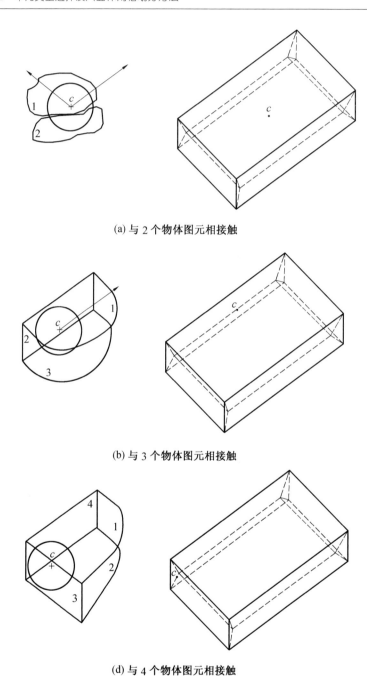

(a) 与 2 个物体图元相接触

(b) 与 3 个物体图元相接触

(d) 与 4 个物体图元相接触

图 6.5.10　内接球及其球心在中轴面上的位置

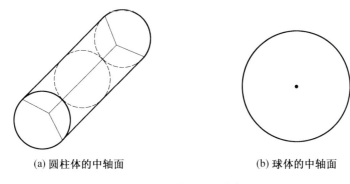

(a) 圆柱体的中轴面　　　　　　(b) 球体的中轴面

图 6.5.11　中轴面的退化情况

2. 中轴面的计算

利用 Delaunay 三角划分计算中轴线的方法可以拓展到三维情况,这是因为点集足够密时,Delaunay 四面体的外接球就成了形体内部的最大内接球。首先,在形体的每个边界面上布点,在接近形体的边或顶点的区域内,布点要密一些,其他区域的点可以疏一些,这是因为中轴面顶点可能位于相应的边或顶点附近,这种布点策略可以保证计算效率和计算精度之间的平衡。然后,应用三维 Delaunay 三角划分获得一定数量的四面体。一个四面体有 4 个顶点,因此它可以和 2 个、3 个或 4 个不同的物体图元接触,可以将四面体分成以下 3 类:

(1) 如果四面体与 4 个不同的物体图元接触,则它的外接球球心为中轴面的一个顶点。

(2) 如果四面体与 3 个不同的物体图元接触,则它的外接球球心为中轴面边上的一个点。

(3) 如果四面体与 2 个不同的物体图元接触,则它的外接球球心为中轴面面上的一个点。

本书计算中轴面的方法是首先根据形体的 B 样条曲面描述来生成节点,然后执行三维 Delaunay 三角划分,并计算 Delaunay 四面体外接球的球心坐标。根据四面体的类别,对四面体进行标识即可得到中轴面的顶点、边上的点和面上的点。遍历每个四面体,可以得到中轴面图元之间的连接关系。最后,采用 B 样条方法来插值拟合中轴面的边和面。算法如下:

算法 6.5.3　计算三维形体的中轴面。

(1) 根据形体的 B 样条曲面描述进行布点。

(2) 执行点集的 Delaunay 三角划分并计算 Delaunay 四面体外接球的

球心坐标。

（3）标识 Delaunay 四面体的属性。

①如果顶点在 4 个不同的物体图元上，则标识为"VERTEX"。

②如果顶点在 3 个不同的物体图元上，则标识为"EDGE"。

③如果顶点在 2 个不同的物体图元上，则标识为"FACE"。

（4）遍历每个四面体，得到中轴面图元之间的连接关系。

（5）采用 B 样条方法插值拟合中轴面。

（6）得到三维形体的中轴面，并生成绘图文件". SCR"。

3. 三维形体的中轴面分解

三维形体的中轴面是一组面，这些面在边或顶点处相连，其中的面可以是曲面，边可以是曲边。除退化情况外，中轴面顶点处的内接球与 4 个物体图元相接触，因为需要 4 个点来确定球心的 3 个坐标及球的半径，与中轴面的边相关的内接球与其中的 3 个图元相接触，如图 6.5.12 所示。定义中轴面顶点的图元可以分成 4 组，每组包含其中的 3 个图元，这 3 个图元可以定义一条中轴面的边，因此有 4 条中轴面的边在中轴面顶点处相交。定义中轴面顶点的图元也可以分成 6 组，每组包含其中的 2 个图元，这 2 个图元可以定义一个中轴面的面，因此有 6 个中轴面的面在中轴面顶点处相交。在分解过程中，最感兴趣的是中轴面的边和顶点，因为它们反映了形体中的局部复杂区域。

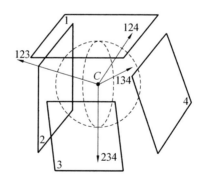

图 6.5.12　中轴面顶点 C 及其相关的中轴面的边

中轴面的图元可以分成有副翼的(Flap)和无副翼的(Non—flap)。如果中轴面的图元包含有物体边界上的图元，则称为有副翼的。考虑图 6.5.9 中的长方体，中轴面的边 aA 是有副翼的，因为它包含物体的一个顶点 A。中轴面的面 $ABba$ 也是有副翼的，因为它包含物体的一条边 AB。图中无副翼的中轴面图元为：中轴面顶点 a,b,c 和 d；中轴面的边 ab,bc,cd

和 da；中轴面的面 $abcd$。

中轴面分解就是针对中轴面顶点、无副翼的中轴面的边和无副翼的中轴面的面来建立基元（Primitive），这些基元分别称为顶点基元、边基元和面基元。因此，图 6.5.9 中的长方体应该分解为 9 个基元，如图 6.5.13 所示。

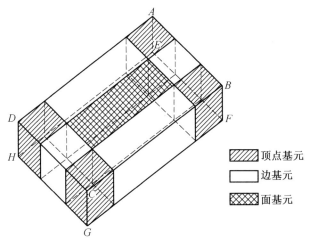

顶点基元

边基元

面基元

图 6.5.13　长方体的中轴面分解

6.5.5　无凹边或凹顶点形体的分解

对于无凹边或凹顶点的形体，中轴面的所有定义图元都是形体的面，如图 6.5.13 所示，顶点基元与面基元都没有公共面，所有顶点基元和面基元的邻居都是边基元，因此分解中最重要的一步是形成边基元。

1. 中轴面的边的类型

在无退化情况下，一条中轴面的边有 3 个定义图元（形体的面），它们有 4 种可能的拓扑结构。根据 3 个面的公共边的数目，可以将中轴面的边分为 4 类。如果这 3 个面没有公共边，则中轴面的边定义为类型[0]。如果这 3 个面有一条公共边，则中轴面的边定义为类型[1]。如果这 3 个面有两条公共边，则中轴面的边定义为类型[2]。如果这 3 个面有 3 条公共边，则中轴面的边定义为类型[3]。3 个定义图元中的每两个本身又是中轴面的面的定义图元，因此中轴面的边是 3 个中轴面的面的汇合处。于是，上面的定义与下面的定义是等价的：如果中轴面的边与 n 个有副翼中轴面的面相连，则中轴面的边定义为类型[n]。沿着中轴面的边看过去，得到的视图如图 6.5.14 所示。图 6.5.9 中 4 个无副翼中轴面的边都是类型[2]。

185

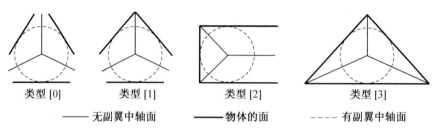

| 类型 [0] | 类型 [1] | 类型 [2] | 类型 [3] |

—— 无副翼中轴面　　　—— 物体的面　　　- - - - 有副翼中轴面

图 6.5.14　中轴面的边的类型

2. 中边基元的形成

对每个与中轴面的边相连的无副翼中轴面,需要放置一个切割面将边基元与面基元分开,因此对类型[n]的中轴面的边需要($3-n$)个这样的切割面。此外,还需要 2 个切割面将边基元从它的两个中轴面顶点处分离出来。因此,一条类型[n]的边需要($5-n$)个切割面将边基元从形体中分离出来。将类型[n]的边从它的一个中轴面顶点处分离出来所需的切割面有($6-n$)条边(图 6.5.14),其中的 3 条边在 3 个定义图元上,另外的($3-n$)条边在形体的内部,同时也是将边基元与面基元分开的($3-n$)个切割面的边。将边基元与面基元分开的切割面都是 4 边的,其中有 2 条边位于形体的面上,另外的 2 条边在形体的内部,同时也是将边基元从中轴面顶点处分离出来的 2 个切割面的边。不同类型中轴面的边所使用的切割面及形成的边基元如图 6.5.15 所示。

3. 中顶点基元的形成

如前所述,中轴面顶点是 4 条中轴面的边、6 个中轴面的面的汇合处,并且任何顶点基元与面基元都没有公共面。因此,在形成顶点基元时只需考虑中轴面的边。

一条中轴面的边可以是类型[0]、类型[1]、类型[2]或类型[3]。此外,还有一种类型的边,称之为有副翼的边,这种类型的边至少有一个端点是形体的顶点。由于与这种边相邻的中轴面也要包含那个顶点,因此一个有副翼中轴面的边的所有相邻中轴面都是有副翼的,这种边实际上是类型[3]。但是,在此处不会形成边基元,可以将这种边称为类型[C],C 表示拐角。

中轴面顶点的类型可以根据相邻中轴面的边的类型来确定,可以表示为{a,b,c,d}的形式,其中如 b,c,d 为边的类型,通常以上升的顺序列出。在中轴面的边的类型中,可以认为 $C>3$。图 6.5.9 中的 4 个无副翼的中轴面顶点均为类型{2,2,C,C}。

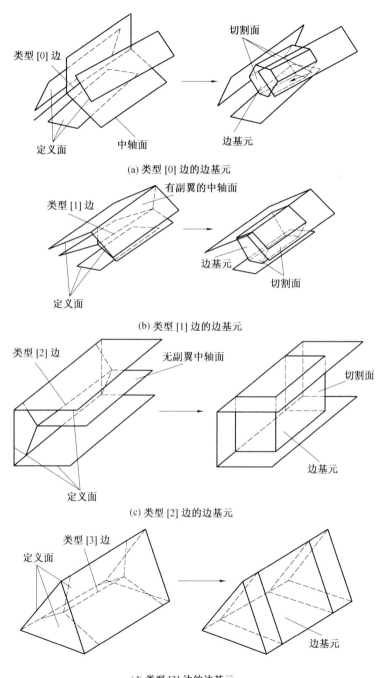

(a) 类型 [0] 边的边基元

(b) 类型 [1] 边的边基元

(c) 类型 [2] 边的边基元

(d) 类型 [3] 边的边基元

图 6.5.15 中轴面分解中的边基元

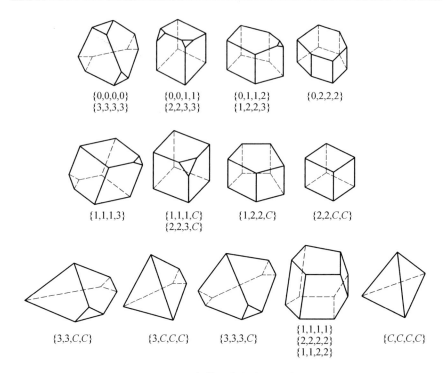

{0,0,0,0}　　{0,0,1,1}　　{0,1,1,2}　　{0,2,2,2}
{3,3,3,3}　　{2,2,3,3}　　{1,2,2,3}

{1,1,1,3}　　{1,1,1,C}　　{1,2,2,C}　　{2,2,C,C}
　　　　　　{2,2,3,C}

{3,3,C,C}　　{3,C,C,C}　　{3,3,3,C}　　{1,1,1,1}　　{C,C,C,C}
　　　　　　　　　　　　　　　　　　　{2,2,2,2}
　　　　　　　　　　　　　　　　　　　{1,1,2,2}

图 6.5.16　中轴面分解中的顶点基元

研究表明有 19 种不同类型的中轴面顶点[21,22]，如图 6.5.16 所示，相应地有 13 种类型的顶点基元，这是因为一些顶点基元对应不止一种类型的顶点。例如，类型为{0,0,0,0}的基元与类型为{3,3,3,3}的基元具有相同的形状，可以将它们以同一基元列出。但是，类型为{0,0,0,0}的基元的切割面为六边形，而类型为{3,3,3,3}的基元的切割面为三角形。

由上可以看出，使用具有$(6-n)$条边的切割面将中轴面顶点从邻近的类型$[n]$的中轴面的边处分离出来，即可得到相应的顶点基元。

4. 面基元的形成

将边基元与面基元分开的切割面都是 4 边的，其中有 2 条边位于形体的面上，另外 2 条边在形体的内部。因此，将所有与面基元相邻的边基元从物体中分离出来后，剩下的面基元是一个棱柱，它的两个底面是中轴面的两个定义图元的子域。如果中轴面的面有 n 条边，则面基元的底面也有 n 条边。图 6.5.13 中的面基元的底面是四边形，因为相应的中轴面是四边形。

6.5.6 带有凹边或凹顶点形体的分解

在带有凹边或凹顶点形体的中轴面中,将那些与形体中的凹图元(Concave Entity)有关的中轴面图元定义为凹中轴面图元。从原始中轴面中删除凹中轴面图元后,剩下的中轴面称为形体的逻辑中轴面(Logical Medial Surface)。逻辑中轴面可以用作辅助工具来指导此类形体的分解,而凹中轴面图元用来指导进一步的分解。如果形体中没有凹图元,则逻辑中轴面与原始中轴面是同一个。

图 6.5.17 给出了 L 形块体及其中轴面,图 6.5.18 是它的逻辑中轴面。图 6.5.19(a) 是针对逻辑中轴面进行的分解,可见应用上节中讨论的方法来分解物体时会产生 3 个带有凹边的基元,沿着凹边放置附加的切割面可以解决这个问题。

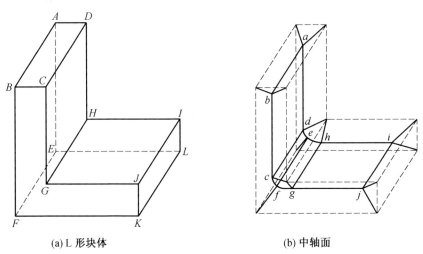

(a) L 形块体   (b) 中轴面

图 6.5.17　L 形块体及其中轴面

L 形块体的中轴面有 2 个凹中轴面图元 $cdef$ 和 $efgh$,它们的公共边是逻辑中轴面的边 fe。附加切割面应放在凹中轴面图元区域内以处理相应的凹边,所以切割面应该放在边 fe 的基元和顶点 f,e 的基元上。两个凹中轴面的定义图元是 GH,$ABFE$ 和 $EFKL$,因此切割面应该沿着 GH 放置在 $ABFE$ 和 $EFKL$ 的交线 FE 处,分解的结果如图 6.5.19(b) 所示。

对于形体中的凹顶点,可以应用类似的方法进行处理。图 6.5.20 给出了一个带有凹顶点的形体及其中轴面。在中轴面中,总共有 9 个凹中轴面图元。

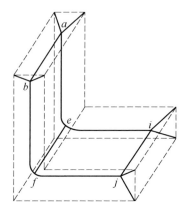

图 6.5.18　L 形块体的逻辑中轴面

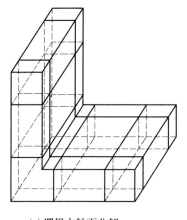

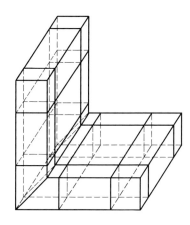

(a) 逻辑中轴面分解　　　　　　　　　　　　(b) 中轴面分解

图 6.5.19　L 形块体的分解

　　该形体的逻辑中轴面如图 6.5.21 所示,逻辑中轴面的顶点 m 是凹顶点对应的 3 个凹中轴面图元的交点,放置相应的切割面后得到的顶点基元如图 6.5.22(a) 所示,其中包含 3 条凹边。3 个凹中轴面图元的定义图元为凹顶点 H,面 $ABKJ$,$AFMJ$ 和 $JMLK$,所以附加切割面应该从凹顶点 H 向3 个面中任意 2 个的交线处放置,最后得到的顶点基元如图 6.5.22(b) 所示。

6.5.7　中轴面分解的实现算法

　　本章实现中轴面分解的算法是首先在 AutoCAD 中读入中轴面计算得到的“.SCR”文件,显示三维形体的中轴面图元及其连接信息,并判断与凹边或凹顶点有关的凹中轴面图元。然后,根据中轴面的边的类型得到相应

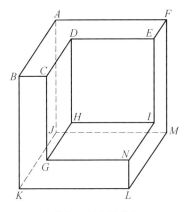

(a) 带有凹顶点的形体

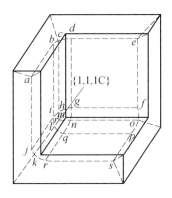

(b) 中轴面

图 6.5.20　带有凹顶点的形体及其中轴面

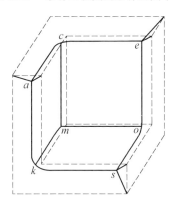

图 6.5.21　带有凹顶点形体的逻辑中轴面

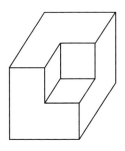

(a) 带有凹边的顶点基元

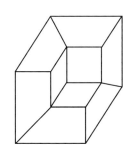

(b) 顶点基元的进一步分解

图 6.5.22　带有凹顶点形体的中轴面顶点基元

的边基元,根据中轴面的顶点的类型得到相应的顶点基元。最后,将边基元与顶点基元从形体中分离出来即得到相应的面基元。如果原始形体中存在有凹边或凹顶点,则对凹基元进行进一步分解。具体的算法如下:

算法 6.5.4 三维形体的中轴面分解。

(1) 判断三维形体中是否存在凹边或凹顶点。

(2) 在 AutoCAD 中读入中轴面计算得到的".SCR"文件,显示三维形体的中面图元及其连接信息,并判断与凹边或凹顶点有关的凹中轴面图元。

(3) 删除与凹边或凹顶点有关的凹中轴面图元,形成形体的逻辑中轴面。

(4) 根据中轴面的边的拓扑信息和几何信息标识其属性:

① 如果边的 3 个定义面没有公共边,则标识为"0"。

② 如果边的 3 个定义面有 1 条公共边,则标识为"1"。

③ 如果边的 3 个定义面有 2 条公共边,则标识为"2"。

④ 如果边的 3 个定义面有 3 条公共边,则标识为"3"。

(5) 根据中轴面的边的类型,采用 B 样条方法计算相应的切割面。

(6) 组合中轴面的边的定义面及切割面,得到边基元并生成".SCR"文件,AutoCAD 中读入该文件,对边基元的正确性进行检查。

(7) 根据中轴面的顶点与边的连接关系,标识顶点类型并据之判断顶点基元的类型,根据顶点基元的类型,采用 B 样条方法计算相应的切割面。

(8) 组合中轴面顶点的定义面及切割面,得到顶点基元并生成".SCR"文件,在 AutoCAD 中读入该文件,对顶点基元的正确性进行检查。

(9) 将边基元和顶点基元从原始形体中分离出来得到相应的面基元。

(10) 检查中轴面分解的正确性,并输出子块的几何信息和拓扑信息。

6.5.8 中轴面分解实例

基于以上算法,在 Windows 环境下 FORTRAN90 平台上开发了中轴面分解程序 MEDIAL,下面给出两个三维形体中轴面分解的实例。

实例 1 某 1/4 圆管形体的中轴面如图 6.5.23(a)所示。如果将中轴面作为切割面直接对物体进行分解,则得到 6 个子块,如图 6.5.23(b)所示,其中包含有 4 个三棱柱(子块 1,2,3,4),在这些子块上直接进行六面体网格划分是很困难的,并且六面体单元的质量不高,应该对其进行基元分解。类似长方体,它有 9 个无副翼的中轴面图元,因此应该分解成 9 个基元。4 个边基元如图 6.5.23(c) 所示,4 个顶点基元如图 6.5.23(d) 所示,1 个面基元如图6.5.23(e) 所示。4 个中轴面顶点均为类型 $\{2,2,C,C\}$,相应的顶点基元为六面体。

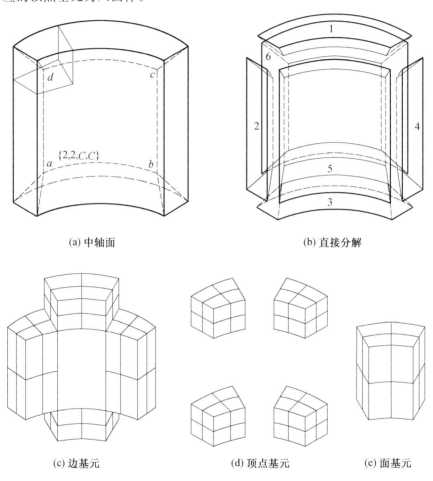

(a) 中轴面　　　　　　　　　　　　　　(b) 直接分解

(c) 边基元　　　　　(d) 顶点基元　　　　　(e) 面基元

图 6.5.23　1/4 圆管的中轴面分解

实例 2　某双楔形块体形体的中轴面如图 6.5.24(a) 所示。中轴面中包含有 2 个无副翼的面、6 个无副翼的边和 5 个中轴面顶点,因此可以将整个形体分解成 13 个基元。

图 6.5.24(b) 给出了边基元。中轴面的边 ac 是类型[2],所以将它从中轴面顶点处分离出来的 2 个切割面都是 4 边的。另外,还需要放置 1 个

4 边的切割面将它从中轴面的面 abc 处分离出来。组合边的 3 个定义面和 3 个切割面,得到的边基元为六面体。其余的边均为类型[2],类似地可以分解出其他的边基元。

图 6.5.24(c) 给出了顶点基元。中轴面顶点 a 与 2 个类型为[2]的中轴面的边 ac 和 ab 相连,它的类型为 $\{2,2,C,C\}$。因此,需要放置 2 个切割面将相应的顶点基元从形体中分离出来。2 个切割面都是 4 边的,每个切割面中有 3 条边在形体的面上,剩下的 1 条边是边基元切割面的边。中轴面顶点 c 为类型 $\{2,2,2,2\}$,与它相连的中轴面的边均为类型[2],因此需要放置 4 个切割面将相应的顶点基元从形体中分离出来。每个切割面都是 4 边的,其中有 3 条边在形体的面上。

图 6.5.24(d) 给出了面基元。形体中有 2 个无副翼的中轴面 abc 和 cde,它们都是 3 边的,因此相应的面基元都是三棱柱。

基于三维 Delaunay 三角划分的中轴面分解技术,将 B 样条方法与三维 Delaunay 三角划分结合起来,实现了任意三维形体的 Delaunay 三角划分,并采用实时显示和数量关系对四面体网格进行了正确性检查。通过对曲面参数方向分割的控制,较好地解决了三维 Delaunay 三角划分中的布点问题。采用 Delaunay 三角划分方法计算了三维形体的中轴面,为三维

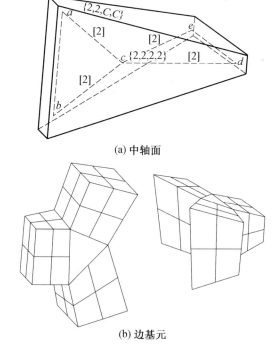

(a) 中轴面

(b) 边基元

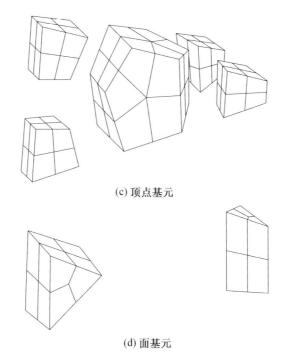

(c) 顶点基元

(d) 面基元

图 6.5.24　双楔形块体的中轴面分解

形体的中轴面分解提供了必要的几何信息和拓扑信息。对中轴面分解中的边基元和顶点基元进行了分类,实现三维形体的中轴面分解,并对形体中可能出现的凹边和凹顶点提出了相应的处理方法。

6.6　基于形状特征识别的有限元六面体网格自动划分及重划

6.6.1　基于形状特征识别的六面体网格自动划分

先将形体分割成子域,然后在子域内划分网格,是对复杂三维形体进行网格划分的有效途径,在三维有限元网格划分领域中得到了认可和广泛的应用。方法中的第一步在大多数网格生成器中都是手工进行的,这显得十分烦琐和复杂,并且限制了形体的复杂性。方法中的第二步在大多数情况下都是自动进行的,并且可依据单元尺寸进行相应的网格密度控制。

为此,本书提出并实现了基于形状特征识别的有限元六面体网格自动划分方法,形体通过 B 样条曲面来描述,采用中轴面分解技术将形体分割成可进行网格划分的子域,在子域内采用映射单元法或 B 样条曲面拟合插值法来自动地生成六面体网格。在该方法中,形体是基于边界特征进行描述的,中轴面分解是基于几何形状识别对形体进行分解的,因此方法是基于形状特征识别,适合于具有较大程度动态边界变化的体积成形分析。

1. 形体边界特征的识别

在有限元计算中,可以跟踪确定有限元网格的边界节点,将这些节点作为型值点就可以通过 B 样条方法对变形体的动态几何构形进行描述,几何描述后得到的数字化信息为有限元网格划分提供了必要的动态几何信息。

在成形过程中,所有的边界节点都应位于边界环确定的边界面内,每个边界面都仅属于一个网格单元。边界节点的确定方法是:首先对所有单元进行搜索,找到变形体的边界面;然后依次搜索边界面,找出相应的边界节点。

对于比较简单的曲面,可以直接采用双 3 次 B 样条曲面来拟合整个曲面。对于特别复杂的曲面,应采用双 3 次 B 样条曲面分片拟合的方法以便于局部的拟合和调整,然后将分片拟合后的 B 样条曲面片进行拼接和光顺。在拟合过程中,要尽量得到平滑过渡的曲面,为子域的形成提供良好的几何信息。

2. 子域的形成

获得变形体的边界曲面后,首先通过 B 样条方法在曲面上插值布点,读取点的信息后进行三维 Delaunay 三角化。在布点过程中,边或顶点附近区域内的点要密一些,其他区域内的点可以疏一些,以保证计算精度和计算效率之间的平衡。然后,根据 Delaunay 四面体的属性即可得到形体的中轴面图元及其相互连接关系。最后,根据中轴面提供的几何信息和拓扑信息将形体分割成形状相对简单的可进行网格划分的子域。

在子域的形成过程中,应考虑材料塑性变形的特点以满足有限元网格划分的物理要求。光塑性实验结果表明,体积成形的变形分区与变形体的中轴线(面)分区具有一定的相似性[27]。因此,采用中轴面分解技术对变形体进行分解是比较合理的。由于已知中轴面及其半径函数即可精确地重建原始形体,因此这种分解方法是基于形状特征识别的。

针对复杂的工件,形成中轴面后需要对中轴面图元进行必要的调整和修改,以优化子域的几何形状。采用 6.4 和 5.3 节所述的方法,删除凹中轴面图元得到逻辑中轴面后即可处理形体中的非凸域。

3. 子域内六面体网格的自动划分

针对子域的不同类型采用两种方法来划分子域内的六面体网格,对于形状简单的子域采用映射单元法,对于边界为复杂曲面的子域采用 B 样条曲面拟合插值法。

映射单元法先将子域看作 20 节点曲面六面体实单元,然后通过映射函数将其映射为自然坐标系 $O\xi\eta\zeta$ 内边长为 2 的正方体母单元(等参元),正方体母单元内任一点与实际曲面单元内的点一一对应。设 (x_i, y_i, z_i) 为母单元节点的全局坐标,(ξ_i, η_i, ζ_i) 为母单元节点的自然坐标,$i = 1$, $2, \cdots, 20$。母单元内任一点的全局坐标为 (x, y, z),局部坐标为 (ξ, η, ζ),由等参元的特性可知:

$$\begin{Bmatrix} x \\ y \\ z \end{Bmatrix} = \sum_{i=1}^{20} N_i(\xi, \eta, \zeta) \begin{Bmatrix} x_i \\ y_i \\ z_i \end{Bmatrix} \tag{6.6.1}$$

在自然坐标系内,各节点的形状函数 $N_i(\xi, \eta, \zeta)$ 可表示为

对于 8 个角点($i = 1, 2, \cdots, 8$):

$$N_i = \frac{1}{8}(1 + \xi\xi_i)(1 + \eta\eta_i)(1 + \zeta\zeta_i)(\xi\xi_i + \eta\eta_i + \zeta\zeta_i - 2) \tag{6.6.2}$$

对于 $\xi_i = 0$ 的边点($i = 9, 11, 13, 15$):

$$N_i = \frac{1}{4}(1 - \xi^2)(1 + \eta\eta_i)(1 + \zeta\zeta_i) \tag{6.6.3}$$

对于 $\eta_i = 0$ 的边点($i = 10, 12, 14, 16$):

$$N_i = \frac{1}{4}(1 - \eta^2)(1 + \zeta\zeta_i)(1 + \xi\xi_i) \tag{6.6.4}$$

对于 $\zeta_i = 0$ 的边点($i = 17, 18, 19, 20$):

$$N_i = \frac{1}{4}(1 - \zeta^2)(1 + \xi\xi_i)(1 + \eta\eta_i) \tag{6.6.5}$$

已知 3 个自然坐标方向上的分割数,也就确定了等参元内每个节点的自然坐标,联立求解式(6.6.1)～(6.6.5)就可以得到每个节点的全局坐标。通过坐标变换将等参元内的节点坐标转换为笛卡尔坐标系下的节点坐标,连接相关节点即可得到六面体单元。

B 样条曲面拟合插值法,设有空间曲线 A_1A_n, B_1B_n, A_1B_1 和 A_nB_n,其上分别有型值点 a_i, b_i, c_i 和 d_i(图 6.6.1),且 A_1A_n 向 B_1B_n 平滑过渡做曲面 $A_1A_nB_1B_n$(图 6.6.2)。

令 r, s 为被拟合曲面 $A_1A_nB_1B_n$ 的两个参数方向($0 \leqslant r, s \leqslant 1$)。为

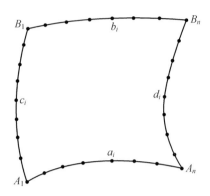

图 6.6.1　空间曲线及其型值点

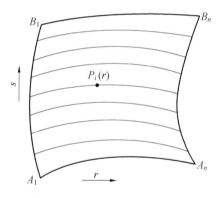

图 6.6.2　拟合曲面 $A_1A_nB_1B_n$

使曲面平滑过渡，使沿曲线 A_1B_1 在 r 方向的切矢由 A_1 处的 $\boldsymbol{A}_{1,r}$ 到 B_1 处的 $\boldsymbol{B}_{1,r}$ 呈线性变化：

$$\boldsymbol{A}_1\boldsymbol{B}_{1,r} = \boldsymbol{A}_{1,r} + \omega(\boldsymbol{B}_{1,r} - \boldsymbol{A}_{1,r}) \qquad (6.6.6)$$

式中　$\boldsymbol{A}_1\boldsymbol{B}_{1,r}$ —— 参数在 s 处的 r 方向切矢。

使沿曲线 A_nB_n 在 r 方向切矢由 A_n 处的 $\boldsymbol{A}_{n,r}$ 到 B_n 处的 $\boldsymbol{B}_{n,r}$ 呈线性变化：

$$\boldsymbol{A}_n\boldsymbol{B}_{n,r} = \boldsymbol{A}_{n,r} + \omega(\boldsymbol{B}_{n,r} - \boldsymbol{A}_{n,r}) \qquad (6.6.7)$$

式中　$\boldsymbol{A}_n\boldsymbol{B}_{n,r}$ —— 参数在 s 处的 r 方向切矢。

已知曲线上的型值点和两个端点的切矢，则可以采用 3 次 B 样条曲线来表示第 i 条曲线，曲线上包含已知的型值点，即可拟合以 B 样条曲线为边界曲线的空间曲面。对于确定的空间 B 样条曲面，通过参数 r 的变化，即可在曲面上划分曲面四边形网格，如图 6.6.3 所示。

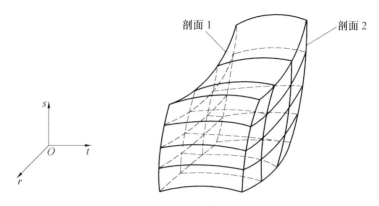

图 6.6.3　B 样条曲面拟合插值划分六面体网格

对于 3 次 B 样条曲面表示的子域,可将边界曲面上的型值点拟合成 B 样条曲线,由相应的 B 样条曲线作为边界曲线即可形成剖面,然后在剖面上形成曲面四边形网格。随后,按照 B 样条方法可插值确定相邻剖面的间距参数 $t(0 \leqslant t \leqslant 1)$,则连接相邻 B 样条曲线所构成的曲面网格即可划分六面体网格,如图 6.6.3 所示。参数 r,s 和 t 确定后,即可确定对应于 (r,s,t) 的节点的坐标。由 B 样条曲线上点 $P(r,s,t)$ 的顺序性,可对节点和单元进行合理编号。

6.6.2　单元拓扑信息的生成

单元拓扑信息主要是指网格的节点、边和面之间的相互连接关系,其生成过程主要包括节点编号、单元编号和单元内节点的编号。在进行编号过程中,要尽可能地保证编号最优以使得网格的半带宽达到最小。

1. 相邻子域公共节点的处理

在不同子域内分别划分网格后,必须首先将所有子域进行体素拼合。当相邻两个子域进行拼合运算时,原来子域间相互重合的边界面必须进行相应的处理。

当每个子域内划分网格时,记录各节点重复生成的次数,如果该节点仅属于一个子域,则定义该节点的重复度为 l;如果该节点属于多个子域,则定义该节点的重复度为包含该节点的子域数的负数。对所有节点进行搜索,再对节点序号进行重排,即可处理相邻子域的公共节点。

2. 单元和节点编号

设 NOD 为单元号,$IE1$ 为 X 方向标识数($IE1=1,2,\cdots,NX$),$IE2$ 为 Y 方向标识数($IE2=1,2,\cdots,NY$),$IE3$ 为 Z 方向标识数($IE3=1,2,\cdots,$

NZ),NX,NY,NZ 分别为 X,Y,Z 方向分割数,则 NOD 可由下式确定:

$$NOD = (IE1 - 1) + 1 + (NX) \cdot (IE2 - 1) + (NX) \cdot (NY) \cdot (IE3 - 1)$$

$$(6.6.8)$$

单元与节点的关联关系如下:

$$
\begin{cases}
FE(1,NOD) = NOD + (IE2 - 1) + (NX + NY + 1) \cdot (IE3 - 1) \\
FE(2,NOD) = FE(1,NOD) + 1 \\
FE(3,NOD) = FE(1,NOD) + (NX + 1) + 1 \\
FE(4,NOD) = FE(1,NOD) + (NX + 1) \\
FE(5,NOD) = FE(1,NOD) + (NX + 1)(NY + 1) \\
FE(6,NOD) = FE(2,NOD) + (NX + 1)(NY + 1) \\
FE(7,NOD) = FE(3,NOD) + (NX + 1)(NY + 1) \\
FE(8,NOD) = FE(4,NOD) + (NX + 1)(NY + 1)
\end{cases}
\quad (6.6.9)
$$

式中 $FE(i,NOD)$——六面体单元 NOD 的第 i 个节点的编号。

6.6.3 网格密度控制

在变形体的不同部位,往往需要密度不同的有限元计算网格,因此必须对自动划分的六面体网格进行密度控制。定义 X,Y,Z 方向的网格密度加权因子 $w_i(i=1,2,\cdots,NX)$,$w_j(j=1,2,\cdots,NY)$,$w_k(k=1,2,\cdots,NZ)$,通过网格密度加权因子来控制坐标分割即可获取不同密度的网格。

网格密度加权因子须综合考虑形体边界的曲率、应变和温度变化以真实地反映变形过程,本节采用等比分割来确定网格密度加权因子 w,其表达式为

$$w_i = q^{i-1} \cdot (1-q)/(1-q^n) \quad (i=1,2,\cdots,n) \qquad (6.6.10)$$

式中 q——相邻网格坐标的比值;

n——子域某一方向上的单元数。

6.6.4 有限元六面体网格划分实例

利用开发的有限元六面体网格划分程序 HEXMESH,对不同形状的工件进行了六面体网格划分,所划分的六面体网格如图 6.6.4 所示。

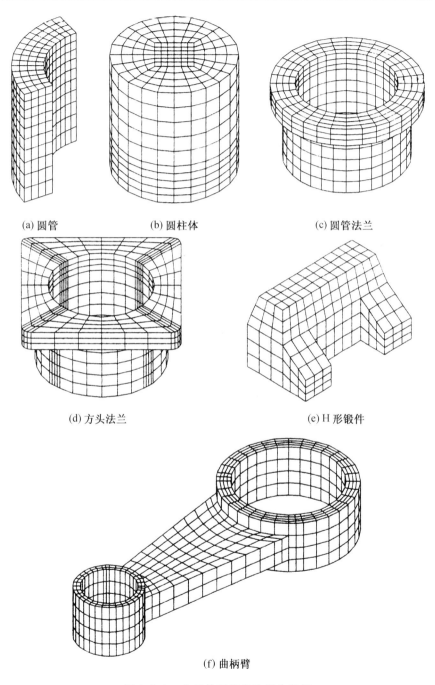

(a) 圆管　　　　　　(b) 圆柱体　　　　　　(c) 圆管法兰

(d) 方头法兰　　　　　　　　　(e) H 形锻件

(f) 曲柄臂

图 6.6.4　六面体网格自动划分实例

6.7　六面体网格的重新划分技术

对于复杂的大变形金属塑性成形过程,随着模具的运动,工件的有限元网格会出现畸变或与模具发生干涉现象,导致有限元计算无法继续进行下去或计算精度降低。因此,当网格变形到一定程度时,就必须进行相应的处理。如果只在工件表层出现个别畸变单元,则可以采用局部调整的方法加以解决。如果大量的畸变网格出现在工件的内部,则局部调整已无法满足要求,此时应停止计算,在旧网格的基础上重新生成一套适合于计算的新网格。

根据工件的旧边界构形和塑性变形的特点来生成新网格系统,并采用体积加权法实现了新旧网格之间的场变量信息传递。

6.7.1　网格重划的判断准则

在进行网格重划时,首先要建立判断准则以确定何时进行网格重划,本节采用工件与模具的干涉量和雅可比矩阵行列式的值来判断是否需要进行重划。

六面体单元的边界是线性边界时,当单元边界无法很好地贴近模具表面时会发生干涉现象。随着干涉量的增加,有限元计算的精度会逐渐降低。因此,在确定网格性能是否合格之前,必须先进行工件与模具的边界干涉判断,其判断准则如下。

如图 6.7.1 所示,设 P 点是单元干涉面的中心点,Q 点是与之相对面的中心点,R 点是 PQ 连线与模具表面的交点,h_i 是 P 点与 R 点之间的距离,h_e 是 P 点与 Q 点之间的距离。则干涉判断准则为

$$h_i/h_e \geqslant C_i \tag{6.7.1}$$

式中　C_i ——干涉判据常数,常取为 $0.2 \sim 0.3$。

为保证有限元求解过程顺利进行,用于坐标变换和积分变换的单元雅可比矩阵的行列式 $|\boldsymbol{J}|$ 的值须大于零,即等参元是外凸的。$|\boldsymbol{J}|$ 的表达式为

$$|\boldsymbol{J}| = \begin{vmatrix} \dfrac{\partial x}{\partial \xi} & \dfrac{\partial y}{\partial \xi} & \dfrac{\partial z}{\partial \xi} \\[2mm] \dfrac{\partial x}{\partial \eta} & \dfrac{\partial y}{\partial \eta} & \dfrac{\partial z}{\partial \eta} \\[2mm] \dfrac{\partial x}{\partial \zeta} & \dfrac{\partial y}{\partial \zeta} & \dfrac{\partial z}{\partial \zeta} \end{vmatrix} \tag{6.7.2}$$

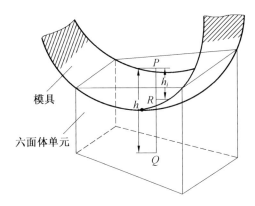

图 6.7.1　边界干涉示意图

对于 8 节点六面体单元,若单元的任意内角均满足 $0 < \theta < \pi$,则其 $|\boldsymbol{J}|$ 必大于零。因此,基于雅可比矩阵的行列式的值的网格畸变准则可叙述如下:

设 P_1 点为单元的某一节点,P_2,P_3 和 P_4 点是与 P_1 点相邻的节点,$\boldsymbol{\lambda}_2$,$\boldsymbol{\lambda}_3$ 和 $\boldsymbol{\lambda}_4$ 分别为从 P_1 点到 P_2,P_3 和 P_4 点的单位矢量,如图 6.7.2 所示。如果由单位矢量 $\boldsymbol{\lambda}_2$,$\boldsymbol{\lambda}_3$ 和 $\boldsymbol{\lambda}_4$ 构成的平行六面体的体积为负值,则网格发生畸变,即

$$\begin{cases} (\boldsymbol{\lambda}_2 \times \boldsymbol{\lambda}_3) \cdot \boldsymbol{\lambda}_4 \leqslant C_d \\ (\boldsymbol{\lambda}_3 \times \boldsymbol{\lambda}_4) \cdot \boldsymbol{\lambda}_2 \leqslant C_d \\ (\boldsymbol{\lambda}_4 \times \boldsymbol{\lambda}_2) \cdot \boldsymbol{\lambda}_3 \leqslant C_d \end{cases} \quad (6.7.3)$$

式中　C_d——网格畸变判据常数,实际应用时一般可取为 0.01。

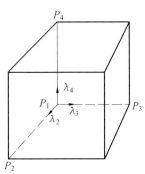

图 6.7.2　六面体网格畸变示意图

当上述两个网格重划判断准则的一个满足条件时,就应该停止计算,重新划分有限元网格。

6.7.2 新网格的自动生成

新网格的自动生成是网格重划最重要的一步,需要在旧的有限元网格边界包围的空间区域内划分新的网格。首先,根据旧网格的节点和单元信息重构边界曲面。然后,根据网格边界的形状和材料的流动特性,采用中轴面分解技术将变形体分解为若干个子域。最后,在每个子域内划分新的六面体网格。

由于重划后的网格边界与旧网格边界存在一定的误差,因此需要对新网格的边界进行修正,以提高变形体在边界处的拟合精度。可采用投影修正法将自动生成的新网格的边界节点投影到变形体的旧边界上,这样可以使变形体边界在重划前后基本上保持一致。

1. 新节点的包含测试及局部坐标的计算

为正确实现新旧网格系统间的场变量信息传递,必须先确定新网格节点位于哪个旧单元内,这称为包含测试。本节采用体积校验法进行包含测试,这种方法不涉及正负号和方向问题,计算较为方便并且行之有效。

设 V_0 为旧六面体单元的体积,V_i 为新节点 P 与旧单元边界面的 4 个节点连线后形成的五面体的体积,如果 P 点在旧单元内,则有

$$\sum_{i=1}^{6} V_i / V_0 = 1 \qquad (6.7.4)$$

如果 P 点在旧单元外,则有

$$\sum_{i=1}^{6} V_i / V_0 > 1 \qquad (6.7.5)$$

新网格节点 P 在旧网格系统内的自然坐标 (ξ, η, ζ) 可由下式求出:

$$\begin{cases} \sum\limits_{i=1}^{8} N_i(\xi, \eta, \zeta) x_i = x \\ \sum\limits_{i=1}^{8} N_i(\xi, \eta, \zeta) y_i = y \\ \sum\limits_{i=1}^{8} N_i(\xi, \eta, \zeta) z_i = z \end{cases} \qquad (6.7.6)$$

式中　　(x_i, y_i, z_i)—— 旧网格节点的全局坐标;

(x, y, z)—— 新网格节点 P 的全局坐标;

$N_i(\xi, \eta, \zeta)$—— 形状函数,其表达式如下:

$$N_i(\xi, \eta, \zeta) = \frac{1}{8}(1 + \xi_i \xi)(1 + \eta_i \eta)(1 + \zeta_i \zeta) \qquad (6.7.7)$$

式中 (ξ_i, η_i, ζ_i) —— 旧网格节点 i 的自然坐标。

2. 新旧网格之间场变量信息传递

新的有限元网格划分后,必须把旧网格上的有关信息(包括与变形历史有关的等效应变、速度场及边界条件等)传递到新网格上,以保证计算的连续性。

等效应变的传递可分为两步:首先将旧网格单元的等效应变值插值到旧网格节点上,然后再将旧网格节点的等效应变值传递到新网格节点上,继而计算新网格单元的等效应变。

由 n 个单元包围的旧网格节点 j 的等效应变值 $\bar{\varepsilon}_j$,可以体积加权平均得到:

$$\bar{\varepsilon}_j = (\sum_{i=1}^{n} \bar{\varepsilon}_i V_i) / \sum_{i=1}^{n} V_i \tag{6.7.8}$$

式中 $V_i, \bar{\varepsilon}_j$ —— 旧网格单元 i 的体积和等效应变值。

首先进行包含测试,然后可插值求出新网格节点 k 的等效应变值 $\bar{\varepsilon}_k$:

$$\bar{\varepsilon}_k = \sum_{j=1}^{8} N_j \bar{\varepsilon}_j \tag{6.7.9}$$

新网格单元内任一点 l 的等效应变值 $\bar{\varepsilon}_l$ 可通过下式求出:

$$\bar{\varepsilon}_i(\xi, \eta, \zeta) = \sum_{k=1}^{8} N_k(\xi, \eta, \zeta) \bar{\varepsilon}_k \tag{6.7.10}$$

式中 (ξ, η, ζ) —— 点 l 的自然坐标值。

单元的等效应变值可由式(6.7.10)求出高斯积分点的等效应变值后平均得到。

由于变形体的旧网格节点的速度已知,因此新网格节点的速度场可以直接从旧网格中插值获得。

3. 网格重划实例

以方法兰镦锻成形数值模拟实例对网格重划程序进行了正确性验证,当压下量为 49.4% 时,对六面体网格进行了重新划分,网格重划前后的等效应变分布如图 6.7.3 所示,网格重划前后的等效应变分布十分接近,说明本节所建立的六面体网格重划系统具有较高的准确性和可靠性。

基于形状特征识别的有限元六面体网格自动划分方法具有稳定、边界逼近性好、可处理非凸域和单元质量高等优点。将中轴面分解与 B 样条曲面拟合插值法结合起来,实现了复杂形体的六面体网格自动生成。形体边界通过双三次 B 样条曲面来描述,采用基于形状特征的中轴面分解技术形成子域,在子域内采用映射单元法或 B 样条曲面拟合插值法生成六面体网

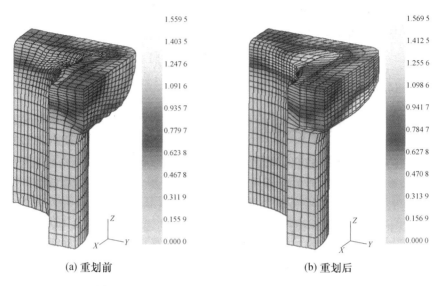

| (a) 重划前 | (b) 重划后 |

图 6.7.3　网格重划前后的等效应变分布(见彩图)

格,并采用网格密度加权因子对网格密度进行控制。采用基于边界形状特征的六面体网格重划技术,较好地解决了三维金属塑性成形过程有限元分析中的网格重划问题。

参考文献

[1] 于浩. Autocad 平台下的三角形及四边形网格的生成和相应的网格生成期的研制[D]. 杭州:浙江大学,2004.

[2] TEKKAYA A E,KAVAKLI S. 3-D simulation of metal forming processes with automatic mesh generation[J]. Steel Research,1995,66(66):377-383.

[3] SCHNEIDERS R. A grid based algorithm for the generation of hexahedral element meshes[J]. Engineering with Computers,1996,12(3):168-177.

[4] BABISLA I. The finite element methods with Lagrange multipliers[J]. Numerical Mathematics,Numerische Mathematik,1973,20(20):179-192.

[5] MALKUS D S. Eigenproblems associated with the discrete LBB condition for incompressible finite elements[J]. International Journal of

Engineering Science,1981,19(10):1299-1310.

[6] 吴长春,卞学璜.非协调数值分析与杂交元方法[M].北京:科学出版社,1997.

[7] TAM T K H,ARMSTRONG C G. Finite element mesh control by integer programming[J]. International Journal for Numerical Methods in Engineering,1993,36(15):2581-2605.

[8] 蒋浩民,刘润广,王忠金,等.基于映射法的三维有限元网格自动划分[J].塑性工程学报,1998,5(3):27-31.

[9] LEE YK,YANG D Y. A new automatic mesh generation technique and its application to the finite element analysis of practical forging process:ICTP 1996 // Proceedings of the Fifth International Conference on Technology of Plasticity,Columbus,October 7-10,1996[C]. Columbu:Committee of the 5th International Conference on Technology of Plasticity,1996:409-413.

[10] TEKKAYA A E. Fully automatic simulation of bulk metal forming processes // Proceedings of the Sixth International Conference on Numerical methods in Industrial forming Processes-NUMIFORM'98,Rotterdam,June 22-25,1998[C]. The Netherlands:CRC Press/Balkema,1998:529-534.

[11] NAGESH K,SRIKANT A. Automatic mesh generation in 2-D and 3-D objects[J]. Advances in Engineering Software,1989,11(1):19-25.

[12] YERRY M,SHEPHARD M. A modified quadtree approach to finite element mesh generation[J]. Computer Graphics & Applications IEEE,1983,3(1):39-46.

[13] YOON J H,YANG D Y. A three-dimensional rigid plastic finite element analysis of bevel gear forging by using a remeshing technique [J]. International Journal of Mechanical Sciences,1990,32(4):277-291.

[14] YANG D Y,YOON J H,LEE N K. Modular remeshing:a practical method of 3-D remeshing in forging of complicated parts. Advanced Technology of Plasticity:ICTP 1990 // Proceedings of the Third International Conference on Technology of Plasticity,Kyoto International Conference Hall,1-6 July 1990[C]. Kyoto:Committee of the

5th International Conference on Techology of Plasticity, 1990, 1: 171-178.

[15] XIE G, RAMAEKER J A. Graded mesh generation and transformation[J]. Finite Elements in Analysis and Design, 1994, 17(1): 41-55.

[16] 左旭, 卫原平, 陈军, 等. 基于 Jacobian 矩阵的三维有限元网格质量优化[J]. 上海交通大学学报, 1998, 32(5): 142-144.

[17] 王忠金. 模锻过程的三维数值模拟及连杆终锻成形规律的研究[D]. 长春: 吉林工业大学, 1995.

[18] BLACKER T D, MEYERS R J. Seams and wedges in plastering: a 3-D hexahedral mesh generation[J]. Engineering with Computers, 1993, 9(2): 83-93.

[19] BLACKER T D, STEPHENSON M B. Paving: a new approach to automated quadrilateral mesh generation[J]. International Journal for Numerical Methods in Engineering, 1991, 32(4): 811-847.

[20] LI T S, MCKEAG R M, ARMSTRONG C G. Hexahedral meshing using midpoint subdivision and integer programming[J]. Computer Methods in Applied Mechanics and Engineering, 1995, 124(1-2): 171-193.

[21] PRICE M A, ARMSTRONG C G, SABIN M A. Hexahedral mesh generation by medial surface subdivision: Part Ⅰ: solids with convex edges[J]. International Journal for Numerical Methods in Engineering, 1995, 38(19): 3335-3359.

[22] PRICE M A, ARMSTRONG C G. Hexahedral mesh generation by medial surface subdivision: Part Ⅱ: Solids with flat and concave edges[J]. International Journal for Numerical Methods in Engineering, 1997, 40(1): 111-136.

[23] JOE B. Construction of three dimensional delaunay triangulation using local transformations[J]. Computer Aided Geometric Design, 1991, 8(2): 123-142.

[24] 闵卫东. 基于计算几何技术的有限元网格划分的研究与实现[D]. 北京: 清华大学, 1995.

[25] GURSOY H N, PATRIKALAKIS N M. Automated interrogation and adaptive subdivision of shape using medial axis transform[J].

Advances in Engineering Software & Workstations,1991,13(5-6):
287-302.

[26] TAM T K H,ARMSTRONG C G. 2D finite element mesh genera-
tion by medial axis subdivision[J]. Advances in Engineering Soft-
ware & Workstations,1991,13(5-6):313-324.

[27] 王忠金.基于形状特征识别的有限元网格自动剖分算法的研究:哈尔
滨工业大学博士后研究工作总结报告[R].哈尔滨:哈尔滨工业大
学,1998.

第7章　盘形件锤锻过程有限元分析

7.1　引　言

盘形件锤锻是典型的高速体积成形工艺,工业中很多锤锻件都是盘形件,比如压气机盘、涡轮盘等,采用有限元法分析这类零件的成形过程有一定的实际意义。锤锻期间打击速度高,工件受到动态的冲击载荷,导致明显的惯性力,使得模具型腔上部的充填性能优于下部,这是锤锻过程区别于其他锻造工艺的最显著特征。金属在模锻时的充填能力是表征模锻成形性能的主要指标,掌握金属在模锻时的充填规律将有助于模锻工艺和模具的设计。采用开发的二维弹塑性动力显式有限元程序对盘形件锤锻过程进行数值模拟,分析了锤锻期间金属的流动规律和充填过程,分析了打击能量、坯料高径比、模锻斜度和界面摩擦等对金属流动、模具充填、冲击载荷等方面的影响。在落锤冲击试验机上进行盘形件的锤锻试验,将试验结果与有限元计算结果进行对比,验证了开发程序的可靠性。

7.2　圆柱体高速镦粗过程的有限元分析

7.2.1　有限元分析模型

使用开发的有限元分析程序分析静止于砧座上的圆柱体在锤头打击下发生的高速镦粗过程,圆柱体尺寸为 $\phi 100 \text{ mm} \times 40 \text{ mm}$,材料为 OFHC铜,力学性能参数见表 3.9.1,其有限元分析模型如图 7.2.1 所示,用四边形等参元进行离散,划分为 320 个单元。落锤参数:打击能量为 100 kJ,打击效率为 0.8,锤头质量为 320 kg。

7.2.2　金属流动规律

圆柱体不同压下量 $\Delta H / H_0$(H_0 为圆柱体初始高度,ΔH 为高度减小量)时构型和速度矢量如图 7.2.2 所示,变形构形呈现出明显的蘑菇状,靠近锤头的上端区域材料质点流动速度快,沿着轴向和径向都有一个较大的速度分量,下端区域材料质点流动速度慢,且沿轴向的速度分量很小,主要沿着径向流动。

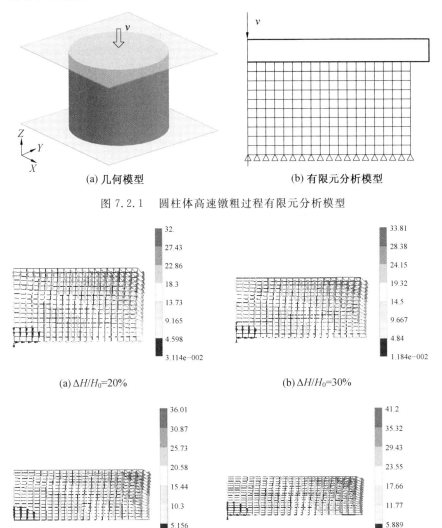

(a) 几何模型

(b) 有限元分析模型

图 7.2.1　圆柱体高速镦粗过程有限元分析模型

(a) $\Delta H/H_0=20\%$

(b) $\Delta H/H_0=30\%$

(c) $\Delta H/H_0=40\%$

(d) $\Delta H/H_0=50\%$

图 7.2.2　不同压下量 $\Delta H/H_0$ 时构型和速度矢量($\times 10^3\,\mathrm{mm/s}$)

圆柱体高速镦粗过程中内部材料质点的 Z 方向速度分量 v_Z 与其初始 Z 坐标 Z_0 近似呈反比关系(图 7.2.3),质点距离锤头越近,向下运动的速度越大。Z_0 相同、R_0 不同位置处质点的 Z 方向速度也不同,这说明沿轴向

距锤头距离相同的质点向下运动的速度也有差别。变形初期差别较大(图
7.2.3(a)),随着变形的进行差别有所减小(图 7.2.3(b),(c) 和(d))。

　　圆柱体内部质点的 R 方向速度分量 v_R 与其初始 R 坐标 R_0 近似呈正比
关系,如图 7.2.4 所示,距离圆柱中心轴线越近的质点向外流动的速度越
小。R_0 相同、Z_0 不同位置处质点的 v_R 也不完全相同,变形初期差别较大
(图 7.2.4(a)),变形中后期差别非常小(图 7.2.4(b) 和(c)),这说明沿径
向距圆柱中心轴线距离相同的质点处径向速度分量也有一定差别。

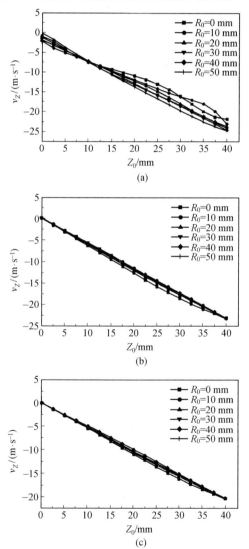

图 7.2.3　质点 Z 方向速度与质点 Z 坐标之间的关系曲线

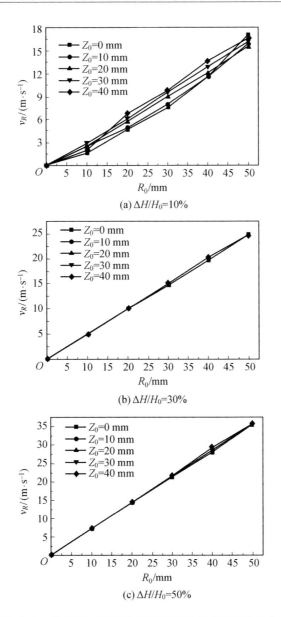

图 7.2.4 质点 R 方向速度与质点 R 坐标之间的关系曲线

选择圆柱体侧边上、中、下 3 个位置处的质点作为典型点，它们的初始坐标分别为 (50, 40)、(50, 20) 和 (50, 0)，分析径向速度分量 v_R 和轴向速度分量 v_Z 随时间 t 的变化规律，有限元计算结果如图 7.2.5 所示，径向速度分量随时间的关系曲线和轴向速度分量随时间的关系曲线都有一定的波

动,并且在变形初期波动较大,应力波传播是导致速度 — 时间曲线出现波
动的原因。

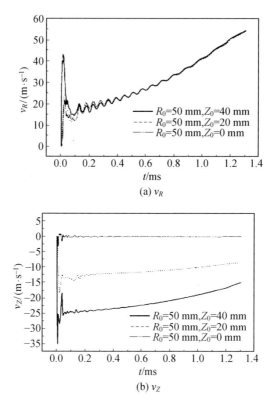

(a) v_R

(b) v_Z

图 7.2.5　质点处流动速度 — 时间曲线

变形初期,初始坐标为(50,40)、(50,20)和(50,0)的 3 个典型位置处
径向速度分量从上到下依次减小,当变形时间大约达到 0.4 ms 时,它们的
径向速度分量基本相等,此后一直保持如此。 比较初始坐标为(50,40)、
(50,20)和(50,0)的 3 个位置处的轴向速度分量,与锤头接触的质点向下
流动的速度最快,中间位置的质点次之,并且它们向下流动的速度均随时
间不断减小,而与砧座接触的质点几乎不沿轴向流动。

在圆柱体高速镦粗过程中,各个质点处的流动速度不同,使得产生的
变形量有一定差别,导致应变分布不均匀,如图 7.2.6 所示。 变形初期上
端中心区域的等效塑性应变值最大,出现一个塑性应变集中区,与锤头接
触的上端区域塑性应变值较大,靠近下端的区域塑性应变值较小。 随着变
形的继续,塑性应变开始沿着外侧壁向下端传播,塑性应变分布的不均匀

性有所降低。

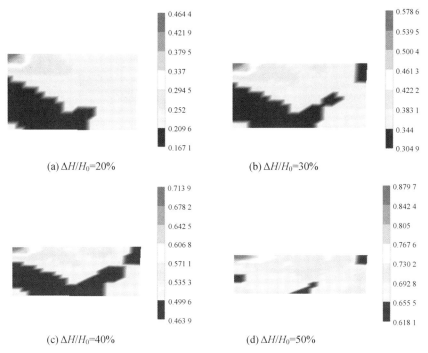

(a) $\Delta H/H_0$=20%　　　　　　　(b) $\Delta H/H_0$=30%

(c) $\Delta H/H_0$=40%　　　　　　　(d) $\Delta H/H_0$=50%

图 7.2.6　不同压下量 $\Delta H/H_0$ 时的等效塑性应变分布

7.2.3　打击能量对变形过程的影响

保持锤头质量为 320 kg 和打击效率为 0.8 不变,选择 4 个打击能量 100 kJ,64 kJ,36 kJ,16 kJ,研究打击能量对变形过程的影响,它们对应的打击速度分别为 25 m/s,20 m/s,15 m/s,10 m/s。

压下量 30% 时不同打击能量下的等效塑性应变分布如图 7.2.7 所示,打击能量为 16 kJ 时,圆柱体内的等效塑性应变分布近似均匀,等效塑性应变的最大和最小值分别为 0.38 和 0.35。随着打击能量的增加,等效塑性应变分布的不均匀程度增加,打击能量 100 kJ 时,等效塑性应变的最大和最小值分别为 0.58 和 0.30。

压下量 30% 时得到的不同打击能量条件下的变形构形和速度矢量如图 7.2.8 所示,打击能量变化对材料流动影响很大,随着打击能量的提高,材料的流动速度增加,使得变形构形也有明显区别。打击能量较小时,变形后构形保持长方体,随着打击能量的增加,变形后构形逐渐呈现出蘑菇状,并且打击能量越大,蘑菇状越明显。

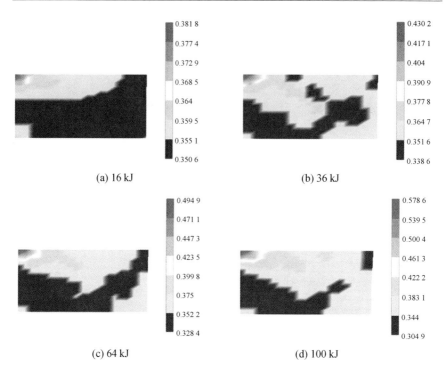

图 7.2.7 不同打击能量(W_0)下的等效塑性应变分布

不同打击能量下的冲击载荷－压下量曲线如图 7.2.9 所示,打击能量越高,所需的冲击载荷越大,这是因为打击能量提高时,锤头打击速度增加,使得变形期间的应变速率增加,导致材料屈服强度提高。

7.2.4 高径比对变形过程的影响

分析直径为 100 mm、高径比 H_0/D_0 分别为 0.4,0.6,0.8 和 1.0 的 OFHC 铜在相同打击条件下的成形过程。划分的单元数分别为 320 个、480 个、640 个、800 个。落锤设备参数:打击能量为 100 kJ,打击效率为 0.8,锤头质量为 320 kg。

压下量为 10%、30%、50% 时不同高径比圆柱体内的速度矢量分别如图 7.2.10,图 7.2.11 和图 7.2.12 所示。高径比较小时,靠近圆柱体侧边的材料质点沿着轴向和径向两个方向流动,随着高径比的增加,靠近侧边的材料质点主要沿轴向流动,径向速度分量变小。此外,对于较小的高径比($H_0/D_0 = 0.4$),变形构形一直呈现出蘑菇状,高径比增加时,变形初期构形呈现蘑菇状,但随着变形的继续,逐渐呈现一个倒置的蘑菇状。

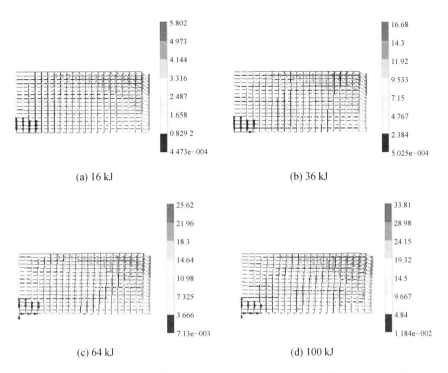

(a) 16 kJ   (b) 36 kJ

(c) 64 kJ   (d) 100 kJ

图 7.2.8 压下量 30％ 时不同打击能量（W_0）下的变形构形和速度矢量

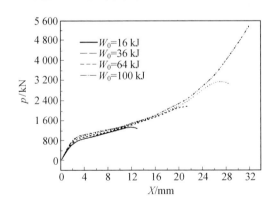

图 7.2.9 不同打击能量（W_0）下的冲击载荷－压下量曲线

    不同高径比条件下的冲击载荷－压下量曲线如图 7.2.13 所示，随着高径比 H_0/D_0 的增加，冲击载荷 p 的值逐渐减小。这可用文献[1]中的研究结果进行解释，圆柱体高速镦粗结束时，锤头表面上的载荷 p 的表达式为

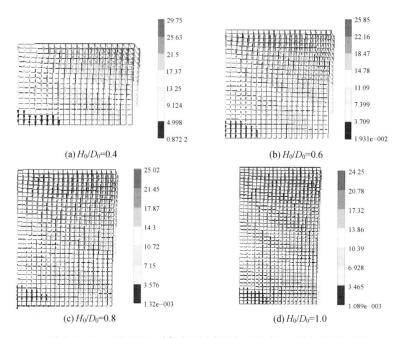

(a) H_0/D_0=0.4　　　　　　　　　(b) H_0/D_0=0.6

(c) H_0/D_0=0.8　　　　　　　　　(d) H_0/D_0=1.0

图 7.2.10　压下量 10％ 时不同高径比（H_0/D_0）下的速度矢量

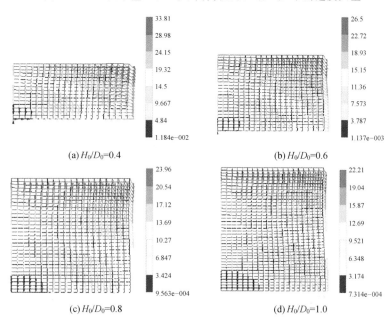

(a) H_0/D_0=0.4　　　　　　　　　(b) H_0/D_0=0.6

(c) H_0/D_0=0.8　　　　　　　　　(d) H_0/D_0=1.0

图 7.2.11　压下量 30％ 时不同高径比（H_0/D_0）下的速度矢量

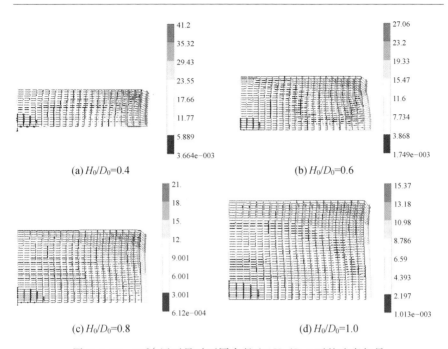

(a) $H_0/D_0=0.4$

(b) $H_0/D_0=0.6$

(c) $H_0/D_0=0.8$

(d) $H_0/D_0=1.0$

图 7.2.12　50％压下量时不同高径比(H_0/D_0)下的速度矢量

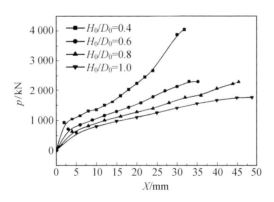

图 7.2.13　不同高径比(H_0/D_0)条件下的冲击载荷－压下量曲线

$$p = \pi R^2 \cdot \left\{ \left[1 + \frac{1}{3\sqrt{3}} \mu \left(\frac{D}{H} \right) \right] \cdot \sigma_0 + \frac{3}{64} \rho v^2 \cdot \left(\frac{D}{H} \right)^2 + \frac{1}{32} \rho a \cdot \left(\frac{D^2}{H} \right) \right\}$$

$$(7.2.1)$$

式中　σ_0——试样材料的屈服应力；

　　　ρ——试样材料的质量密度；

　　　D, H——试样的瞬时直径和瞬时高度。

当摩擦因数 μ、锤头速度 v、锤头加速度 a、试样材料的屈服应力 σ_0 和质量密度 ρ 保持一定时,载荷 p 随瞬时高径比 H_0/D_0 的增加而减小。

变形期间锤头速度随时间的变化曲线如图 7.2.14 所示。锤头速度随时间的增加而不断减小,并且减小速度随高径比的增加而减小,这可根据动量定理进行说明。以锤头为研究对象,用 $p_{t-\Delta t}$ 近似代替 $t-\Delta t \rightarrow t$ 时间增量内的平均载荷,则动量定理的表达式为

$$(p_{t-\Delta t} - mg)\Delta t = m(v_{t-\Delta t} - v_t) \tag{7.2.2}$$

或

$$\frac{\Delta v}{\Delta t} = \frac{v_{t-\Delta t} - v_t}{\Delta t} = \frac{p_{t-\Delta t} - mg}{m} \tag{7.2.3}$$

在相同的锤头质量和打击速度下,高径比增加时冲击载荷 p 减小(图 7.2.14),导致 $\dfrac{\Delta v}{\Delta t}$ 减小。

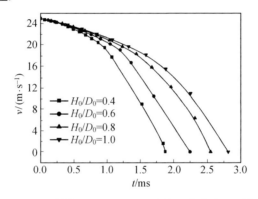

图 7.2.14　不同高径比(H_0/D_0)时的锤头速度－时间曲线

试样变形能－时间曲线如图 7.2.15 所示,变形期间,变形能随时间的增加而增加,但是增加的速率随高径比 H_0/D_0 的增加而减小。在相同变形时刻,高径比 H_0/D_0 增加时,锤头速度增加(图 7.2.14),从而导致锤头动能 $mv_t^2/2$ 增加,又因为变形期间能量是守恒的,所以试样变形能 W_t 减小。

7.2.5　试验研究

本试验在 Instron Dynatup 9250 HV 落锤冲击试验机上进行,落锤冲击试验机主要包括 3 部分:9250 落锤冲击加载机架、试验控制系统、数据采集与处理系统,设备和结构原理如图 7.2.16 所示。

冲击物和锤头连为一体,共同作为下落部分,它们可沿导轨在 1 m 的

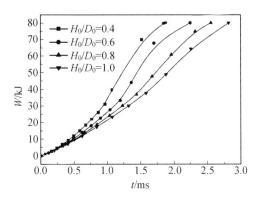

图 7.2.15 不同高径比(H_0/D_0)时的变形能－时间曲线

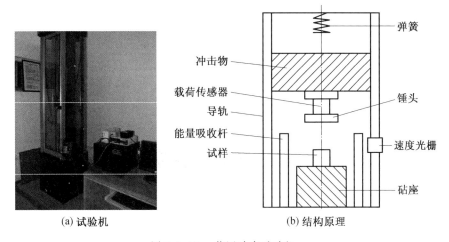

(a) 试验机   (b) 结构原理

图 7.2.16 落锤冲击试验机

范围内自由滑动。落下部分质量指冲击物和锤头的质量之和,可通过添加或去除质量块来改变,范围为 $4.5 \sim 46$ kg。机架上方有一个弹簧装置,当自由下落提供的打击速度不能满足要求时,可以为冲击物和锤头提供一个初始速度。该设备能提供的最大打击速度为 20 m/s。为了保护试验设备、限制试样的变形量,在砧座两侧装有吸能杆。

数据采集与处理系统的工作原理如下:定义锤头与试样刚接触时的时刻为 $t=0$,此时的锤头速度定义为打击速度,它可以事先设定或由安装在导轨上的速度光栅测得。在锤头打击试样的过程中,锤头与试样之间的作用力采用压电传感器测量,通过数据采集与处理系统计算锤头速度、压下量和试样变形能,具体过程如下。

以锤头为研究对象，t 时刻的力平衡方程为

$$F_t = mg - P_t \tag{7.2.4}$$

式中　　F_t——t 时刻作用在锤头上的合力；

　　　　m——锤头的质量；

　　　　P_t——t 时刻试样对锤头的反作用力。

由牛顿第二定律可知，t 时刻锤头的加速度 a_t 为

$$a_t = g - P_t / m \tag{7.2.5}$$

对式(7.2.5)积分可得 t 时刻的锤头速度 v_t 为

$$v_t = \int a_t \mathrm{d}t = gt - \frac{1}{m}\int P_t \mathrm{d}t \tag{7.2.6}$$

同样，对式(7.2.6)积分可得 t 时刻的压下量 x_t 为

$$x_t = \int v_t \mathrm{d}t = \frac{1}{2}gt^2 - \frac{1}{m}\iint p_t \mathrm{d}t \tag{7.2.7}$$

由能量守恒定律可知，t 时刻试样的变形能 W_t 为

$$W_t = \frac{1}{2}m(v_0^2 - v_t^2) \tag{7.2.8}$$

作用力 P_t 可由压电式载荷传感器测量得到，打击速度 v_0 可以事先设定或由速度光栅测得。将 P_t 代入式(7.2.6)和式(7.2.7)，可得到变形期间的锤头速度 v_t 和压下量 x_t。然后，将 v_0 和 v_t 代入式(7.2.8)，得到试样变形能 W_t。

铅是应变率敏感材料，屈服应力和密度的比值较小，使得它的动态效应较明显；并且，铅在常温、较低打击速度下的变形行为与钢在高温、较高打击速度下的变形行为类似，可以用来近似模拟高温、较高打击速度下钢的变形过程，因此采用工业纯铅进行试验研究，牌号为 Pb－1(99.994%)，材料性能参数如下：密度 11.34 g/cm^3，弹性模量 17 000 MPa，泊松比 0.42。

为了分析试样高径比对变形期间冲击载荷、试样变形能、锤头速度等的影响规律，使用直径为 25 mm，高径比分别为 0.4、0.6、0.8 和 1.0 的圆柱试样，在锤头质量为 5.2 kg、打击能量为 68 J 条件下进行镦粗试验，得到的试验结果如图 7.2.17～7.2.19 所示。

试样高径比对变形期间的冲击载荷有明显影响(图 7.2.17)，高径比 H_0/D_0 增加时，冲击载荷的上升和下降都变得缓慢。H_0/D_0 为 0.8 和 1.0 时，载荷曲线的初始阶段出现一个波动，并且 H_0/D_0 在 1.0 时波动较大。

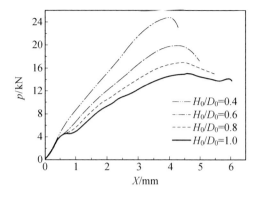

图 7.2.17　不同高径比(H_0/D_0)时的冲击载荷－压下量曲线

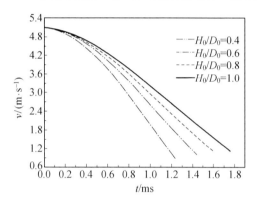

图 7.2.18　不同高径比(H_0/D_0)时的锤头速度－时间曲线

载荷曲线上出现波动是由于在冲击加载作用下产生应力波传播。对于给定直径的圆柱试样,高度较小的试样,应力波传播对变形几乎没有影响,冲击载荷曲线很平滑;随着高度方向上的尺寸增加,应力波传播对变形的影响就越明显。

变形期间锤头速度和试样变形能随接触时间的变化曲线分别图 7.2.18 和图 7.2.19 所示,锤头速度－时间的递减速度和试样变形能－时间的递增速度随高径比的增加而减小。

将图 7.2.17、图 7.2.18 和图 7.2.19 分别与图 7.2.13、图 7.2.14 和图 7.4.15 进行对比,实验得到的高径比对冲击载荷－压下量曲线、锤头速度－时间曲线和变形能－时间曲线的影响规律与有限元分析结果有很好的一致性。

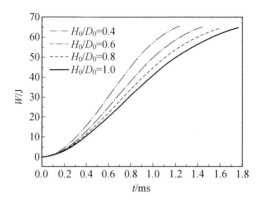

图 7.2.19　不同高径比(H_0/D_0)时的变形能一时间曲线

7.3　盘形件锤锻变形过程的有限元分析

7.3.1　盘形件锤锻过程有限元分析模型

盘形件锤锻过程有限元分析模型如图 7.3.1 所示,锤头向下运动,使位于锤头和砧座之间的圆柱体坯料发生变形、充填模具型腔。上、下模具型腔是对称的(图 7.3.2),用 2 节点线单元对模具型腔进行描述。初始坯料采用 3 种体积近似相等、高径比不同的尺寸,其几何尺寸分别为 $\phi100$ mm $\times 40$ mm,$\phi90$ mm $\times 50$ mm 和 $\phi80$ mm $\times 60$ mm。采用 4 节点四边形单元对坯料进行网格划分,如图 7.3.1(b)所示。

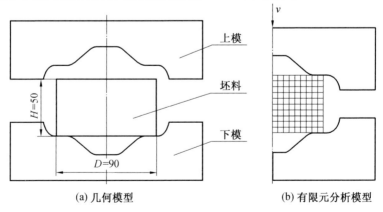

（a）几何模型　　　　　　　　　　（b）有限元分析模型

图 7.3.1　盘形件锤锻过程有限元分析模型

开发的有限元分析程序采用动力显式算法,这种算法要求计算时间步长非常小,通常为 $10^{-7} \sim 10^{-6}$ s 数量级,时间步长的具体数值与有限元模型划分的最小网格单元尺寸有关。因此,为了提高计算效率,在保证计算精度的同时尽量使变形开始前的网格划分较疏,变形一段时间后,为了保证计算精度,再进行网格重划分。

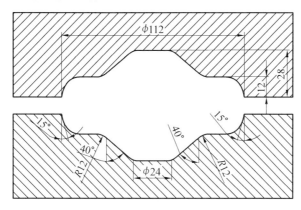

图 7.3.2　盘形件锤锻过程的模具型腔

研究打击能量 W_0、坯料高径比 H_0/D_0、模锻斜度 α 和摩擦因数 μ 对锤锻过程金属流动行为和成形载荷的影响。锤锻有限元分析用材料参数的选取见表 7.3.1,坯料为工业纯铅,材料参数见表 3.9.1,流动应力模型见表 3.9.2。

表 7.3.1　锤锻有限元分析用材料参数

变化参数		固定参数				
名称	数值	W_0	m	H_0/D_0	α	μ
打击能量 W_0/kJ	2.0,3.0,4.0,5.0	—	1 000	0.4	40	0.0
高径比 H_0/D_0	0.4,0.55,0.75	2.0	250	—	40	0.0
模锻斜度 α	20,30,40	2.0	250	0.4	—	0.0
摩擦因数 μ	0.0,0.1,0.2,0.3	2.0	250	0.4	40	—

7.3.2　动态结果与静态结果的比较

本书开发的动态有限元分析程序将锤锻过程视为一个动态过程,考虑了惯性力对变形过程的影响,而目前常用的模拟锤锻过程的商业软件 Deform 将其视为一个准静态过程。分别采用两者对打击能量为 5 kJ、锤头质量为 1 000 kg、打击效率为 0.8 的条件下的盘形件锤锻过程进行数值模拟,比较得到的计算结果。

压下量为 4 mm 和 12 mm 时工件的构形和速度矢量场分别如图 7.3.3 和图 7.3.4 所示。压下量为 4 mm 时,坯料外围金属还没有接触模壁,以镦粗变形为主,压下量为 12 m 时,坯料外围金属接触模壁,并有部分金属流出模腔形成飞边,模具型腔即将充填完成。

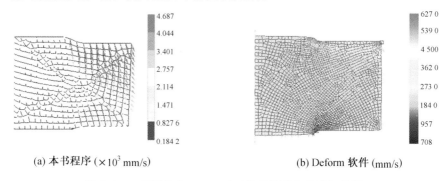

(a) 本书程序 (×10³ mm/s)　　　　　　　(b) Deform 软件 (mm/s)

图 7.3.3　压下量为 4 mm 时工件的构型和速度矢量场

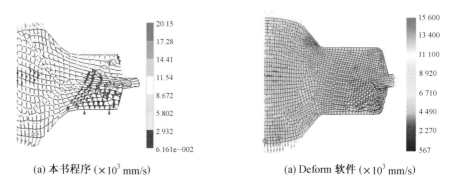

(a) 本书程序 (×10³ mm/s)　　　　　　(a) Deform 软件 (×10³ mm/s)

图 7.3.4　压下量为 12 mm 时工件的构型和速度矢量场

首先,变形构形方面有明显不同,采用 Deform 软件得到工件构形上、下对称,说明上、下型腔的充填量相同,而本章程序得到的工件构形上、下不对称,上型腔的充填程度大于下端,压下量为 4 mm 时这种现象较为明显,坯料上部的外围金属向外流动程度比下端大,使得外端呈现一个蘑菇状。其次,本章程序和 Deform 软件计算得到的速度矢量场分布规律类似,数值方面有一定差别。压下量为 4 mm 时,数值方面的差别较小,压下量为 12 mm 时,数值方面的差别较大,本书程序得到的速度值较 Deform 软件计算结果大。

压下量为 4 mm 和 12 mm 时工件的等效应变分布分别如图 7.3.5 和图 7.3.6 所示,Deform 软件得到的等效应变分布上、下对称,本章程序得到的等效应变分布上、下不对称。压下量为 4 mm 时,本章程序计算结果表明与上模腔中间部位接触的坯料质点等效应变最大,形成一个明显的应变集中区,而 Deform 软件计算结果则是上、下端与模腔中间部位接触的区域内对应质点处的等效应变值相同。

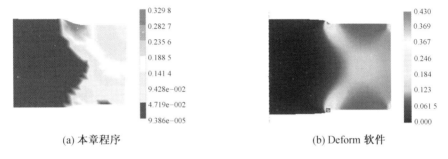

(a) 本章程序   (b) Deform 软件

图 7.3.5　压下量为 4 mm 时工件的等效应变分布

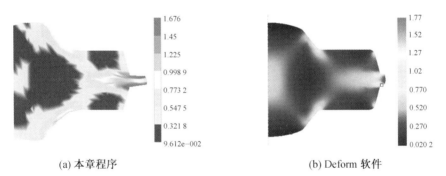

(a) 本章程序   (b) Deform 软件

图 7.3.6　压下量为 12 mm 时工件的等效应变分布

通过变形构形、速度场和等效应变分布 3 方面的比较可以说明,本章程序可以分析锤锻期间惯性力对变形过程的影响,真实地反映其变形特点,而 Deform 软件没有考虑惯性力作用。

7.3.3　打击能量对变形过程的影响

不同打击能量下的速度场分别如图 7.3.7~7.3.10 所示,随着打击能量的增加,材料质点的流动速度增大。压下量分别为 4 mm,8 mm 和 10 mm 时,4 种打击能量下的速度矢量分布规律基本相同,压下量为 12 mm、打击能量为 2 kJ 下的速度矢量分布与其他 3 种打击能量下的不同,因为此时打击能量 2 kJ 下的变形过程已接近结束,而后 3 种情况下的

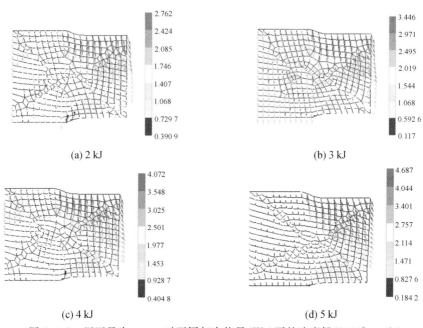

(a) 2 kJ

(b) 3 kJ

(c) 4 kJ

(d) 5 kJ

图 7.3.7　压下量为 4 mm 时不同打击能量(W_0)下的速度场($\times 10^3$ mm/s)

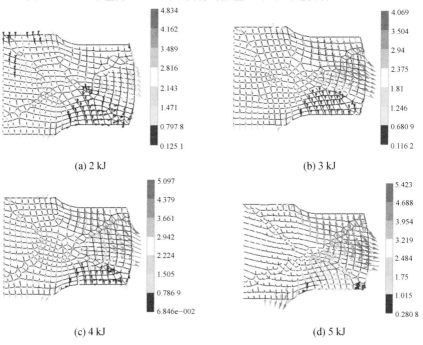

(a) 2 kJ

(b) 3 kJ

(c) 4 kJ

(d) 5 kJ

图 7.3.8　压下量为 8 mm 时不同打击能量(W_0)下的速度场($\times 10^3$ mm/s)

变形过程仍在继续。

　　变形初期(压下量为 4 mm 和 8 mm 时),材料流动类似于圆柱体高速镦粗过程,所有的材料质点主要沿轴向向下运动,并且靠近锤头的上部区域材料质点以较大速度向外流动,下部区域材料质点以较小速度向外流动。

　　变形中后期是一个充填过程(图 7.3.9 和图 7.3.10),坯料外围金属和上下型腔的模壁接触,坯料中心部位的金属充填到上、下模腔形成盘形件的上下凸台。与模壁接触后,坯料外围金属流出模具型腔形成飞边,主要是上部区域的质点向外流动,下部区域质点向外流动速度很低。

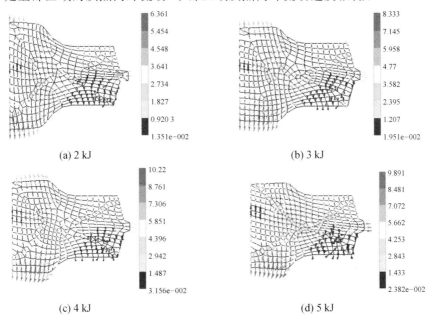

(a) 2 kJ　　　　　　　　　　　　　　(b) 3 kJ

(c) 4 kJ　　　　　　　　　　　　　　(d) 5 kJ

图 7.3.9　压下量为 10 mm 时不同打击能量(W_0)下的速度场($\times 10^3$ mm/s)

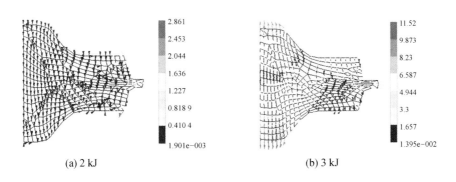

(a) 2 kJ　　　　　　　　　　　　　　(b) 3 kJ

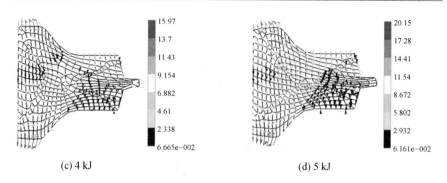

(c) 4 kJ　　　　　　　　　　　　　(d) 5 kJ

图 7.3.10　压下量为 12 mm 时不同打击能量(W_0)下的速度场($\times 10^3$ mm/s)

选择坯料上节点 1,4,7,10,48,51,54 和 57(图 7.3.11),研究它们的流动速度随时间的变化规律,节点 1,4,7 和 10 位于坯料下表面,节点 48,51,54 和 57 位于上表面,节点 1 和 57 位于中心线上,节点 4 和 54 处的径向坐标近似相同,节点 7 和 51 以及节点 10 和 48 也是如此。

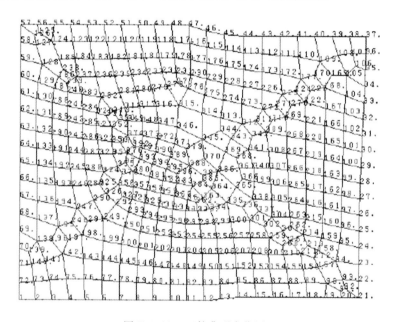

图 7.3.11　工件典型点位置

打击能量为 4 kJ 时,本书程序计算得到的典型位置处轴向速度—时间曲线如图 7.3.12 所示,底面上 4 个节点处轴向速度 v_Z 均小于零,说明一直向下运动,单从数值方面考虑,节点 1,4,7 处的轴向速度近似相等,大于节点 10 处。上表面节点处的轴向速度 v_Z 在变形初期和中期小于零,在变形后期大于零,说明这些节点先向下运动,随后又向上运动,单从数值方面考虑,节点 51,54,57 处的轴向速度近似相等,大于节点 48 处。

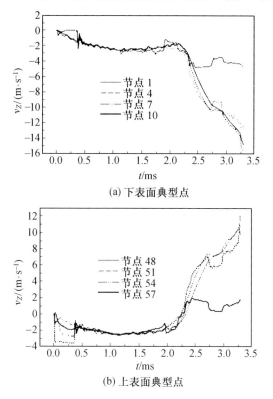

(a) 下表面典型点

(b) 上表面典型点

图 7.3.12　工件典型质点处的轴向速度-时间曲线

节点 1 和 57 处的径向速度等于零,这里不再给出。其他节点处的径向速度-时间曲线如图 7.3.13 所示,坯料底面节点和上表面节点处的径向速度随时间的变化趋势大致相同。变形初期,节点 10,48 和 51 处的径向速度大于零,节点 4 和 7 处径向速度近似等于零,节点 54 处径向速度小于零,这解释了变形初期模具上型腔充填程度大于下型腔并且坯料外端出现蘑菇状的原因。变形中期,这些节点处的径向速度均近似为零,说明坯料中心部位的金属几乎不沿径向流动,主要沿轴向向上、下型腔充填。变形后期,单从数值方面考虑,径向速度排列顺序是节点 10＞节点 7＞节点 4＞节点 1,节点 48＞节点 51＞节点 54＞节点 57。

盘形件在不同打击能量下锤锻时,变形初期工件内的等效塑性应变分布如图 7.3.14 所示,打击能量为 2 kJ 时,上、下型腔的充填基本相同,没有

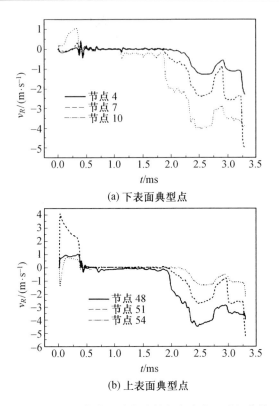

(a) 下表面典型点

(b) 上表面典型点

图 7.3.13 工件典型质点处的径向速度－时间曲线

表现出惯性充填现象；打击能量为 3 kJ 时，上部型腔的充填优于下部型腔；之后，随着打击能量的继续增加，上、下型腔的充填差别越来越大，惯性充填越明显。

工件在落锤打击下发生锤锻变形时，由于冲击引起的惯性力作用，金属首先朝着上部的中心型腔流动，下部型腔在变形开始阶段没有金属流入。经过一段时间，金属才逐渐流入下部的中心型腔。变形初期上端金属的型腔充填较下端金属快，出现明显的"惯性充填"现象。

不同打击能量下得到的冲击载荷－压下量关系曲线如图 7.3.15 所示，初始阶段冲击载荷随压下量快速增加，然后以一个较小的斜率增加，最后又快速增加达到载荷峰值。随着打击能量的增加，冲击载荷随压下量的递增速率变大。压下量为 12 mm 时，在 W_0 分别为 2 kJ，3 kJ，4 kJ 和 5 kJ 的打击条件下，冲击载荷分别为 281.5 kN，302.2 kN，320.3 kN 和 341.3 kN。

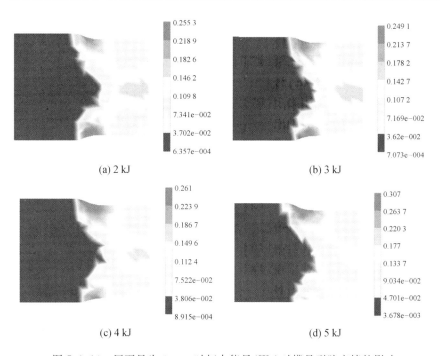

(a) 2 kJ (b) 3 kJ

(c) 4 kJ (d) 5 kJ

图 7.3.14 压下量为 4 mm 时打击能量(W_0)对模具型腔充填的影响

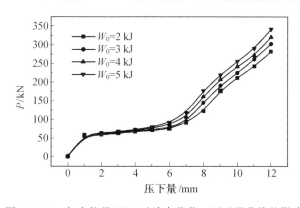

图 7.3.15 打击能量(W_0)对冲击载荷—压下量曲线的影响

7.3.4 坯料高径比对变形过程的影响

选择 3 种体积近似相等、高径比不同的圆柱体坯料:$\phi100$ mm $\times$ 40 mm、$\phi90$ mm $\times50$ mm 和 $\phi80$ mm $\times40$ mm,对其锤锻过程进行分析,其工件的构型和等效塑性应变分布如图 7.3.16～图 7.3.18 所示,坯料越高越容易失稳,$\phi100$ mm $\times40$ mm 的坯料在锤锻期间变形比较稳定,变形

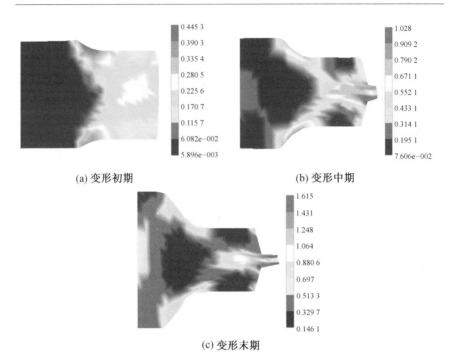

(a) 变形初期　　　　　　　　　　　　　　　　(b) 变形中期

(c) 变形末期

图 7.3.16　高径比(H_0/D_0)为 0.4 时工件的构型和效塑性应变分布(见彩图)

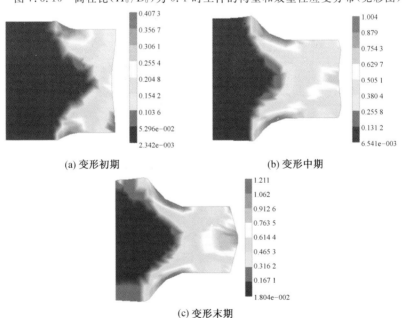

(a) 变形初期　　　　　　　　　　　　　　　　(b) 变形中期

(c) 变形末期

图 7.3.17　高径比(H_0/D_0)为 0.55 时工件的构型和等效塑性应变分布(见彩图)

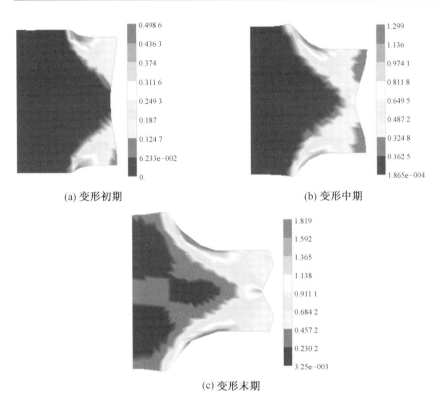

(a) 变形初期   (b) 变形中期

(c) 变形末期

图 7.3.18 高径比(H_0/D_0)为 0.75 时工件的构型和等效塑性应变分布(见彩图)

结束时型腔基本充填完成;ϕ90 mm×50 mm 的坯料在变形初期和中期产生小的失稳,变形结束时消失,充填性能不如 ϕ100 mm×40 mm 的坯料;ϕ80 mm×40 mm 的坯料在变形期间产生大的失稳,变形结束时形成严重的折叠。

随着高径比的增加,惯性充填效应明显。$H_0/D_0=0.4$ 时,变形初期惯性充填效应较明显,变形中后期基本不明显,上、下型腔的充填基本相同。高径比增加到 0.75 时,变形期间的惯性充填效应一直较明显,上型腔的充填性能优于下型腔。

不同高径比下得到的冲击载荷—时间曲线如图 7.3.19 所示,随着高径比的增加,冲击载荷随时间的递增速率降低,载荷峰值减小。高径比分别为 0.4,0.55 和 0.75 时的冲击载荷峰值分别为 297.74 kN,214.42 kN 和 113.66 kN。

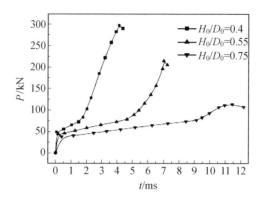

图 7.3.19　不同高径比（H_0/D_0）时的冲击载荷—时间曲线

7.3.5　模锻斜度对变形过程的影响

为了研究模锻斜度对金属塑性流动的影响，选择 3 个模锻斜度对锤锻过程进行分析。不同压下量时，3 种模锻斜度下的构型和等效塑性应变分布分别如图 7.3.20～图 7.3.22 所示，随着模锻斜度的增加，上、下模具型腔的充填差别变大，惯性充填现象变得较为明显。这是由于模锻斜度较大时，金属易于流动和充满型腔，使得惯性流动和充填也变得明显。

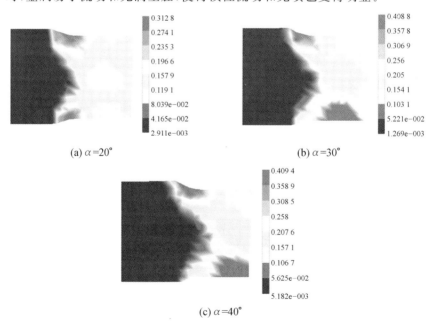

(a) $\alpha=20°$　　　　(b) $\alpha=30°$

(c) $\alpha=40°$

图 7.3.20　压下量为 5 mm 时不同模锻斜度（α）下工件的构型和等效塑性应变分布

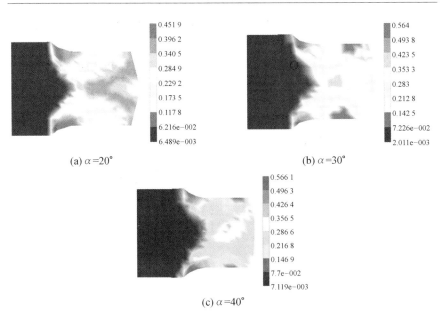

图 7.3.21 压下量为 8 mm 时不同模锻斜度(α)下工件的构型和等效塑性应变分布

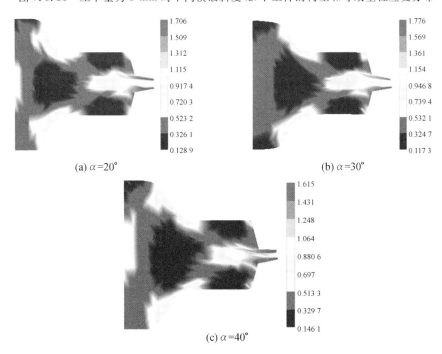

图 7.3.22 变形结束时不同模锻斜度(α)下工件的构型和等效塑性应变分布

不同模锻斜度时锤锻期间的冲击载荷－压下量曲线如图 7.3.23 所示,随着模锻斜度的增加,冲击载荷下降。对应模锻斜度分别为 20°,30°和 40°时的冲击载荷的峰值分别为 310.6 kN,306.49 kN 和 297.74 kN。这是由于模锻斜度增加时,金属变得易于充填型腔,成形所需的力值也相应减小。

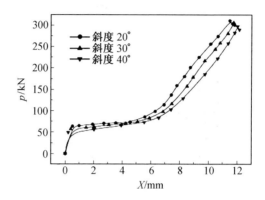

图 7.3.23　不同模锻斜度(α)下的冲击载荷－压下量曲线

7.3.6　界面摩擦对变形过程的影响

选择 4 种摩擦条件进行分析,摩擦因数分别取 0.0,0.1,0.2,0.3,研究摩擦条件对等效塑性应变分布和冲击载荷的影响规律。

变形结束时不同摩擦条件下工件的构型和等效塑性应变分布如图 7.3.24所示,不同摩擦条件下塑性应变分布规律相似,并且随着摩擦因数的增加,坯料内的变形不均匀程度增大。

盘形件锤锻期间不同摩擦条件下冲击载荷－压下量曲线如图 7.3.25 所示,不同摩擦因数时的冲击载荷－压下量曲线变化趋势一致。成形初期冲击载荷较小,且不同摩擦条件下的数值较接近。随着变形的继续进行载荷开始上升,当金属充填到一定程度时,载荷急剧增加。压下量相同时,随着摩擦因数的增加,坯料变形所需的载荷增大。这说明,成形初期摩擦对载荷的影响很小,成形后期摩擦对载荷影响较大。

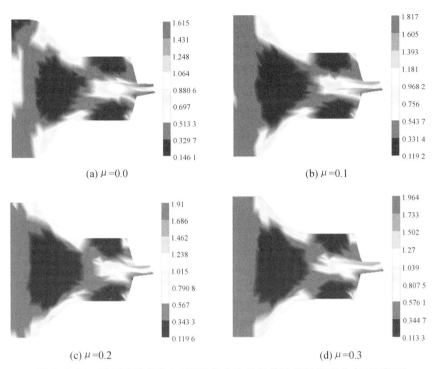

(a) $\mu=0.0$ (b) $\mu=0.1$

(c) $\mu=0.2$ (d) $\mu=0.3$

图 7.3.24　不同摩擦条件(μ)下工件的构型和等效塑性应变分布(见彩图)

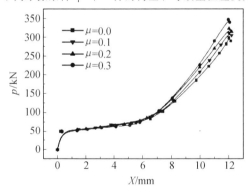

图 7.3.25　摩擦条件(μ)对冲击载荷—压下量曲线的影响

参考文献

[1] TIROSH J,IDDAN D. The dynamics of fast metal forming processes [J]. Journal of the Mechanics & Physics of Solids,1994,42(4):611-628.

第8章 法兰镦锻过程有限元分析与试验研究

8.1 引 言

法兰连接由于具有很好的强度和紧密性,因此在冶金、石油和化工等领域中得到了广泛应用。法兰成形工艺主要有 3 种,即铸造工艺、焊接工艺和锻造工艺。铸造工艺制造的法兰件主要用于低压场合;焊接工艺制造的法兰件由于间隙腐蚀、应力腐蚀及焊接变形等原因使其应用也受到限制;锻造工艺制造的法兰件将法兰与筒体制成一体,既简化了工艺,又避免了其他工艺中存在的缺陷。

法兰成形工艺参数的正确选择和优化,对于提高零件精度、避免缺陷的产生具有指导意义,有限元方法可以对成形过程材料流动和力学行为进行全面分析。

选择由圆管坯料锻造加工方法兰(图 8.1.1),应用基于形状特征识别的有限元六面体网格自动划分方法开发的三维刚黏塑性有限元分析系统,对圆管镦锻方法兰过程进行了有限元分析,得到了诸如变形体动态构形、

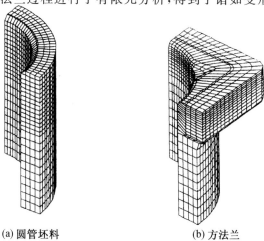

(a) 圆管坯料　　　　　　　　　　(b) 方法兰

图 8.1.1　圆管坯料锻造加工方法

应变分布、应变速率分布、应力分布及载荷与行程之间的关系等计算结果，揭示了成形过程中金属的流动规律和成形缺陷产生的原因。通过试验结果验证有限元分析结果的正确性。

8.2 方法兰镦锻成形过程的数值模拟

圆管镦锻成形方法兰时，其变形是以端部金属积聚方式为主，端部金属经过压缩、扩孔和镦粗等变形过程，成形出要求的方法兰零件。镦锻成形开始时，管端面与凸模下端面发生相对滑动，轴向加载使得管壁镦粗，管壁金属在镦粗过程中向外侧径向流动而形成凸缘。当管端与凹模壁接触时，管壁金属在轴向和径向压力的共同作用下流动而充满整个凹模型腔。此时，圆管端面与凸、凹模之间的摩擦对所成形法兰的宽度起到非常重要的制约作用。

8.2.1 有限元分析模型及工艺参数

镦锻成形坯料为管坯，材料为 $20^{\#}$ 钢，法兰厚度与坯料壁厚之比为 $1.5:1$。由于对称性，取模型的 $1/4$ 进行分析，圆管镦锻成形方法兰过程有限元分析模型如图 8.2.1 所示，考虑到变形的特点并延缓网格的退化，采用六面体单元对坯料进行离散，共划分单元 2 880 个，节点数为 3 875 个。

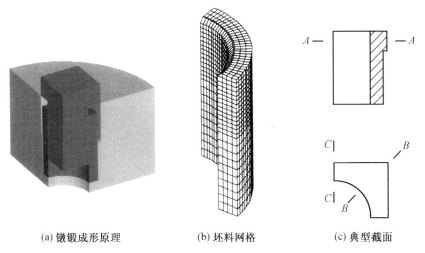

(a) 镦锻成形原理　　(b) 坯料网格　　(c) 典型截面

图 8.2.1　圆管镦锻成形方法兰过程有限元分析模型

采用刚塑性有限元法进行数值模拟，并忽略变形过程中的温度效应。

模具假设为刚性体,凸模冲头加载速度为 2 mm/s,加载时间步长为 0.005 s,摩擦模型为常剪应力摩擦模型,工艺参数的取值见表 8.2.1。

表 8.2.1　方法兰镦锻成形过程有限元分析用工艺参数

坯料内径 d_0/mm	坯料厚度 t/mm	法兰宽度 D/mm	坯料内孔倒角 nd/mm	自由端高度 H/mm	摩擦因子 m
28	5.0	1.5	0.5,1.0,1.5,2.0	15.4	0.08,0.10,0.12
		3.5	0.5,1.0,1.5,2.0	20.4	0.08,0.10,0.12

8.2.2　有限元分析结果

圆管镦锻成形方法兰过程:不同压下量时工件的构型和网格形状如图 8.2.2 所示,成形过程工件端部外缘由圆形逐步变形到矩形,变形区金属的变形方式首先为压缩扩孔,然后镦粗。在镦粗过程中,金属不断充填凹模型腔,方法兰上端面靠近外缘的部分首先被充满,然后是下端面靠近外缘的部分,最后压平下端面和靠近内孔部分。

不同压下量时外表面的等效应变速率分布如图 8.2.3 所示,剧烈变形区首先出现在坯料的上端面,然后逐渐向外缘部分和靠近内孔部分扩展。

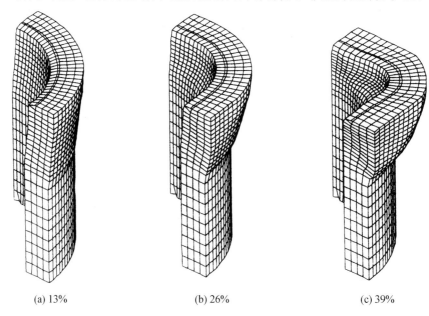

(a) 13%　　　　　　　(b) 26%　　　　　　　(c) 39%

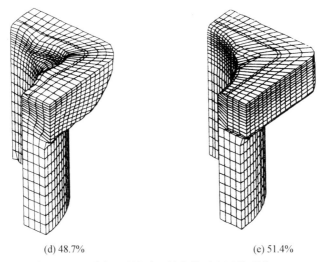

(d) 48.7%   (e) 51.4%

图 8.2.2   不同压下量时工件的构型和网格形状

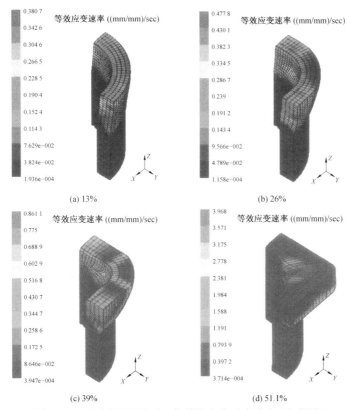

(a) 13%   (b) 26%

(c) 39%   (d) 51.1%

图 8.2.3   不同压下量时工件等效应变速率分布（见彩图）

不同压下量时工件外表面的等效应变分布如图 8.2.4 所示,圆管内壁靠近凸模外缘的部分变形较大,其他部分的变形较小,整个自由端的变形呈现不均匀状态。

不同压下量时工件外表面的等效应力分布如图 8.2.5 所示,整个自由端的应力分布变化不大。

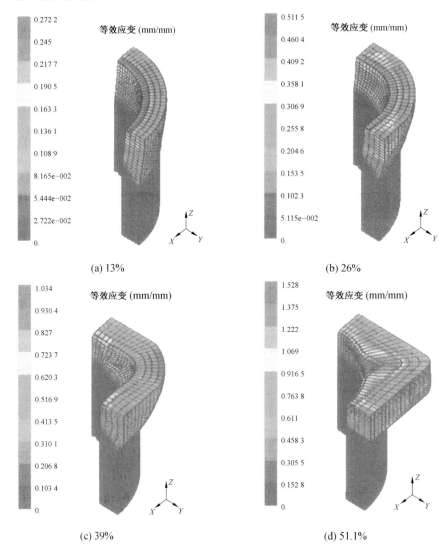

图 8.2.4　不同压下量时工件的等效应变分布(见彩图)

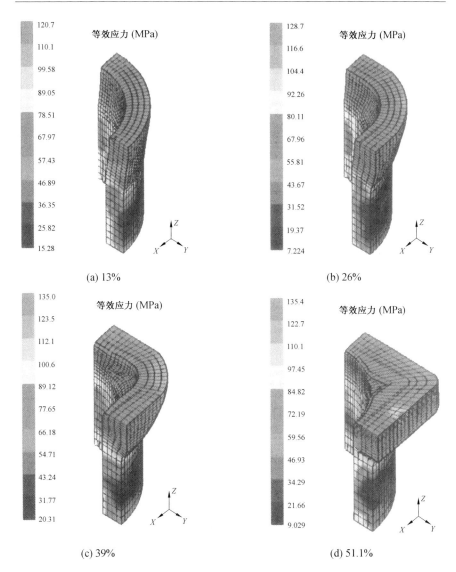

(a) 13%　　　　　　　　　　　　　　(b) 26%

(c) 39%　　　　　　　　　　　　　　(d) 51.1%

图 8.2.5　不同压下量时工件外表面的等效应力分布(见彩图)

定义 $A-A$、$B-B$ 和 $C-C$ 共 3 个特征截面(图 8.2.2(c)),通过考察各特征截面构型、网格变化、速度场、应力和应变场分布,可直观地反映金属在不同方向的充填顺序和变形规律。

$A-A$ 截面构型、网格变化、速度场和等效应变分布如图 8.2.6~8.2.8 所示。图 8.2.7 可直观地反映法兰头部的充填过程,方法兰镦锻成形过程可以分为自由镦锻和约束镦锻 2 个阶段。从变形开始到管端坯料与凹模型腔壁产生接触是自由镦锻（压缩扩孔）阶段，在该阶段由于凸模冲头向下的加载作用，自由端部分坯料在向下流动的同时向外侧径向流动。当管端坯料与凹模型腔壁接触后，约束镦锻阶段开始。随着变形过程的进行，接触面不断增大，凹模型腔对坯料变形的约束作用也在增强。凹模型腔的直壁部分充满后，材料流动发生显著变化，逐渐向靠近内孔部位和其他未充满区域流动。

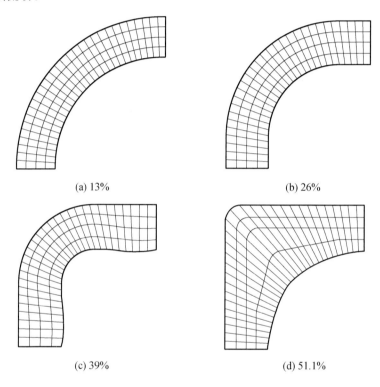

(a) 13% (b) 26%

(c) 39% (d) 51.1%

图 8.2.6 不同压下量时 $A-A$ 截面构型和网格形状

不同压下量时 $B-B$ 截面构型和网格变化如图 8.2.9 所示，方法兰头部靠近内孔的部分最后被充满。压下量为 26％时，$B-B$ 截面的应变速率和应力分布如图 8.2.10 所示，此时径向为伸长变形，切向为伸长变形，径向与切向的应变速率分布情况相似，轴向为压缩变形，径向、切向和轴向都受到压应力。

不同压下量时，$C-C$ 截面构型、网格形状和等效应变分布如图8.2.11和 8.2.12 所示，端部金属的变形较大，这也说明镦锻成形法兰时的变形以端部金属积聚方式为主。

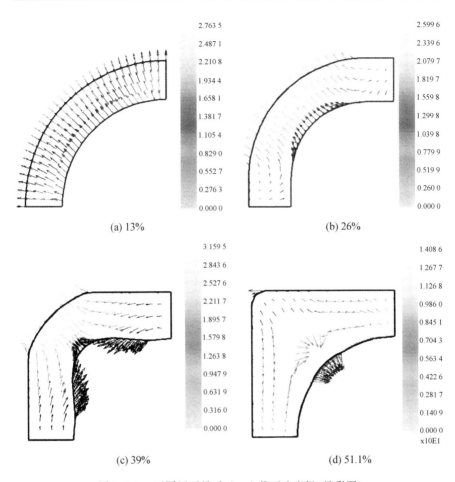

图 8.2.7 不同压下量时 $A-A$ 截面速度场(见彩图)

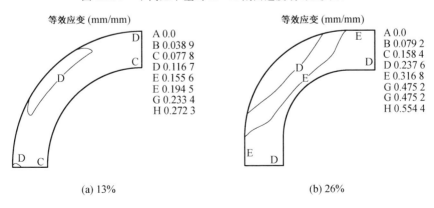

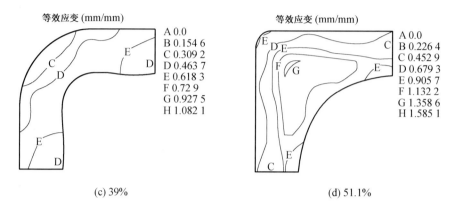

(c) 39%　　　　　　　　　　(d) 51.1%

图 8.2.8　不同压下量时 $A-A$ 截面等效应变分布

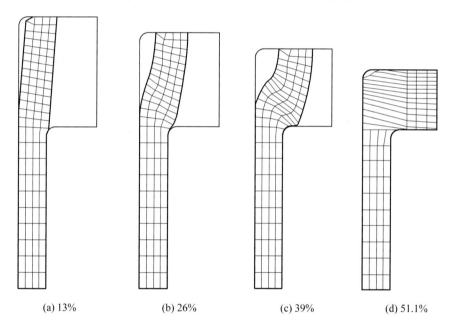

(a) 13%　　　(b) 26%　　　(c) 39%　　　(d) 51.1%

图 8.2.9　不同压下量时 $B-B$ 截面构型和网格形状

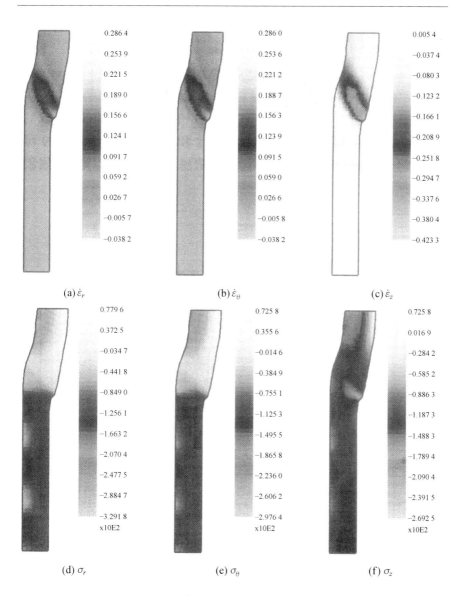

(a) $\dot{\varepsilon}_r$ (b) $\dot{\varepsilon}_\theta$ (c) $\dot{\varepsilon}_z$

(d) σ_r (e) σ_θ (f) σ_z

图 8.2.10 压下量为 26% 时 $B-B$ 截面应变速率和应力分布(见彩图)

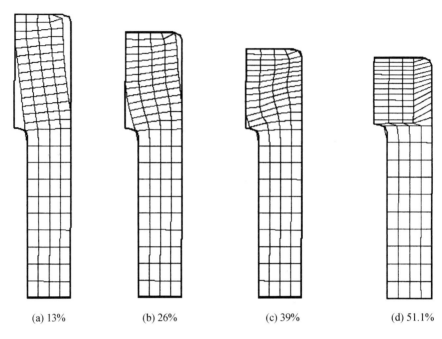

(a) 13%　　　　(b) 26%　　　　(c) 39%　　　　(d) 51.1%

图 8.2.11　不同压下量时 $C-C$ 截面构型和网格形状

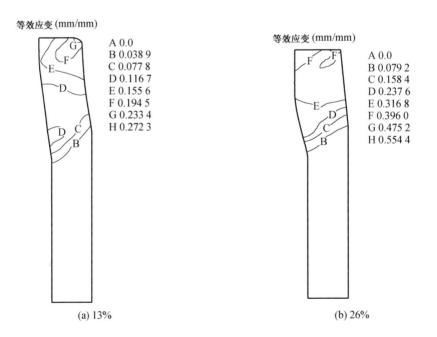

等效应变 (mm/mm)

A 0.0
B 0.038 9
C 0.077 8
D 0.116 7
E 0.155 6
F 0.194 5
G 0.233 4
H 0.272 3

等效应变 (mm/mm)

A 0.0
B 0.079 2
C 0.158 4
D 0.237 6
E 0.316 8
F 0.396 0
G 0.475 2
H 0.554 4

(a) 13%　　　　　　　　　　(b) 26%

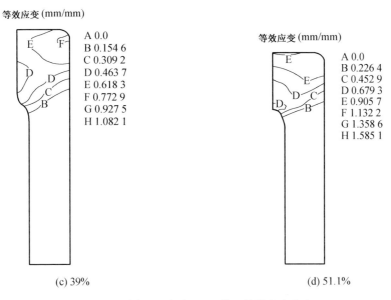

(c) 39%　　　　　　　　　　　　　(d) 51.1%

图 8.2.12　不同压下量时 $C-C$ 截面等效应变分布

8.3　方法兰镦锻成形试验研究

成形试验能够真实地反映金属塑性变形的规律,本章在进行有限元分析的同时,对方法兰镦锻成形进行了试验研究,实测了变形力、法兰件宽度以及摩擦条件对成形过程的影响,试验数据既有利于揭示方法兰镦锻成形过程金属流动规律及缺陷的产生原因,又可以验证有限元分析结果的可靠性。

8.3.1　试验方案

试验是在 1 000 kN 材料试验机(图 8.3.1)上进行的,在试验过程中可以直接测定镦锻成形载荷与行程之间的关系曲线。

选用无缝钢管作坯料,要求法兰厚度与壁厚之比为 1.5∶1。考虑到设备的承载能力,选取小管径的管坯,管坯内径为 28.0 mm,壁厚为 5.0 mm,材料为 20$^\#$ 钢,润滑剂选用 15%MoS$_2$＋85% 黄油,方法兰镦锻成形试验试件尺寸及润滑条件见表 8.3.1。

图 8.3.1　1 000 kN 材料试验机

表 8.3.1　方法兰镦锻成形试验试件尺寸及润滑方式

试验编号	坯料壁厚 t/mm	法兰宽厚 D/mm	自由端高度 H/mm	内孔倒角 nd/mm	润滑方式
1	5.0	1.5	15.4	0,0.5,1.0,1.5,2.0	15％MoS$_2$＋85％黄油
2	5.0	3.5	20.4	0,0.5,1.0,1.5,2.0	15％MoS$_2$＋85％黄油

8.3.2　实验结果与有限元分析结果的比较

　　方法兰镦锻成形试件如图 8.3.2 所示,对应的工艺参数为 $D=$ 1.5 mm,$H=15.4$ mm,$nd=1.0$ mm。根据有限元计算结果,方法兰的内孔和下缘部分完全被充满需要很大的载荷,由于设备吨位的限制,试件的这些部位没有充满。但是,试件的形状与有限元计算得到的构形十分相近,如图 8.3.3 所示。

图 8.3.2　方法兰镦锻试件

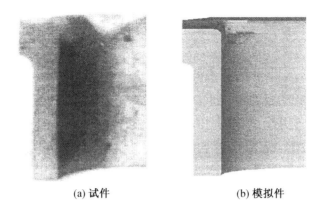

(a) 试件　　　　　　　　　　(b) 模拟件

图 8.3.3　方法兰镦锻试件与有限元计算的构型

　　方法兰试件镦锻成形的载荷与行程之间关系曲线如图 8.3.4 所示,有限元计算结果与实验结果吻合得很好,两者的载荷变化趋势是一致的。

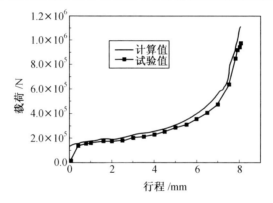

图 8.3.4　方法兰镦锻成形的载荷—行程曲线

　　采用基于形状特征识别的有限元六面体网格自动划分方法开发的三维刚黏塑性有限元分析系统,成功地分析了方法兰镦锻成形过程,并与其实验结果进行了对比,验证了系统的可靠性。

第9章　塑性体积成形过程有限元分析系统(H－FORGE3D)

9.1　系统基本思想和功能

金属体积成形是在锻压机器动力作用下,毛坯在锻模型腔中被迫塑性流动成形,获得所需形状和尺寸的锻件。一般模锻件形状较复杂。为了提高金属的塑性、降低变形抗力、便于模锻成形,要对毛坯进行加热后成形。金属体积成形过程的数值模拟,就是用数值分析的方法反映这一过程,因此应对3个方面给予分析:金属的塑性流动、温度对塑性流动的影响和模具型腔对锻件塑性成形的作用。数值模拟程序应能够进行这3个方面的分析。

H－FORGE3D是体积成形过程三维刚塑性/刚黏塑性有限元分析系统,可以对体积成形进行刚塑性/刚黏塑性有限元分析(包括热力耦合计算),塑性变形的力学分析采用刚黏塑性有限元方法,考虑了材料的应变硬化(n)和应变速率敏感性(m),使得有可能选择较大的时间加载步长。温度场的分析考虑了可能存在的塑性功转变为热能和相变潜热等内热源与界面摩擦生成热和边界条件,给出了适合于选择较大的时间加载步长的线性和非线性瞬态温度场求解格式。根据耦合计算模型,采用迭代的方法分别计算塑性变形和温度场的耦合作用。采用双三次均匀B样条来描述工件的几何构形和模具型腔曲面,并能够自动生成模具型腔曲面的四边形和三角形网格,处理三维体积成形有限元分析的边界问题。采用三维形体的中轴面分解技术与B样条曲面拟合插值相结合方法,对变形体进行基于形状特征识别的有限元六面体网格自动划分和成形过程重划分。采用网格与彩色云图显示相结合的方式反映不同变形阶段的金属流动规律和物理场。具备数据检查、错误诊断和重启动功能。

H－FORGE3D系统采用模块化结构,由管理模块、系统模块和功能模块组成。管理模块分为程序管理模块和系统管理模块,系统管理模块依据所处理的问题,执行系统模块和功能模块的调用和外设的选择。程序管理模块结构如图9.1.1所示。系统模块具有独立处理某类问题的功能,并能同其他系统模块接口。功能模块具有特有的运算功能,它可以属于某一管理模块或系统模块独有,也可以与系统模块共有,它通常由多个子模块组成。系统便于管理、流程清楚、层次分明,便于进一步开发和功能的扩充。

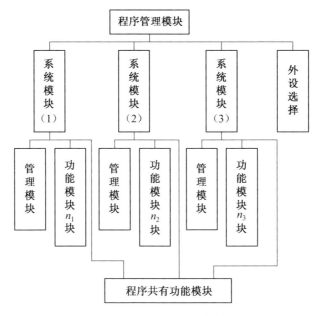

图 9.1.1　程序管理模块结构

9.2　系统结构

3 个主模块中的每个又包含多个子模块,每个子模块之间既相互关联,又相互独立。子模块的层次分明、功能明确,便于系统的进一步开发和完善。H-FORGE3D 系统整体结构流程如图 9.2.1 所示。

9.2.1　SURFACE 子模块

SURFACE 子模块是曲面 B 样条几何描述模块,包括三维曲面造型、过渡曲面构造、三角形域处理等功能,适合于复杂模具型腔曲面和锻件的几何描述,其程序流程如图 9.2.2 所示。

9.2.2　TETMESH 子模块

TETMESH 子模块是三维形体 Delaunay 三角化模块,基于 Delaunay 三角划分方法实现了复杂形体的四面体网格自动划分,四面体网格既可用

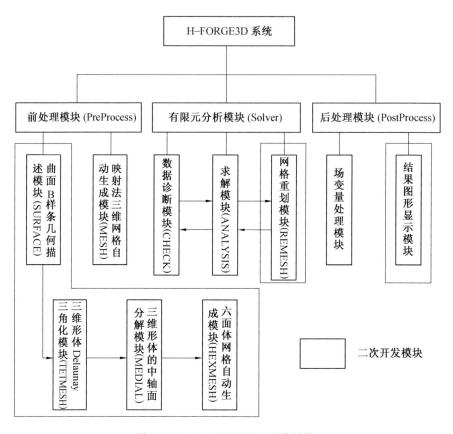

图 9.2.1　H－FORGE3D 系统结构

于有限元分析,也可用于三维形体中轴面分解,其程序流程如图 9.2.3 所示。

9.2.3　MEDIAL 子模块

MEDIAL 子模块是三维形体的中轴面分解模块,根据 TETMESH 子模块提供的 Delaunay 四面体来计算形体的中轴面,实现三维形体的中轴面分解,得到可进行有限元网格划分的相对简单子域,为六面体网格自动划分子模块 HEXMESH 解决了三维形体的自动分块问题,其程序流程如图 9.2.4 所示。

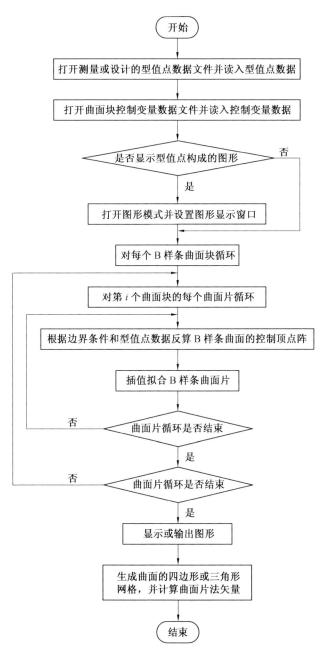

图 9.2.2 SURFACE 子模块流程图

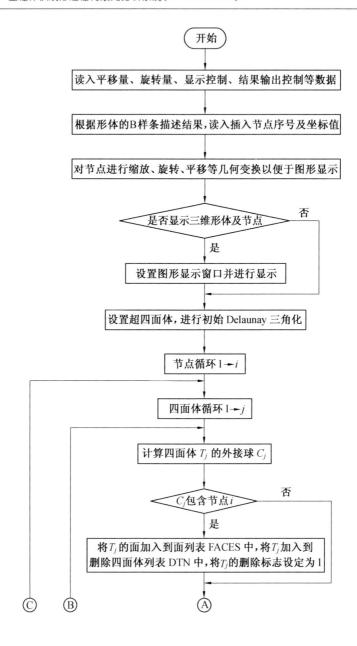

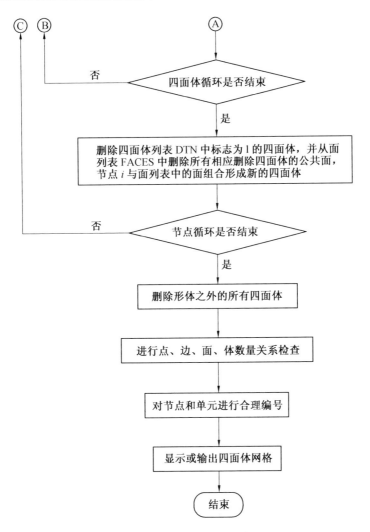

图 9.2.3 TETMESH 子模块流程

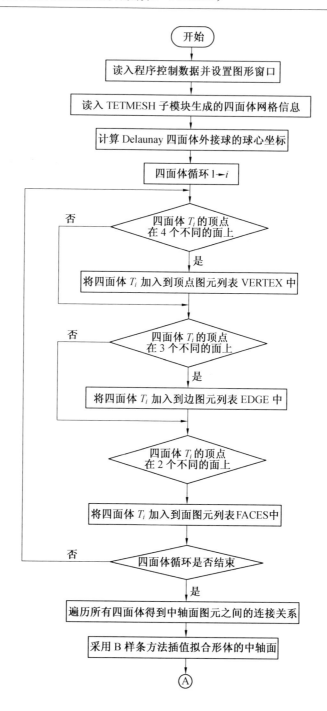

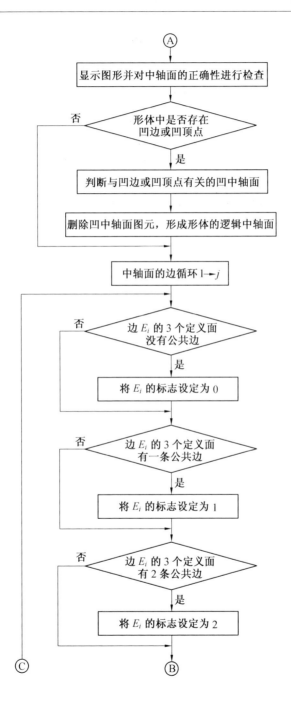

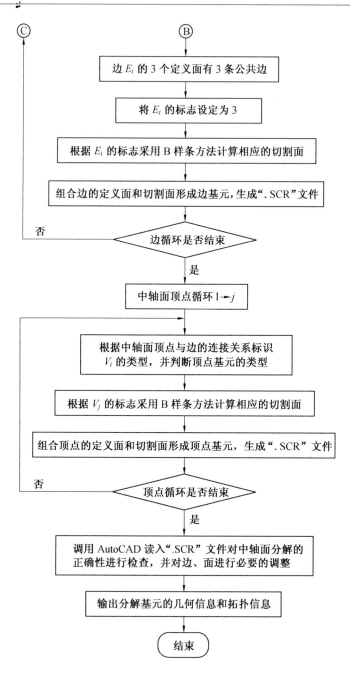

图 9.2.4　MEDIAL 子模块流程

9.2.4 HEXMESH 子模块

HEXMESH 子模块是六面体网格自动生成模块,可以实现三维形体的有限元六面体网格自动划分,首先在 MEDIAL 子模块划分的子块内采用映射单元法或 B 样条曲面拟合插值法生成六面体网格,然后进行子块的拼装和节点、单元的重新编号及边界条件的处理,其程序流程如图 9.2.5 所示。

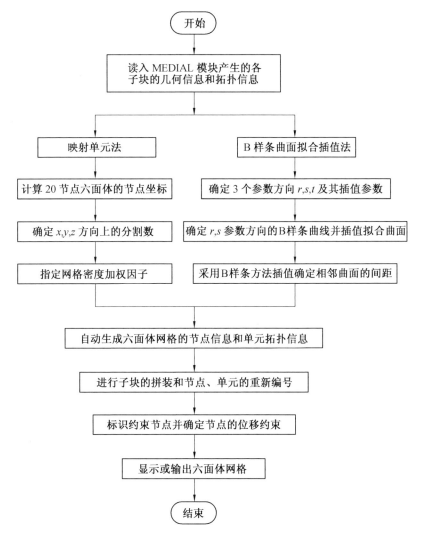

图 9.2.5 HEXMESH 子模块流程

9.2.5　RVPFEA 子模块

RVPFEA 子模块即 H－FORGE3D 的求解模块(ANALYSIS),可以对体积成形进行刚塑性/刚黏塑性有限元分析,塑性变形的力学分析采用刚黏塑性有限元方法,考虑了材料的应变硬化(n)和应变速率敏感性(m),其程序流程如图 9.2.6 所示。

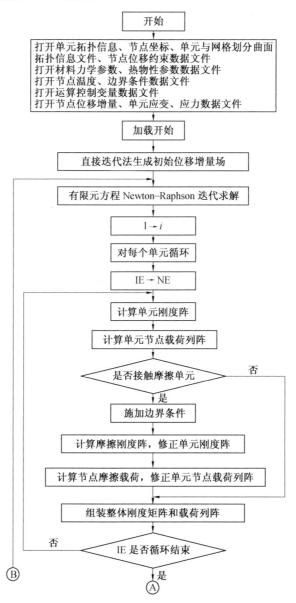

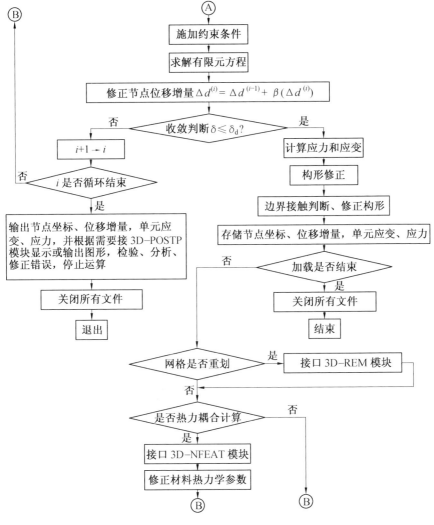

图 9.2.6　RVPFEA 模块流程

9.2.6　3D－NFEAT 子模块

　　NFEAT 子模块，即 H－FORGE3D 求解模块（ANALYSIS）RVPFEA 中的热力耦合分析模块（图 9.2.6），可以对体积成形温度场进行分析计算，考虑了可能存在的塑性功转变为热能和相变潜热等内热源、界面摩擦生成热及边界条件，给出了适合于选择较大的时间加载步长的线性和非线性瞬态温度场求解格式、塑性变形和温度场的耦合作用，其程序流程如图

9.2.7 所示。

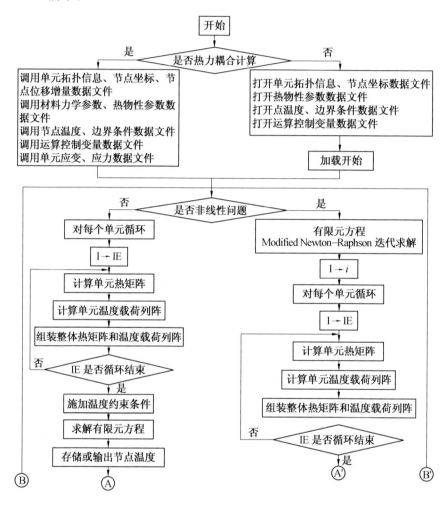

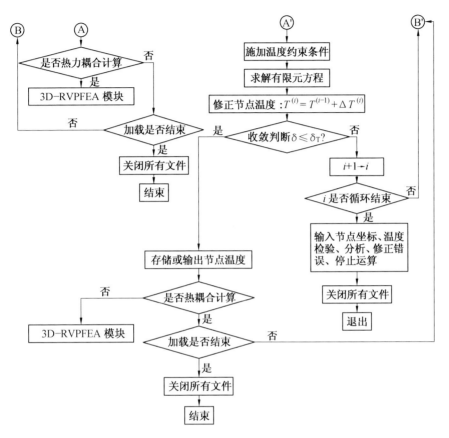

图 9.2.7　NFEAT 模块流程

9.2.7　PostProcess 模块

PostProcess 模块是利用 VC＋＋5.0 编写的独立后处理模块，可以图形显示有限元计算结果，其中包含网格、等值线、灰度图和彩色云图显示模式。它具有旋转、平移和缩放等几何变换功能，并可对线的宽度、颜色数和字符颜色等进行调整。首先设置场变量值与颜色值的一一对应关系。然后给出单元各个节点的场变量值对应的颜色值，调用 OpenGL 图形库采用双线性颜色插值方法就可以直接计算出单元内任意点应显示的颜色。其程序流程如图 9.2.8 所示。

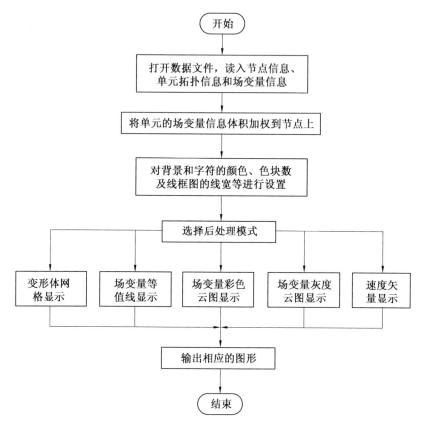

图 9.2.8　后处理模块流程

9.3　算例及系统可靠性验证

9.3.1　计算条件

为了验证该模拟系统的可靠性,取文献[1]中的矩形块体镦粗实例进行有限元分析。上、下模具均采用平砧,坯料与模具之间的摩擦因子 m 取 0.1。考虑到其对称性,取其 1/4 部分进行模拟分析。坯料尺寸及典型截面的位置如图 9.3.1 所示。采用六面体网格,共划分单元 1 575 个、节点 2 048 个。

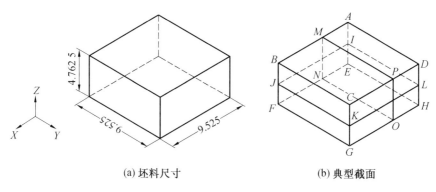

(a) 坯料尺寸　　　　　　　　(b) 典型截面

图 9.3.1　坯料及其典型截面

9.3.2　数值模拟结果与分析

　　镦粗过程中不同压下量时构型和网格形状如图 9.3.2 所示,不同压下量时的等效应变速率、等效应变和等效应力分布分别如图 9.3.3~9.3.5所示,剧烈变形首先发生在角部,然后变形区逐渐向边部扩展;接触面上的应力分布规律是靠近中心的部位受力较小,靠近边角的部位受力较大,这与试验测定的压力分布是吻合的。

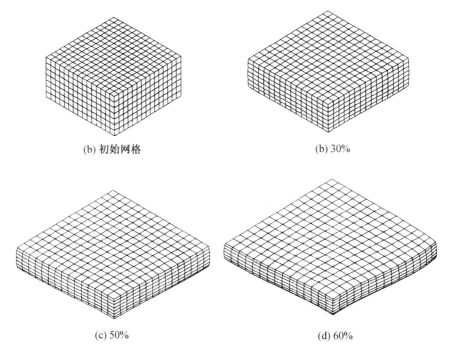

(b) 初始网格　　　　　　　　(b) 30%

(c) 50%　　　　　　　　(d) 60%

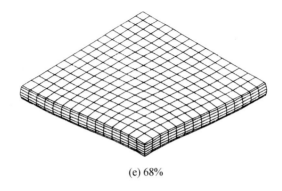

(e) 68%

图 9.3.2　不同压下量时构型和网格形状

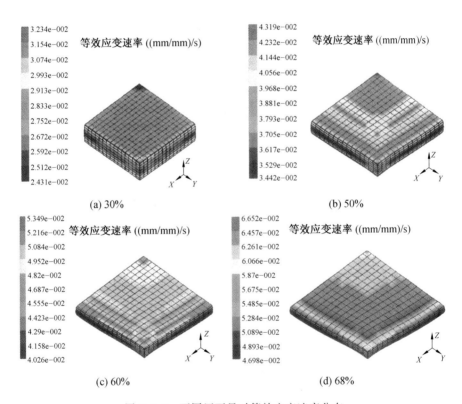

图 9.3.3　不同压下量时等效应变速率分布

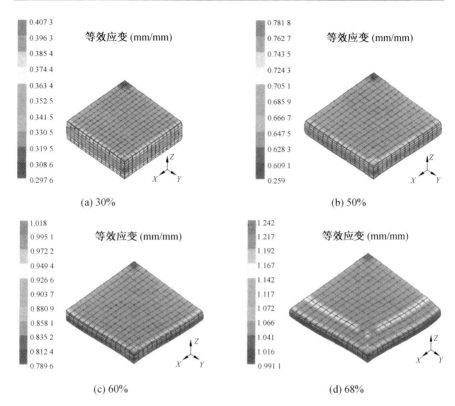

图 9.3.4 不同压下量时等效应变分布

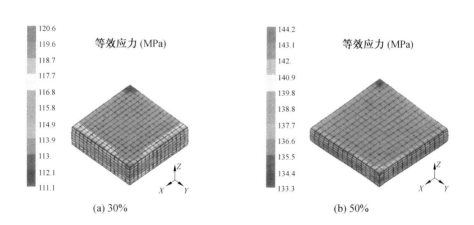

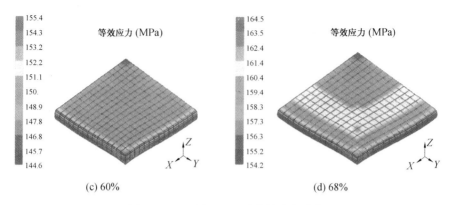

图 9.3.5　不同压下量时等效应力分布

截面 $IJKL$ 的速度分布如图 9.3.6 所示，跟踪 KL 边上 5 个点的位移值，可以给出角点 K 和点 L 沿 Y 方向的变形规律（图 9.3.7），当压下量小

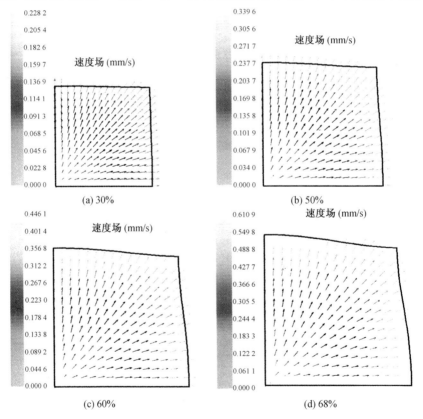

图 9.3.6　不同压下量时截面 IJKL 的速度分布

于 6% 时,即在变形的初始阶段,轮廓线 JKL 上的 L 点的 Y 方向位移比角点 K 的要小。随着变形的发展,KL 线上的 L 点逐渐由内凹变为外凸,这是由于塑性变形首先在角部发展,所以在塑性变形的初始阶段 L 点的 Y 方向位移较小,随着变形的发展,两个角部变形区连成一片,而这时中心部分的塑性变形区逐步扩展,使 L 点的 Y 方向位移逐渐增大,直至变形完了达到最大值。

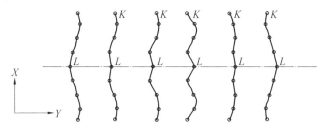

(a)0.4% (b)1.2% (c)4.0% (d)6.0% (e)8.0% (f)10.0%

图 9.3.7 不同压下量时 KL 边的变形情况

不同压下量时截面 $IJKL$ 的等效应变分布如图 9.3.8 所示。截面 $AEHD$ 的等效应变速率分布如图 9.3.9 所示,其符合镦粗时的变形分布。距中心 1/3 宽度处截面 $MNOP$ 的等效应变分布如图 9.3.10 所示。

为了验证 H-FORGE3D 系统的可靠性,将计算结果与商业有限元分析软件 DEFORM3D 采用六面体网格时的计算结果进行比较,二者的计算条件完全相同。成形结束时等效应变分布如图 9.3.11 所示。载荷与压下量之间关系曲线如图 9.3.12 所示。C 点的等效应变和等效应力变化如图 9.3.13 所示。H-FORGE3D 和 DEFORM3D 的计算结果在构型、等效应变的大小及分布状况和载荷值的大小等方面都相近。等效应变值的单点

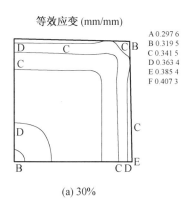

(a) 30%

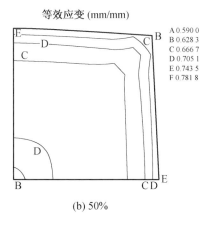

(b) 50%

273

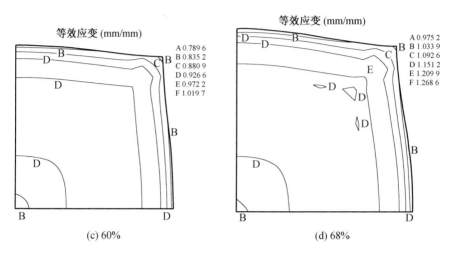

(c) 60%　　　　(d) 68%

图 9.3.8　不同压下量时截面 $IJKL$ 的等效应变分布

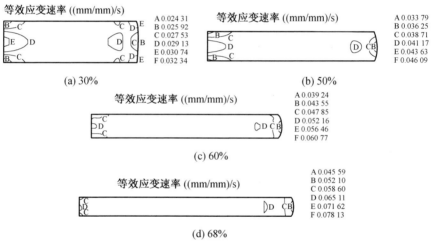

(a) 30%　　　　(b) 50%

(c) 60%

(d) 68%

图 9.3.9　不同压下量时截面 $AEHD$ 的等效应变速率分布

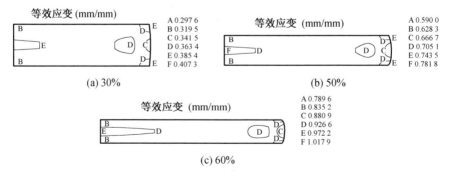

(a) 30%　　　　(b) 50%

(c) 60%

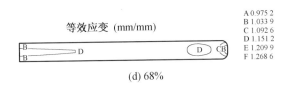

(d) 68%

图 9.3.10 不同压下量时截面 $MNOP$ 的等效应变分布

最大相对误差为 7.63%,等效应力值的单点最大相对误差为 6.59%,载荷值的单点最大相对误差为 8.21%。

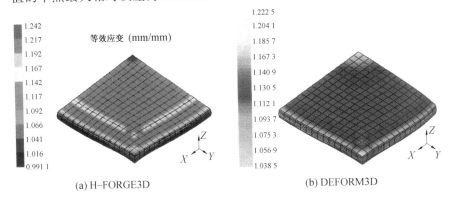

(a) H–FORGE3D   (b) DEFORM3D

图 9.3.11 成形结束时等效应变分布

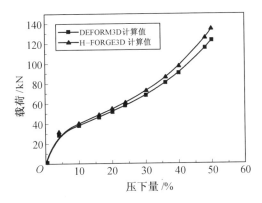

图 9.3.12 载荷与压下量之间关系曲线

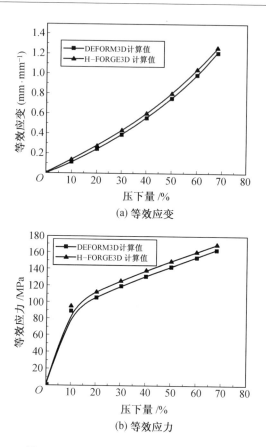

(a) 等效应变

(b) 等效应力

图 9.3.13 C 点等效应变和等效应力变化

参考文献

[1] KOBAYASHI S. Three-dimensional finite element analysis of block compression[J]. International Journal of Mechanical Sciences,1984, 26(3):165-176.

名词索引

附部分彩图

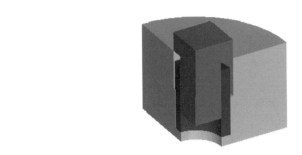

图 6.3.2

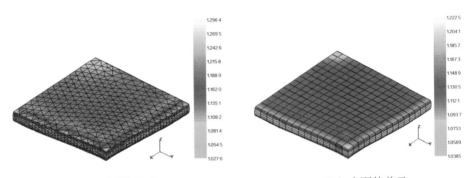

（a）四面体单元

（b）六面体单元

图 6.3.3

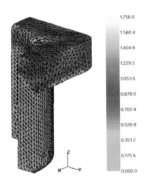

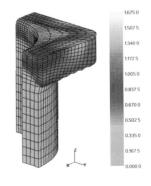

（a）四面体单元

（b）六面体单元

图 6.3.4

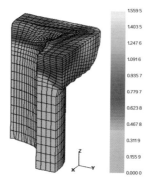

（a）重划前

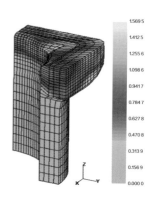

（b）重划后

图 6.7.3

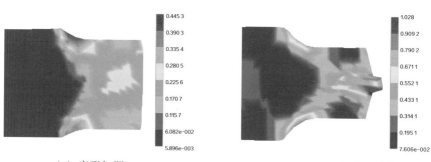

（a）变形初期 （b）变形中期

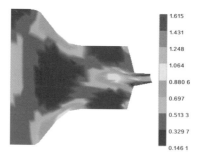

（c）变形末期

图 7.3.16

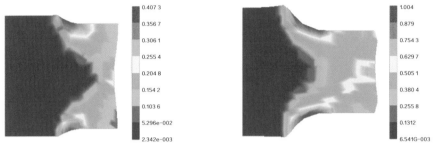

（a）变形初期 （b）变形中期

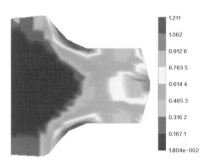

（c）变形末期

图 7.3.17

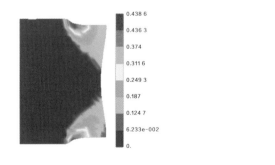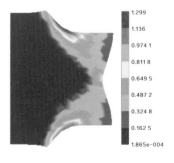

（a）变形初期 （b）变形中期

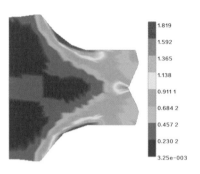

（c）变形末期

图 7.3.18

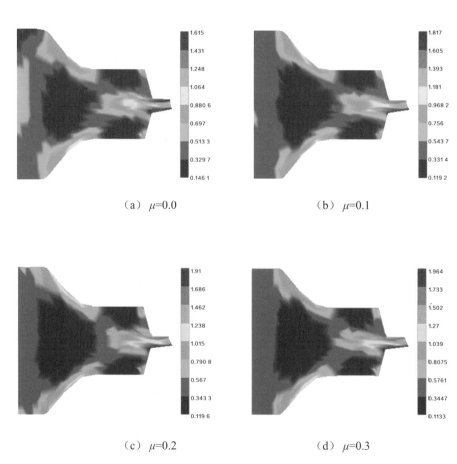

（a）$\mu=0.0$　　　　　　　　　　（b）$\mu=0.1$

（c）$\mu=0.2$　　　　　　　　　　（d）$\mu=0.3$

图 7.3.24

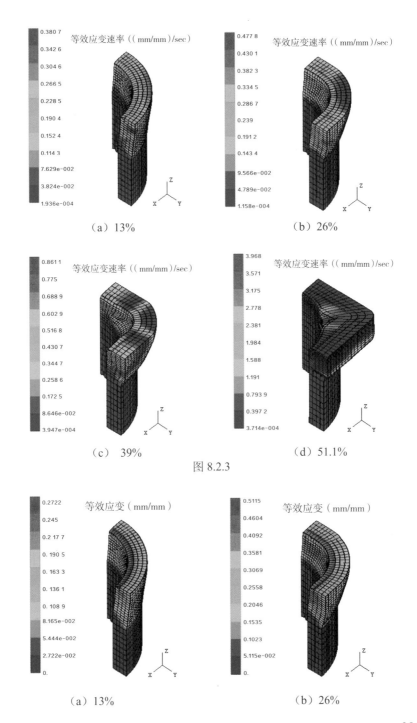

（a）13%　　　　　　　　　　　（b）26%

（c）39%　　　　　　　　　　　（d）51.1%

图 8.2.3

（a）13%　　　　　　　　　　　（b）26%

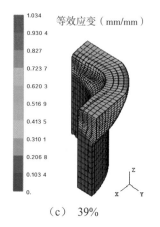
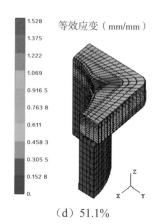

（c）39%   （d）51.1%

图 8.2.4

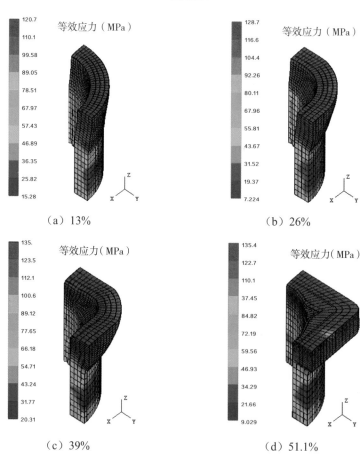

（a）13%   （b）26%

（c）39%   （d）51.1%

图 8.2.5

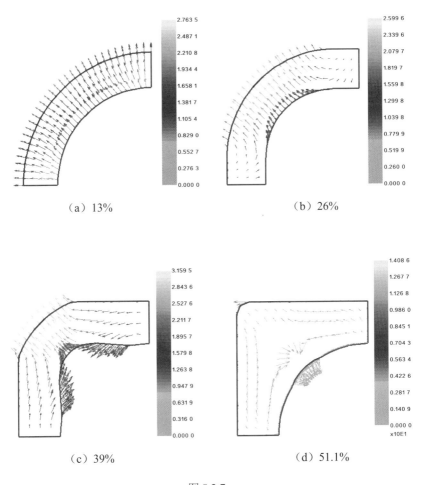

（a）13%

（b）26%

（c）39%

（d）51.1%

图 8.2.7

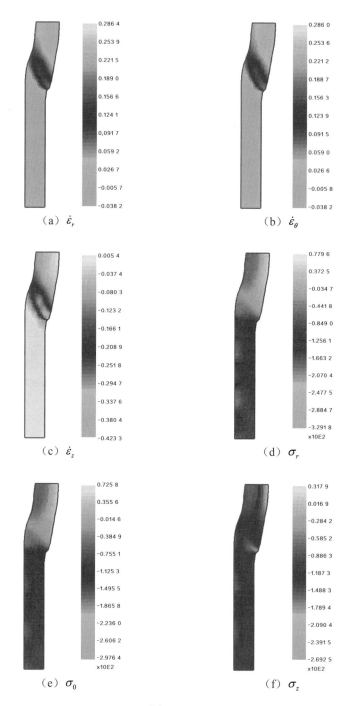

（a）$\dot{\varepsilon}_r$

（b）$\dot{\varepsilon}_\theta$

（c）$\dot{\varepsilon}_z$

（d）σ_r

（e）σ_0

（f）σ_z

图 8.2.10